北大社·"十四五"普通高等教育本科规划教材
高等院校汽车专业"互联网+"创新规划教材

人工智能技术及应用
（面向汽车类专业）

崔胜民　张冠哲　编著

内容简介

本书以实际工程为背景,系统阐述了人工智能技术及其应用,尤其是在汽车领域的应用。本书内容涵盖人工智能的多方面知识,其中包括机器学习、深度学习、计算机视觉、自然语言处理及生成式人工智能等关键技术,同时详细介绍了这些技术在汽车设计、汽车制造、汽车产品及汽车后市场等领域的应用。

本书特色鲜明,案例丰富且翔实。通过这些实际案例,读者能够深入理解人工智能的原理,熟练掌握其在汽车领域的应用,从而提升解决实际问题的能力。

本书条理清晰、图文并茂、通俗易懂、实用性强,既可作为高校汽车类专业的教材,又可作为汽车行业工程技术人员、科研人员及管理人员的参考书。

图书在版编目(CIP)数据

人工智能技术及应用:面向汽车类专业/崔胜民,张冠哲编著. —— 北京:北京大学出版社,2025.4.(高等院校汽车专业"互联网+"创新规划教材). ISBN 978-7-301-36161-0

Ⅰ.TP18

中国国家版本馆 CIP 数据核字第 2025YJ7922 号

书 名	人工智能技术及应用(面向汽车类专业) RENGONG ZHINENG JISHU JI YINGYONG (MIANXIANG QICHELEI ZHUANYE)
著作责任者	崔胜民 张冠哲 编著
策划编辑	黄君鑫
责任编辑	孙 丹
数字编辑	蒙俞材
标准书号	ISBN 978-7-301-36161-0
出版发行	北京大学出版社
地 址	北京市海淀区成府路 205 号 100871
网 址	http://www.pup.cn 新浪微博:@北京大学出版社
电子邮箱	编辑部 pup6@pup.cn 总编室 zpup@pup.cn
电 话	邮购部 010-62752015 发行部 010-62750672 编辑部 010-62750667
印 刷 者	三河市北燕印装有限公司
经 销 者	新华书店
	787 毫米×1092 毫米 16 开本 13.75 印张 335 千字 2025 年 4 月第 1 版 2025 年 4 月第 1 次印刷
定 价	39.80 元

未经许可,不得以任何方式复制或抄袭本书之部分或全部内容。
版权所有,侵权必究
举报电话:010-62752024 电子邮箱:fd@pup.cn
图书如有印装质量问题,请与出版部联系,电话:010-62756370

前　　言

随着人工智能技术的迅猛发展，其在汽车领域的应用日益广泛且深入，正深刻改变汽车行业的发展格局。从智能驾驶到汽车设计制造，从提升用户体验到优化后市场服务，人工智能的赋能作用无处不在，已然成为推动汽车行业智能化转型的核心力量。

本书以实际工程为背景，系统、全面地阐述了人工智能技术及其在汽车领域的应用。全书分为6章，各章内容紧密相连、逻辑清晰，逐步深入地展现了人工智能与汽车行业的融合。第1章为绪论，涵盖人工智能的定义、分类、原理、特点及关键技术等基础知识；同时探讨了人工智能的研究基础、研究内容、研究方法及与大数据的关系，并详细介绍了其在汽车设计、汽车制造、汽车产品和汽车后市场中的应用，为读者理解后续章节内容奠定了坚实的理论基础。第2章至第5章分别深入探讨了机器学习、深度学习、计算机视觉和自然语言处理及其在汽车领域的应用，每章均先介绍定义、原理和特点，再详细阐述其在汽车领域的应用，使读者了解这些技术为汽车领域带来的创新和变革。第6章聚焦于生成式人工智能，介绍了其定义、原理、特点及与传统人工智能的区别；同时讲解了生成式人工智能工具的定义、类型、选择、智能体和提示词，并深入探讨了其在文本生成、图像生成、视频生成、代码生成及教育等领域的应用，展示出其广阔的应用前景。

本书内容全面、系统，从基础理论到产业链各环节，为读者构建了完整的知识体系。书中穿插丰富、翔实的实际案例，直观地展现了人工智能技术在汽车行业的应用场景及成效，可读性和实用性强。本书积极顺应人工智能发展趋势，在附录部分提供AI伴学内容及提示词，引导学生利用生成式人工智能工具（如 DeepSeek、Kimi、豆包、通义千问、文心一言、ChatGPT 等）拓展学习。

由于人工智能技术发展迅速，汽车行业也在不断变革，本书难免存在不足之处，欢迎广大读者批评指正。

编著者

2025 年 1 月

【资源索引】

目 录

第1章 绪论 ········· 1
1.1 人工智能概述 ········· 2
1.1.1 人工智能的定义 ········· 2
1.1.2 人工智能的分类 ········· 3
1.1.3 人工智能的原理 ········· 5
1.1.4 人工智能的特点 ········· 6
1.1.5 人工智能的关键技术 ········· 8
1.2 人工智能的研究 ········· 9
1.2.1 人工智能的研究基础 ········· 9
1.2.2 人工智能的研究内容 ········· 11
1.2.3 人工智能的研究方法 ········· 13
1.2.4 大数据与人工智能的研究 ········· 14
1.3 人工智能的应用 ········· 17
1.3.1 人工智能的应用领域 ········· 17
1.3.2 人工智能在汽车设计中的应用 ··· 20
1.3.3 人工智能在汽车制造中的应用 ··· 27
1.3.4 人工智能在汽车产品中的应用 ··· 30
1.3.5 人工智能在汽车后市场中的应用 ········· 36
1.3.6 汽车人才对智能化的要求 ········· 38
思考题 ········· 39

第2章 机器学习及应用 ········· 40
2.1 机器学习概述 ········· 41
2.1.1 机器学习的定义 ········· 41
2.1.2 机器学习的原理 ········· 42
2.1.3 机器学习的特点 ········· 42
2.2 机器学习的分类 ········· 44
2.2.1 监督学习 ········· 44
2.2.2 非监督学习 ········· 46
2.2.3 半监督学习 ········· 47
2.2.4 强化学习 ········· 48
2.2.5 迁移学习 ········· 50
2.3 机器学习的常用算法 ········· 52
2.3.1 线性回归 ········· 52
2.3.2 逻辑回归 ········· 53
2.3.3 决策树 ········· 54
2.3.4 随机森林 ········· 56
2.3.5 支持向量机 ········· 57
2.3.6 朴素贝叶斯 ········· 59
2.3.7 聚类算法 ········· 60
2.3.8 降维算法 ········· 63
2.3.9 关联规则算法 ········· 65
2.3.10 人工神经网络 ········· 66
2.4 机器学习的应用 ········· 68
2.4.1 机器学习的应用领域 ········· 68
2.4.2 机器学习在汽车领域的应用 ········· 71
2.4.3 机器学习的应用案例分析 ········· 74
思考题 ········· 77

第3章 深度学习及应用 ········· 78
3.1 深度学习概述 ········· 79
3.1.1 深度学习的定义 ········· 79
3.1.2 深度学习的原理 ········· 80
3.1.3 深度学习的特点 ········· 81
3.2 深度学习的常用模型 ········· 83
3.2.1 深度神经网络 ········· 83
3.2.2 卷积神经网络 ········· 84
3.2.3 循环神经网络 ········· 87
3.2.4 生成对抗网络 ········· 90
3.2.5 Transformer模型 ········· 92
3.3 深度学习的应用 ········· 96
3.3.1 深度学习的应用领域 ········· 96
3.3.2 深度学习在汽车领域的应用 ········· 97
3.3.3 深度学习的应用案例分析 ········· 104
思考题 ········· 108

第4章 计算机视觉及应用 ········· 109
4.1 计算机视觉概述 ········· 110
4.1.1 计算机视觉的定义 ········· 110
4.1.2 计算机视觉的组成 ········· 111

4.1.3　计算机视觉的工作原理 ………… 111
　　4.1.4　计算机视觉的特点 …………… 113
4.2　计算机图像识别技术 …………… 113
　　4.2.1　计算机图像识别的流程 ……… 113
　　4.2.2　图像预处理 …………………… 114
　　4.2.3　图像特征提取 ………………… 115
　　4.2.4　图像分割 ……………………… 116
　　4.2.5　目标检测 ……………………… 117
　　4.2.6　目标识别 ……………………… 118
4.3　计算机视觉的应用 ……………… 119
　　4.3.1　计算机视觉的应用领域 ……… 119
　　4.3.2　计算机视觉在汽车领域的
　　　　　应用 …………………………… 121
　　4.3.3　计算机视觉的应用案例分析 …… 126
　　4.3.4　基于视觉和深度学习的汽车
　　　　　环境感知检测 ………………… 130
思考题 …………………………………… 143

第 5 章　自然语言处理及应用 …… 144

5.1　自然语言处理概述 ……………… 145
　　5.1.1　自然语言处理的定义 ………… 145
　　5.1.2　自然语言处理的原理 ………… 145
　　5.1.3　自然语言处理的特点 ………… 147
5.2　自然语言理解的关键技术 ……… 148
　　5.2.1　分词技术 ……………………… 148
　　5.2.2　语法分析 ……………………… 149
　　5.2.3　语义分析 ……………………… 150
　　5.2.4　信息检索 ……………………… 151
　　5.2.5　文本生成 ……………………… 152
　　5.2.6　语音识别 ……………………… 154
　　5.2.7　机器翻译 ……………………… 155
　　5.2.8　情感分析 ……………………… 156
5.3　自然语言处理的应用 …………… 157
　　5.3.1　自然语言处理的应用领域 …… 157
　　5.3.2　自然语言处理在汽车领域的
　　　　　应用 …………………………… 159
　　5.3.3　自然语言处理应用的
　　　　　案例分析 ……………………… 165
思考题 …………………………………… 169

第 6 章　生成式人工智能及应用 …… 170

6.1　生成式人工智能概述 …………… 171
　　6.1.1　生成式人工智能的定义 ……… 171
　　6.1.2　生成式人工智能的原理 ……… 171
　　6.1.3　生成式人工智能的特点 ……… 173
　　6.1.4　生成式人工智能与传统
　　　　　人工智能的区别 ……………… 173
6.2　生成式人工智能工具 …………… 174
　　6.2.1　生成式人工智能工具的定义 …… 174
　　6.2.2　生成式人工智能工具的类型 …… 175
　　6.2.3　国内常见的生成式人工智能
　　　　　工具 …………………………… 176
　　6.2.4　生成式人工智能工具的选择 …… 180
　　6.2.5　生成式人工智能工具的
　　　　　智能体 ………………………… 182
　　6.2.6　生成式人工智能工具的
　　　　　提示词 ………………………… 183
6.3　生成式人工智能的应用 ………… 186
　　6.3.1　生成式人工智能用于文本
　　　　　生成 …………………………… 186
　　6.3.2　生成式人工智能用于图像
　　　　　生成 …………………………… 190
　　6.3.3　生成式人工智能用于视频
　　　　　生成 …………………………… 192
　　6.3.4　生成式人工智能用于代码
　　　　　生成 …………………………… 194
　　6.3.5　生成式人工智能在教育领域
　　　　　的应用 ………………………… 196
　　6.3.6　DeepSeek 在汽车
　　　　　领域的应用 …………………… 203
思考题 …………………………………… 205

参考文献 …………………………… 206

**附录一　人工智能技术在汽车中的
　　　　　典型应用场景** ……………… 207

附录二　AI 伴学内容及提示词 …… 212

第 1 章 绪 论

教学目标

通过本章的学习，读者能够掌握人工智能的定义、分类、原理、特点及关键技术；理解人工智能的研究基础、研究内容、研究方法，大数据与人工智能的研究；熟悉人工智能的应用领域，人工智能在汽车设计、汽车制造、汽车产品及汽车后市场中的应用；认识到汽车行业对智能化人才的要求，为后续学习奠定基础。

教学要求

知识要点	能力要求	参考学时
人工智能概述	掌握人工智能的定义，能够区分不同类型的人工智能系统，并了解其原理及特点。熟悉并能阐述人工智能领域的关键技术，为后续深入学习与实践奠定基础	2
人工智能的研究	掌握人工智能的研究基础，明确其研究内容与研究方法。理解大数据在人工智能研究中的重要性，能够运用相关知识分析大数据与人工智能的相互作用，为后续深入研究与应用打下基础	
人工智能的应用	了解人工智能的应用领域，重点掌握其在汽车设计、汽车制造、汽车产品及汽车后市场中的应用。理解汽车行业对智能化人才的要求，培养其解决实际问题的能力，以适应智能化的发展趋势	2

导入案例

百度阿波罗的自动驾驶汽车（图1.1）集成了先进的传感器技术、高精度地图和强大的计算能力，能够识别交通标志、行人、车辆等，并根据实时交通情况作出智能决策，以保证行驶安全。

图 1.1　百度阿波罗的自动驾驶汽车

百度阿波罗的自动驾驶汽车不仅展示了智能驾驶技术的创新实力，还体现了人工智能对推动汽车产业转型升级的重要作用。人工智能究竟是如何定义和分类的？它的原理和特点分别是什么？接下来，让我们一起学习本章内容，深入了解人工智能的奥秘。

1.1　人工智能概述

1.1.1　人工智能的定义

【拓展视频】

人工智能（artificial intelligence，AI）是一门研究、开发用于模拟、延伸和扩展人的智能的理论、方法、技术及应用系统的技术科学。它是计算机科学的一个分支，旨在通过计算机系统和算法，使机器执行通常只有人类才能完成的任务（如学习、推理、感知、理解、创造等）。

人工智能与人们的日常生活紧密相连，它正悄然改变人们的生活方式。从智能家居到智能出行，从在线购物到健康管理，人工智能的应用无处不在。它让人们的生活更便捷、更高效，如智能音箱的语音交互、智能手机的个性化推荐等。同时，人工智能在医疗、教育等领域发挥了重要作用，提高了服务质量和服务效率。随着技术的不断发展，人工智能将继续深入人们的生活，为人们带来更多惊喜和便利。

通常认为算法、数据、计算能力、模型和人机交互是人工智能的核心要素，它们在人工智能系统中扮演重要角色。

（1）算法。算法是人工智能系统的核心逻辑，指导系统解析数据、作出决策或执行任务。算法的选择和设计对人工智能系统的性能、准确性、效率有重要影响。

(2) 数据。数据是人工智能系统的输入和训练基础。通过收集、清洗、标注和整理数据，人工智能系统能够从中学习并不断优化性能。数据的质量和数量对人工智能模型的准确性及泛化能力至关重要。

(3) 计算能力。计算能力为人工智能系统提供了运行算法和处理数据的硬件基础。随着计算技术的不断进步，人工智能系统能够处理更复杂的任务，并在更短的时间内得出结论。

(4) 模型。模型是人工智能系统对现实世界或特定问题的抽象表示。通过训练和优化模型，人工智能系统能够更好地理解数据、预测趋势或解决复杂问题。

(5) 人机交互。人机交互是人工智能系统与用户交互的接口。良好的人机交互设计能够使用户更轻松地与人工智能系统互动，并更好地利用人工智能系统提供的服务。

上述五个要素相互关联、相互依存。在人工智能系统的设计和开发中，需要综合考虑这五个要素，以保证系统的性能、准确性和用户友好性。

智能手机上的语音助手结合了算法、数据、计算能力、模型和人机交互。通过先进的语音识别算法，语音助手能准确理解用户的语音输入；大量用户数据用于不断优化和改进功能；强大的计算能力保证了实时响应；复杂的模型负责解析用户意图并生成准确的回答；用户通过简单、自然的语音指令与语音助手交互，享受到前所未有的便捷体验。这五个要素融合，推动了语音助手的发展。

1.1.2 人工智能的分类

人工智能可以按智能水平、功能特点和学习方式分类，如图1.2所示。

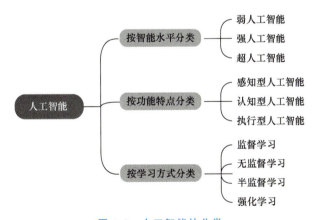

图 1.2 人工智能的分类

1. 按智能水平分类

按智能水平分类，人工智能可以分为弱人工智能、强人工智能和超人工智能。

(1) 弱人工智能。弱人工智能又称狭义人工智能，专注于特定任务或领域，展现出有限的智能能力。弱人工智能可以处理复杂的数据集，执行高精度计算，并在特定环境下作出高效决策。然而，它们局限于预设的程序和算法，缺乏自主意识、情感理解或跨领域的泛化能力。弱人工智能广泛应用于自动驾驶、医疗诊断、语音识别等领域，提升了工作效率和准确性，但尚未达到真正意义上的人类智能水平。

自动驾驶汽车是弱人工智能的典型应用。自动驾驶汽车能够识别交通标志、行人、车辆等，并根据实时数据作出驾驶决策。然而，它们仍然需要人类监控，并在某些情况下需要人工干预。

（2）强人工智能。强人工智能又称广义人工智能，旨在模拟人类思维的各个方面，具备全面的智能能力。强人工智能不仅能完成复杂任务，还能理解抽象概念，进行逻辑推理，甚至展现出一定程度的创新能力和自我学习能力。强人工智能设想中的机器能够像人类一样思考、学习和适应环境，拥有广泛的知识储备和情感体验。

在科幻作品中，强人工智能常被构想为全能机器人，具备强大的语言理解和生成能力，能无缝交流、快速学习和掌握技能，自主思考并作出决策，以应对复杂挑战。全能机器人可作为家庭助手和工作伙伴，完成多种任务。这体现了人们对强人工智能未来形态的憧憬。

（3）超人工智能。超人工智能代表智能水平远超人类的未来人工智能形态，其具备几乎无限的计算能力和创造力。超人工智能不仅能完全掌握人类知识，还能发明新的科学理论，解决复杂的社会问题，甚至可能发展出超越人类理解范畴的智慧。超人工智能的假设建立在高度发达的机器学习和自我进化能力之上，其潜在能力包括预测趋势、优化全球资源分配、促进人类文明飞跃发展。然而，超人工智能的实现面临伦理、安全和控制等方面的巨大挑战。

超人工智能同样是一个理论构想，目前尚无具体实例，但人们可以从科幻作品中获取一些灵感。例如，宇宙探索者拥有卓越的智慧和决策力，自主执行复杂的太空任务，解析宇宙奥秘，发现新星球与新文明。超人工智能具备高度的自主学习和适应能力，当应对未知挑战时将人类探索范围推向新高度，展现其在宇宙探索中的无限潜力。

尽管当前人工智能主要是弱人工智能，但随着技术的进步，它将向更高层次发展，为人类带来更多便利。在此过程中，必须关注人工智能引发的伦理和社会问题，确保技术发展与人类福祉协调，保障人工智能健康、可持续发展。

2. 按功能特点分类

按功能特点分类，人工智能可以分为感知型人工智能、认知型人工智能和执行型人工智能。

（1）感知型人工智能。感知型人工智能专注于数据的收集与解析，它是人工智能的基础层次。感知型人工智能通过传感器等设备，从环境中捕捉图像、声音、温度等信息，并将其转换为可用于分析的数字数据。在自动驾驶汽车中，感知型人工智能利用毫米波雷达、激光雷达和摄像头识别道路、行人、车辆，实时提供路况信息。感知型人工智能能够处理海量数据，快速响应环境变化，为后续的决策与执行提供精确的信息支持。

（2）认知型人工智能。认知型人工智能模拟人类的思考过程，具备理解、学习和推理的能力。它不仅能处理和理解语言，还能分析数据、识别模式，甚至进行创造性思考。在教育领域，认知型人工智能通过分析学生的学习行为，提供个性化的教学建议，优化学习路径；在医疗领域，认知型人工智能分析病历数据，辅助医生诊断疾病，提高治疗方案的精确度。

（3）执行型人工智能。执行型人工智能专注于将处理后的信息转换为实际行动，它是人工智能的应用终端。在制造业，执行型人工智能控制机器人进行精确操作，以提高生产效率和产品质量。在服务业，执行型人工智能（如智能客服）能够处理客户的咨询和投诉，提供不间断的服务。执行型人工智能与感知型人工智能和认知型人工智能协同工作，实现了从数据收集到决策执行的全链条智能化，推动了社会的智能化转型。

3. 按学习方式分类

按学习方式分类，人工智能可以分为监督学习、无监督学习、半监督学习和强化学习。

（1）监督学习。人工智能通过对大量已标注数据进行训练，学习输入与输出的映射关系。在监督下，模型不断提高预测准确性，适用于图像识别、语音识别等领域，其因具有明确的目标和反馈机制而有效提升人工智能系统的性能。例如为猫狗图片分类，人工智能通过大量标记为猫或狗的图片学习，能准确识别新图片中的猫和狗。

（2）无监督学习。在没有明确标签的数据中，人工智能自行发现数据中的结构、模式和关联。无监督学习用于聚类分析、降维等，帮助理解数据的内在特性，适用于探索性数据分析和预处理阶段。例如顾客群体聚类，人工智能分析购物网站的用户浏览记录，自动对顾客聚类，发现其消费趋势。

（3）半监督学习。半监督学习结合了监督学习和无监督学习的特点，利用少量标注数据和大量未标注数据进行训练。这种方法能有效利用有限资源，提高学习效率，适用于标注数据稀缺但未标注数据丰富的场景。例如医学图像分析，人工智能利用少量标记的病变图像和大量未标记图像学习，以提高识别能力。

（4）强化学习。人工智能与环境互动，根据获得的奖励或惩罚学习最佳行为策略。它模拟生物学习过程，在尝试与错误中不断优化决策，适用于动态变化、需要长期规划的任务。例如自动驾驶汽车训练，人工智能在模拟环境中不断尝试和调整驾驶策略，学会了安全驾驶。

1.1.3 人工智能的原理

人工智能的原理是基于模拟人类智能的技术和理论，通过一系列算法和模型对大量数据进行学习、分析、训练，从而使机器自主思考、决策和行动，实现像人一样的智能行为。以下是人工智能项目实施的一般步骤。

（1）数据收集与预处理。数据收集是人工智能项目实施的第一步，涉及从不同来源获取大量数据。随后，在数据预处理阶段对这些数据进行清洗，去除噪声、重复值和缺失值，以保证数据的质量和一致性，为后续分析打下坚实基础。

（2）特征提取与选择。在特征提取阶段，从数据中提取对解决问题至关重要的特征，如数值、文本、图像等。在特征选择阶段，从众多特征中挑选最具代表性、对模型性能贡献最大的特征，以降低模型复杂度、提高预测准确性。

（3）模型选择与训练。根据项目需求和数据类型，选择合适的机器学习或深度学习算法。在模型训练阶段，利用提取的特征和选择的算法训练模型，通过迭代调整模型参数，使其逐渐学习数据中的规律和模式，这一步骤需要大量计算资源和时间。

（4）模型优化与调整。在模型训练过程中，需要不断优化模型，以提高其泛化能力和准确性。模型优化方法包括调整超参数、使用正则化技术、添加新的特征等。这一步骤旨在找到最佳模型配置，使其在未见过的数据上表现出色。

（5）模型评估与验证。在模型评估阶段，使用一系列评估指标（如准确率、召回率、F1指标等）评估模型的性能。这些指标有助于了解模型在未见过数据上的表现。此外，还需要使用独立的测试数据集验证模型的稳定性和可靠性。

（6）模型部署与应用。一旦模型经过充分训练和验证，就可以将其部署到实际应用场景中。这一步骤涉及将模型集成到应用程序并配置相应的接口和参数，以实现智能应用的功能。在实际应用中，需要持续监控模型的性能，并根据需要更新和优化。

（7）模型维护与迭代。模型维护阶段涉及持续监控、更新和优化模型，包括监控模型的性能、更新数据集、调整参数等，以确保模型适应不断变化的环境和需求。随着技术的不断进步和新数据的出现，需要不断迭代和更新模型，以保持竞争力和实用性。

例如，智能客服系统通过收集用户输入的问题，利用自然语言处理技术解析和理解用户输入，然后从知识库中提取相关信息，采用机器学习算法生成回复。这一步骤涉及训练和学习大量数据，使智能客服不断优化和提升其回复的准确性及效率。用户可以通过文字或语音与智能客服交互，获得及时、准确的解答和服务。

1.1.4　人工智能的特点

人工智能的特点主要体现在智能性、自主性、学习性、适应性、高效性、交互性、创新性、跨学科性和潜在风险性等。

1. 智能性

人工智能系统能够模拟人类的智能行为（如学习、推理、理解、规划和解决问题等），还能够处理复杂信息，并根据这些信息作出决策或采取行动。

例如，人工智能系统通过分析患者的病历、医学影像等数据，辅助医生诊断疾病。深度学习算法在皮肤癌识别方面取得了与皮肤科医生相近的准确率，能够识别微小的皮肤病变，帮助医生更早地发现并治疗癌症。

2. 自主性

人工智能系统可以在一定程度上自主运行，而不需要人类持续干预。其能够自我调整和优化，以适应不同的环境和任务。

例如，自动驾驶汽车利用人工智能技术（如计算机视觉、机器学习等）感知周围环境、识别交通标志和交通信号灯，并根据这些信息作出驾驶决策。其能够在没有驾驶人的情况下自主行驶，提高了道路安全性和交通效率。

3. 学习性

人工智能系统具有学习能力，能够从数据中提取有用的信息，并通过训练不断提高性能，从而处理不断变化的任务和数据。

例如，聊天机器人通过不断地与用户交互，学习用户的语言习惯、兴趣偏好等信息，从而不断优化自己的回答和交互方式。一些智能助手（如Siri、小爱同学等）能够记住用户的偏好，如喜欢的音乐类型、常用的联系方式等，并在后续交互中提供更具个性化的服务。

4. 适应性

人工智能系统能够根据不同的环境和任务自适应调整。其可以识别并适应新的模式和数据，从而保持性能。

例如，智能家居系统能够根据不同的环境和用户需求自适应调整。当家庭成员的作息时间变化时，智能家居系统自动调整灯光、温度等环境参数。此外，智能家居系统还能够识别并适应不同的用户习惯，如有的人喜欢早上听新闻，有的人喜欢晚上看电影，智能家居系统根据用户习惯推荐相应的内容。

5. 高效性

人工智能系统能够处理大量的数据和信息，并在短时间内作出决策。其可以自动完成许多烦琐和重复的任务，从而提高工作效率和准确性。

例如，人工智能系统能够处理大量金融数据，如股票价格、交易记录等，并在短时间内作出决策。高频交易算法能够在毫秒级时间内分析市场趋势并作出交易决策，从而赚取利润。此外，人工智能系统还能够自动化处理许多烦琐的金融业务流程（如贷款审批、风险评估等），以提高金融服务的效率和准确性。

6. 交互性

由于人工智能系统可以与人类交互，理解人类的语言和意图并作出相应的回应，因此成为人类工作和生活中的得力助手。

例如，用户可以通过语音指令控制智能家居设备、查询天气信息、设置提醒等，更加方便地获取信息和服务。

7. 创新性

人工智能系统能够发现新的知识和模式，提出新的解决方案和方法。其可以通过不断的学习和优化，创造出前所未有的价值和成果。

例如，人工智能系统能够生成新的艺术作品，如音乐、绘画等。人工智能绘画系统能够根据用户输入（如风格、颜色等）生成独特的艺术作品。此外，人工智能绘画系统还能够通过分析大量音乐作品来创作新的音乐作品，为音乐创作领域带来新的可能性。

8. 跨学科性

由于人工智能是一个跨学科领域，涉及计算机科学、数学、心理学、哲学等学科的知识和技术，因此能够综合应用不同知识和技术解决复杂的问题。

例如，人工智能医疗影像分析系统结合了计算机科学、数学、医学等学科的知识和技术。深度学习算法能够处理医学影像数据并提取有用的特征信息；数学方法用于对特征信息进行量化分析和模型建立；医学知识用于解释分析结果并作出诊断决策。人工智能因具有跨学科性而在医疗影像分析领域取得显著成果。

9. 潜在风险性

尽管人工智能系统具有许多优点，但也存在一些潜在风险。例如，人工智能系统可能会受到数据偏差、算法歧视等问题的影响，导致作出不公平或错误的决策。此外，人工智能系统的自主性和学习能力可能引发一些不可预测的后果。我们需要关注这些潜在风险，并采取相应的措施来防范和应对。

1.1.5 人工智能的关键技术

人工智能的关键技术主要包括机器学习、深度学习、自然语言处理、计算机视觉、强化学习、机器人技术、人工智能大模型等。

1. 机器学习

机器学习是人工智能的一个分支，它使计算机系统从数据中自动学习并提高性能，而无须编程。机器学习基于统计学、优化理论和计算理论，通过训练模型识别数据中的模式，从而作出预测或决策。监督学习、无监督学习和半监督学习是机器学习的主要类型，它们在数据分类、聚类分析、回归预测等方面发挥重要作用。

2. 深度学习

深度学习是机器学习的一个子集，利用深度神经网络模拟人脑的工作方式，特别是在处理复杂数据（如图像、声音、文本）方面表现出色。深度学习的关键在于使用多层非线性处理单元（神经元），这些单元能够逐层抽象数据特征，最终实现对数据的高层次理解和表示。卷积神经网络、循环神经网络和生成对抗网络等是深度学习的重要模型。

3. 自然语言处理

自然语言处理旨在使计算机理解、解释和生成人类自然语言，涉及文本分析、语义理解、情感分析、机器翻译等。自然语言处理的核心技术包括分词技术、语法分析、语义分析等，这些技术使得机器处理和理解文本信息更有效，促进人机交互智能化。

4. 计算机视觉

计算机视觉使机器能够获取、分析和理解数字图像和视频中的信息。计算机视觉的关键技术包括图像预处理、图像特征提取、图像分割、目标检测、目标识别等。深度学习极大地推动了计算机视觉的发展，特别是卷积神经网络在图像特征提取方面的卓越表现，使得计算机视觉技术在自动驾驶、安防监控、医疗影像分析等领域应用广泛。

5. 强化学习

强化学习是一种让智能体在与环境的交互中学习最佳行为策略的方法。它不同于传统的监督学习，因为智能体不直接被告知正确的动作，而是通过尝试不同的动作并观察结果（奖励或惩罚）学习。强化学习在游戏人工智能、机器人控制、自动驾驶决策等方面展现出巨大潜力，是实现复杂、动态环境中智能决策的关键技术。

6. 机器人技术

机器人技术是人工智能的一个重要应用领域，它将人工智能理论和技术应用于设计、制造、操作机器人系统。机器人不仅需要具备感知环境（通过传感器）、理解信息（通过人工智能算法）能力，还需要具备执行决策（通过电动机、驱动器等）能力。随着人工智能技术的不断进步，机器人能够执行更多复杂任务（如精密制造、医疗护理、太空探索等），成为人类生活和工作中不可或缺的助手。

7. 人工智能大模型

人工智能大模型是人工智能领域的一项重大突破，它是深度学习技术的巅峰之作。人工智能大模型通常具有数十亿甚至数千亿参数，能够处理海量数据，实现高精度、高效率的智能应用。人工智能大模型在自然语言处理、计算机视觉、语音识别等领域具有强大的能力，能够完成复杂任务，如文本生成、图像识别、语音合成等。同时，人工智能大模型推动了一些行业的智能化升级，为人类社会带来巨大的变革和机遇。随着技术的不断发展，人工智能大模型将发挥更重要的作用，成为人工智能领域的核心力量。

人工智能的关键技术共同构成一个强大的生态系统，推动科技的边界不断向前拓展。从基础的机器学习到前沿的深度学习、自然语言处理、计算机视觉、强化学习，再到机器人技术、人工智能大模型的广泛应用，每项技术的突破都标志人工智能向更高层次发展。随着算法的优化、算力的提升及数据量的爆炸式增长，人工智能将继续深化其在各领域的应用，为人类带来前所未有的变革和机遇。

1.2 人工智能的研究

1.2.1 人工智能的研究基础

人工智能是一个综合多个学科知识的复杂领域，其研究基础主要包括数学基础、计算机科学基础、神经科学基础、认知心理学基础等。

【拓展视频】

1. 数学基础

（1）概率论与数理统计。概率论为人工智能提供量化不确定性的工具。在很多人工智能应用场景（如语音识别、机器翻译等）中都存在不确定性。以语音识别为例，由于不同人说话的口音、语速、环境噪声等不同，因此识别结果不是绝对确定的。采用概率模型可以计算不同语音片段对应不同词汇的概率，从而选择最有可能的结果。数理统计用于数据分析和建模。例如，训练图像识别模型时，需要利用统计方法分析图像数据的特征分布（如计算图像中物体的颜色、形状等特征的均值、方差等统计量），以便更好地构建分类模型。

（2）线性代数。线性代数是处理向量、矩阵等数据结构的有力工具。在人工智能中，数据通常以向量和矩阵的形式表示。例如，在深度学习的神经网络中，图像数据可以表示为一个三维矩阵（高度、宽度和通道数）。矩阵运算用于实现神经网络的前向传播和反向传播过程。特征值和特征向量的概念在数据降维及主成分分析等技术中发挥关键作用。主成分分析是一种常用的数据预处理方法，它通过计算数据矩阵的特征值和特征向量，将高维数据投影到低维空间，同时保留数据的主要特征，从而减少数据的存储量和计算量。

（3）微积分。导数和梯度在优化算法中至关重要。训练人工智能模型的目标是最小化一个损失函数,需要通过计算损失函数的梯度确定参数更新的方向。例如,在梯度下降算法中,根据损失函数按照一定步长更新模型参数的梯度,使模型逐渐收敛到最优解。在一些概率密度函数的计算等场景(如计算连续型随机变量的期望等统计量)中通常使用积分。

2. 计算机科学基础

(1)编程语言。Python、Java、C++等编程语言是实现人工智能算法的工具。Python因语法简洁、库丰富而在人工智能领域应用广泛。程序员需要掌握编程语言的基本语法(如变量定义、数据类型、控制流语句等),以及利用这些语言特性实现复杂的人工智能算法(如构建神经网络结构、实现搜索算法等)。

(2)数据结构与算法。数据结构(如数组、链表、树、图等)在存储和组织人工智能的数据方面有重要应用。例如,构建知识图谱时,图数据结构可以用来表示实体之间的关系。在算法方面,搜索算法(如广度优先搜索、深度优先搜索等)用于在状态空间寻找最优解,如在游戏人工智能中寻找最佳游戏策略;排序算法(如快速排序、归并排序等)用于对数据进行预处理,以提高模型训练和推理的效率。

(3)计算理论。计算理论包括时间复杂度分析和空间复杂度分析。了解算法的复杂度有助于评估人工智能模型和算法的效率。例如,设计一个机器学习算法时,需要考虑其训练时间和内存占用情况。如果一个算法的时间复杂度是指数级的,那么可能不适用于处理大规模数据。可计算性理论和自动机理论为理解人工智能系统的计算能力及局限性提供理论基础。例如,图灵机模型是计算理论的重要基础,它帮助人们理解可以通过计算机算法解决的问题。

3. 神经科学基础

(1)生物神经元模型。人工神经网络的灵感来源于生物神经元的工作原理。生物神经元通过树突接收其他神经元的信号,当这些信号的综合强度超过一定阈值时,生物神经元通过轴突产生电脉冲并传递给其他神经元。人工神经元模型(如感知机模型)模拟这种信号传递和激活的过程。在感知机中,输入信号通过加权求和后,经过一个激活函数(如阶跃函数或S型函数)输出,类似于生物神经元的激活和信号传递。

(2)大脑神经网络结构。大脑神经网络结构是高度复杂和并行的。例如,大脑皮层包含多个功能区域,这些区域通过神经纤维连接,形成复杂的神经网络。人工智能研究借鉴了大脑神经网络的层次结构和信息处理方式。深度神经网络(如卷积神经网络用于图像识别、循环神经网络用于序列数据处理等)具有多个层次的神经元,能够自动提取数据的特征,类似于大脑处理视觉、听觉等信息的过程。

4. 认知心理学基础

(1)人类认知过程。认知心理学研究人类的感知、注意、记忆、思维等认知过程。这些研究成果有助于人工智能更好地模拟人类的智能行为。例如,在自然语言处理中,理解人类的语言理解过程有助于设计更有效的语言模型。人类的感知机制为计算机视觉和语音识别等领域提供了参考。例如,人类视觉系统能够快速地从复杂的场景中识别物体,研究这种视觉感知的原理可以启发计算机视觉算法更好地提取图像中的目标物体。

(2）认知模型。认知模型（如信息加工模型）描述人类接收、编码、存储、检索和使用信息的方法。人工智能中的知识表示和推理系统可以借鉴这些认知模型。例如，语义网络是一种知识表示方法，它类似于人类的语义记忆组织方式，节点表示概念，边表示概念之间的关系，从而实现知识的存储和推理。

1.2.2 人工智能的研究内容

人工智能的研究内容涵盖知识表示与自动推理、机器学习与知识获取、自然语言理解与机器翻译、计算机视觉、智能机器人、专家系统与知识工程、搜索技术与智能搜索方法、规划方法、认知科学、数据挖掘与知识发现、人机交互技术等。

1. 知识表示与自动推理

知识表示是人工智能的基础，它研究让机器理解和表示知识的方法。常用的知识表示方法有逻辑表示法、产生式规则表示法、语义网络表示法和框架表示法等，它们各具优势和劣势，适用于不同的应用场景。自动推理涉及在不确定或不完全信息的情况下推理和决策，状态空间搜索、层次规划、动态规划等算法是实现自动推理的关键。

例如，在智能家居系统中，知识表示可以描述家电设备的状态、功能和相互关系；自动推理可以根据用户设定的条件和目标，智能地控制家电设备运行（如根据室内温度自动调节空调温度，平衡节能与舒适度）。

2. 机器学习与知识获取

机器学习是人工智能的核心领域，它研究让计算机从数据中自动学习并提高性能的方法。监督学习、无监督学习、强化学习等算法在分类、回归和聚类等任务中发挥重要作用。知识获取关注从专家或其他来源获取知识的方法，以构建和维护知识库。知识获取是构建智能系统的基础。

例如，计算机采用监督学习算法，能从大量医疗影像数据中学习识别肿瘤；同时，专家系统通过访谈医生获取专业知识，构建肿瘤诊断知识库，两者结合，可显著提升医疗诊断的准确性和效率。

3. 自然语言理解与机器翻译

自然语言理解研究让计算机理解和处理人类语言（包括语法、语义和语用分析）的方法。机器翻译是其重要应用，能够实现不同语言之间的自动翻译，促进跨语言交流。这两个领域的研究对实现人机有效沟通有重要意义，也是构建智能交互系统的基础。

例如，一款智能翻译软件能准确理解用户输入的中文句子，采用复杂的语义分析和机器翻译技术将其快速、准确地翻译成英文，帮助用户实现无障碍交流。

4. 计算机视觉

计算机视觉研究让计算机从图像和视频中感知、理解世界的方法，它包括目标识别、目标检测、图像分割、图像处理、图像重建等，广泛应用于安防监控、医疗影像分析等领域。计算机视觉技术的发展推动了智能监控、智能医疗等应用的普及。

例如，智能监控系统能够利用计算机视觉技术实时监控公共场所，并自动识别异常行为或潜在威胁（如入侵者、遗留物等），及时发出警报，有效提升公共安全水平。

5. 智能机器人

智能机器人研究让机器人执行复杂任务（如移动、感知、决策、与环境交互等）的方法。涉及机器人的控制与被处理物体之间的关系，以及自主机器人系统的设计和实现。智能机器人的发展推动了工业自动化、智能家居等领域的进步。

例如，一款智能搬运机器人能够自主导航，精准抓取和搬运生产线上的物品，不仅提高了生产效率，还减少了人力成本，展现出智能机器人在提升工业自动化水平方面的巨大潜力。

6. 专家系统与知识工程

专家系统是一种模拟人类专家决策能力的计算机程序，通常包括一个知识库和一个推理引擎。知识工程是构建和维护知识库的技术及方法，涉及专家知识的获取、表达和推理过程的构建和解释。专家系统与知识工程的发展为智能决策支持系统的构建提供有力支持。

例如，一款基于知识工程的医疗专家系统能够整合医生的专业知识和经验，辅助医生诊断疾病、制订治疗方案，提高医疗决策的准确性和效率，为患者提供更好的医疗服务。

7. 搜索技术与智能搜索方法

搜索技术是人工智能领域的基础，它研究在庞大的数据集中找到所需信息的高效算法和方法。智能搜索方法包括启发式搜索、非盲目搜索等，旨在高效地找到所需信息，提高搜索效率。

例如，当用户在网上购物平台搜索特定商品时，智能搜索算法根据用户输入的关键字和购物历史快速推荐相关商品，提升用户购物体验、提高平台交易效率。

8. 规划方法

规划方法研究为智能系统生成行动计划以实现特定目标的方法，包括状态空间搜索、层次规划、动态规划等算法，旨在帮助智能系统在复杂环境下作出决策。

例如，在智能制造领域，规划方法广泛应用于生产调度和路径规划。智能系统通过动态规划等算法，综合考虑生产任务的优先级、设备状态、工人技能等因素，生成最优的生产计划和设备调度方案，从而提高生产效率。

9. 认知科学

认知科学研究人类和动物的认知过程，包括感知、记忆、思维、语言等。人工智能研究中的认知科学部分旨在借鉴其理论和发现，指导智能系统的设计和实现，推动人工智能向更高层次发展。

例如，在人工智能语音助手领域，认知科学发挥了重要作用。认知科学研究人类语言和语音的认知过程，为智能语音助手的设计和实现提供理论基础。如苹果的 Siri 和亚马逊的 Alexa 能够理解及回应人类的语音命令，这些都基于对人类语言认知的深入理解和模拟。

10. 数据挖掘与知识发现

数据挖掘是从大量数据中提取有用信息和知识的过程，知识发现是数据挖掘的更高层次目标。这两个领域的研究对从海量数据中挖掘有价值信息有重要意义，为智能决策提供有力支持。

例如，在零售行业，数据挖掘与知识发现广泛应用于销售预测和库存管理。通过分析历史销售数据，零售商可以挖掘用户的购买模式和偏好，进而预测销售趋势，优化库存管理策略，减少缺货或过度备货的情况，提高运营效率。

11. 人机交互技术

人机交互技术研究设计更友好、更高效的人机交互界面和方式，以提高智能系统的可用性和用户体验。人机交互技术的发展推动了智能系统的普及和应用，为人工智能的广泛应用提供有力保障。

例如，在智能家居领域，人机交互技术使得用户可以通过语音指令、手势识别等方式与智能家居设备交互，如调节灯光、控制温度等，极大地提升了用户体验。

1.2.3　人工智能的研究方法

人工智能的研究方法有符号主义方法、连接主义方法、进化计算方法、强化学习方法及跨学科融合方法等，每种方法都有独特的优势和适用范围，需要根据问题的具体特点和需求选择最合适的研究方法，并不断探索和创新，以推动人工智能技术持续发展和广泛应用。

1. 符号主义方法

符号主义方法是人工智能领域的传统研究方法，侧重于使用符号和逻辑规则表示、处理知识。该方法认为，智能可以通过构建明确的符号系统和逻辑推理机制实现。符号主义方法在处理结构化数据和逻辑推理任务方面表现出色。例如专家系统和智能决策支持系统利用领域专家的知识，通过符号逻辑推理和决策。

2. 连接主义方法

连接主义方法也称神经网络方法，是模仿人脑神经元结构和信息处理机制的一种研究方法。它通过连接大量神经元，利用权重调整和信息传递学习及推理。连接主义方法在图像识别、语音识别和自然语言处理等领域取得了显著成果，其因具有强大的自适应能力和泛化能力而成为处理复杂问题及非线性问题的有力工具。

3. 进化计算方法

进化计算方法是一种基于生物进化原理的优化算法，包括遗传算法、进化策略等。它通过模拟自然选择和遗传变异等生物进化过程，在解空间中搜索最优解。进化计算方法在函数优化、机器学习、智能控制等领域得到广泛应用，其因具有较强的全局搜索能力和鲁棒性而成为解决复杂优化问题的有力手段。

4. 强化学习方法

强化学习方法的原理是让人工智能系统在与环境的交互中不断学习，通过获得奖励或惩罚优化行为策略。该方法强调试错学习和长期规划，适用于需要自主决策和适应环境变化的场景。强化学习方法在游戏人工智能、自动驾驶、机器人控制等领域取得了显著成果，其因具有强大的适应性和学习能力而成为实现智能自主系统的关键技术。

5. 跨学科融合方法

跨学科融合方法是近年来人工智能研究的重要趋势，它将心理学、神经科学、经济学、社会学等学科的知识和方法引入人工智能研究。跨学科融合方法旨在揭示智能的深层次机制和规律，为人工智能技术的创新应用提供新的思路和方法。通过跨学科合作和知识整合，研究人员能够构建更全面、更深入的人工智能理论框架，推动人工智能技术持续进步、广泛应用。

1.2.4 大数据与人工智能的研究

大数据与人工智能关系密切。大数据为人工智能的发展提供丰富的数据资源和支持，而人工智能是大数据处理和分析的重要工具及方法。结合大数据与人工智能技术，可以实现更加智能化的决策、预测和优化，为各行业的发展提供新的动力。

1. 大数据的定义

大数据作为一个近年来频繁出现在科技和商业领域的术语，其定义随着技术的发展和应用的深入而逐渐丰富、完善。一般而言，大数据是指规模庞大、类型多、处理快的数据集合，其超出了传统数据库软件工具的处理能力范围。

具体而言，大数据具有以下四个显著特点。

（1）海量性。大数据规模巨大，通常以 PB（拍字节）、EB（艾字节）甚至 ZB（泽字节）为单位计量，传统的数据处理工具和方法难以应对。

（2）高速性。大数据的生成和变化非常快，需要实时或近实时地处理和分析，要求数据处理系统具备强大的实时处理能力。

（3）多样性。大数据类型多样，包括结构化数据（如数据库中的表格信息）、半结构化数据（如电子邮件、文档等）和非结构化数据（如图像、音频、视频等），数据处理系统需要具备处理多种数据类型的能力。

（4）价值密度低。虽然大数据包含大量信息，但有价值的信息往往占比很小。因此，从海量数据中提取有价值的信息成为大数据处理的重要挑战。

2. 大数据与人工智能研究的关系

大数据与人工智能有密切关系。大数据是人工智能发展的重要基石和驱动力，而人工智能是大数据处理和分析的重要工具及方法。

（1）大数据是人工智能的"燃料"。人工智能的发展依赖对大量数据的训练和优化。这些数据为机器学习算法提供丰富的"学习资料"，使其从中学习数据的规律和模式，从而提高决策和预测的准确性。大数据的规模和多样性为人工智能提供丰富的训练样本及验证数据，推动人工智能技术快速发展。

（2）人工智能是大数据处理的"引擎"。人工智能技术的发展推动大数据处理能力的提升。应用机器学习、深度学习等人工智能技术，可以更加高效地处理和分析大规模数据集,自动从数据中提取特征、构建模型并预测,从而提高数据处理的准确性和效率。

(3) 大数据与人工智能相互促进。大数据与人工智能相互促进,其在科技和商业领域的应用越来越广泛。结合大数据与人工智能技术,可以实现更加智能化的决策、预测和优化,为各行业的发展提供新的动力。

3. 大数据的来源

大数据来源广泛,涵盖各领域和各行业。以下是主要的大数据来源。

(1) 传感器和物联网设备。随着物联网技术的快速发展,越来越多的传感器被应用于各领域。这些传感器可以感知和记录物理量(如温度、湿度、压力等),并将其实时传输到数据中心存储和分析。传感器产生的数据量庞大且实时性强,为大数据的产生提供重要来源。

(2) 社交媒体和互联网。在社交媒体平台(如微博、微信、抖音等)上,每天都有数以亿计的用户发布文字、图片、视频等。这些用户生成的数据包含丰富信息,如用户兴趣、社交关系、消费行为等。同时,互联网上还有大量的网页、博客、论坛等网站,用户在浏览和搜索的过程中产生的点击、评论、收藏等行为也会产生大量数据。这些社交媒体平台和互联网的数据具有多样性、多源性和高实时性的特点,为大数据分析提供丰富资源。

(3) 企业和政府部门数据。企业和政府部门在日常运营及管理过程中产生大量数据。企业在销售、生产、采购、财务等方面产生的数据(如销售额、库存量、交易记录等)可以用于业务分析和决策支持。政府部门在人口统计、经济发展、环境监测等方面产生的数据(如人口普查数据、GDP 数据、环境污染数据等)可以用于社会管理和政策制定。这些数据具有较高的可信度和完整性,为大数据分析提供可靠基础。

(4) 公开数据集。许多科研机构、学术机构和商业公司都会公开其研究成果中的数据集,以推动学术交流和研究合作。这些公开数据集涵盖各领域的数据资源,为大数据分析和研究提供重要素材。以下是常见的与自动驾驶汽车相关的数据集。

① nuScenes 数据集。nuScenes 数据集具有三维目标注释,包含大量关键帧中的摄像机图像、激光雷达扫描数据、对象边界框等,涵盖两座城市(波士顿和新加坡)的详细地图信息,涉及多个任务[如探测(2D/3D)、跟踪、预测、激光雷达分割、全景任务、规划控制等],是目前主流算法评测的标准。

② KITTI 数据集。KITTI 数据集用于评测立体图像、光流、视觉测距、三维物体检测和三维跟踪等计算机视觉技术在车载环境下的性能;包含市区、乡村和高速公路等场景采集的真实图像数据,有 389 对立体图像和光流图、39.2km 视觉测距序列以及超过 200k 三维标注物体的图像,以 10Hz 的频率采样及同步数据。

③ Waymo 数据集。Waymo 数据集是用于自动驾驶的开源高质量多模态传感器数据集,涵盖从密集的城市中心到郊区景观的各种环境,天气多样性包括阳光、雨水、白天、夜晚、黎明和黄昏等。数据集包含 1000 个驾驶段,每个驾驶段都通过 Waymo 汽车上的传感器连续捕捉 20s 驾驶数据,相当于使用 10Hz 摄像头捕捉 20 万帧图像,此类摄像头包括 5 个定制版激光雷达及 5 个前置摄像头和侧视摄像头。Waymo 数据集还包括经过标记的激光雷达帧以及车辆、行人、骑行者、交通标志图像,其模型融合了多个来源的数据,无须

人工校准。

④ BDD100K 数据集。BDD100K 数据集是大规模自动驾驶数据集，包含 10 万个高清视频，每个视频都约 40s，对每个视频的第 10s 关键帧采样得到 10 万张图片并标注。该数据集在地理、环境和天气状况方面具有多样性，涵盖不同时间（如白天和夜晚等）、天气条件（如晴天、阴天、雨天等）和驾驶场景。其标注内容包括图像标记、道路对象边界框、可驾驶区域、车道标记线和全帧实例分割等，涉及道路目标检测、实例分割、引擎区域学习、车道标记等任务。

⑤ A2D2 数据集。A2D2 数据集是大型自动驾驶数据集，提供摄像头、激光雷达和车辆总线数据，传感器套件包括 6 个摄像头和 6 个激光雷达单元，可提供完整的 360°覆盖范围，数据主要来自德国街道，包含 RGB 图像及对应的三维点云数据，标注的非序列数据共计 41227 帧且都有语义分割标注和点云标签，其中前置摄像头视野内目标三维包围框标注共计 12497 帧。

⑥ ApolloScape 自动驾驶数据集。ApolloScape 自动驾驶数据集是百度发布的阿波罗自动驾驶项目的一部分，旨在促进自动驾驶从感知、导航到控制等领域的创新。数据集的数据规模、标签密度及任务等不断更新。

⑦ SODA10M 自动驾驶数据集。SODA10M 自动驾驶数据集是由华为诺亚方舟实验室和中山大学共同发布的一个半监督的二维基准数据集，主要包含 1000 万张多样性强的图像。

⑧ 中国城市停车数据集（Chinese city parking dataset，CCPD）。中国城市停车数据集是用于车牌检测和识别的数据集，包含超过 25 万张独特的汽车图像且有车牌位置注释。

这些数据集的传感器类型、数据规模、场景多样性、标注内容等各具特点，可以根据具体的研究需求和任务选择合适的数据集。同时，随着技术的发展，新的数据集不断涌现。使用数据集时，需注意数据的合法性、准确性及适用范围等。

4. 大数据的处理

大数据处理是指在大规模、高速、多源、多类型的数据流量下，对数据进行存储、清洗、整合、分析、挖掘、可视化等复杂操作，以实现数据的价值化和应用化。大数据处理的技术架构主要包括以下四个层次。

（1）数据收集与存储。数据收集是大数据处理的第一步，负责从数据源（如传感器、社交媒体、互联网、企业和政府数据等）中获取数据，并将其存储到有效的数据仓库。数据存储技术需要提供高性能、高可靠、高可扩展的数据存储和管理解决方案，以应对大数据的海量性和多样性。

（2）数据清洗与整合。数据清洗是大数据处理的重要环节，负责对数据进行清洗、去重、补充等操作，以提高数据质量。数据整合是对不同数据源的数据进行集成和整合，以形成统一的数据视图。数据清洗与整合有助于消除数据中的冗余和错误，提高数据的准确性和一致性。

（3）数据分析与挖掘。数据分析是大数据处理的核心环节，负责对数据进行统计、机器学习、深度学习等复杂的分析和挖掘操作，以发现隐藏的知识和规律。数据挖掘是从大量数据中发现有用的信息和模式的过程，可以帮助人们更好地理解数据的本质和特征。

（4）数据可视化与应用。数据可视化是将数据分析结果以图表、报告、应用程序等形式呈现给用户的过程，可以帮助用户更加直观地理解数据和分析结果，从而作出更加明智的决策。数据应用是将大数据处理和分析的结果应用于实际场景，以实现数据的价值化和应用化。

5. 大数据在人工智能研究中的应用

大数据在人工智能研究中发挥至关重要的作用。以下是大数据在人工智能研究中的具体应用。

（1）机器学习算法的训练和优化。机器学习算法的训练和优化需要大量数据支持。大数据为机器学习算法提供丰富的训练样本和验证数据，使其从中学习数据的规律和模式。同时，大数据的多样性和复杂性促进了机器学习算法的发展。

（2）深度学习模型的构建和训练。深度学习模型是人工智能领域的重要工具。大数据为深度学习模型的构建和训练提供丰富的数据资源。人们应用深度学习技术，可以从大数据中提取更复杂、更抽象的特征，从而构建更准确、更高效的模型。

（3）自然语言处理和文本挖掘。自然语言处理和文本挖掘是人工智能领域的重要研究方向。大数据为自然语言处理和文本挖掘提供丰富的文本数据资源。人们应用自然语言处理和文本挖掘技术，可以从大量文本数据中提取有用的信息和知识，为智能问答、情感分析、文本分类等应用提供支持。

（4）计算机视觉和图像识别。计算机视觉和图像识别是人工智能领域的重要研究方向。大数据为计算机视觉和图像识别提供丰富的图像数据资源。人们应用计算机视觉和图像识别技术，可以从大量图像数据中提取有用的特征和模式，为图像分类、目标检测、人脸识别等应用提供支持。

（5）智能推荐和个性化服务。大数据在智能推荐和个性化服务中发挥重要作用。分析用户的行为和偏好数据，可以构建个性化的推荐系统和服务系统，为用户提供更精准、更个性化的服务，不仅提高了用户的满意度和忠诚度，还为企业带来了更多的商业机会和价值。

1.3 人工智能的应用

1.3.1 人工智能的应用领域

人工智能的应用领域非常广泛，包括但不限于以下领域。

1. 交通领域

在交通领域，自动驾驶技术是人工智能的重要应用成果。车辆通过传感器感知周围环境，利用深度学习算法进行决策和控制，实现自动驾驶，大幅度提升驾驶安全性，减少交通事故。智能交通信号灯控制运用实时交通数据，动态调整交通信号灯时间，优化交通流量，缓解城市拥堵。交通流量管理系统借助数据分析和预测交通流量变化，提前制定疏导策略，以提高交通运行效率。智能公共交通系统能根据乘客需求和

【拓展视频】

实时路况优化公交线路及车辆调度，以提高公共交通服务质量。

2. 医疗领域

人工智能在医疗领域取得了显著进展。医学影像分析借助深度学习算法快速、精准地识别和解读X射线、计算机体层扫描（computed tomography，CT）、核磁共振等影像中的病变特征，辅助医生作出更准确的诊断（如早期癌症的筛查）。疾病风险预测通过分析大量患者的临床数据、基因信息及生活习惯等数据，提前评估个体患特定疾病的风险，有助于采取有针对性的预防措施。虚拟医生助手可随时为患者提供初步医疗咨询服务，解答常见问题。智能手术机器人能够在复杂手术中提供更精准的操作，提高手术成功率，减少手术创伤。

3. 金融领域

人工智能技术广泛应用于金融领域。风险评估利用机器学习模型分析企业财务数据、市场趋势和宏观经济指标等，精准量化投资风险，为投资决策提供依据。信用评分系统通过评估个人或企业的信用等相关信息，快速、准确地给出信用评分，帮助金融机构决定是否发放贷款及确定贷款额度和贷款利率。欺诈检测运用人工智能算法实时监测交易数据，识别异常交易模式，及时发现和防范信用卡欺诈、保险欺诈等金融欺诈行为，保障金融交易安全。股票市场分析基于大数据和人工智能模型预测股票价格走势，辅助投资者制定投资策略，提高投资收益。虚拟助手和智能客服为客户提供便捷的金融咨询服务，解答账户查询、产品推荐等问题，提升客户服务体验。

4. 教育领域

人工智能为教育领域带来创新变革。个性化学习体验借助人工智能技术实现，智能教育平台根据学生的学习进度、知识掌握情况、学习风格等个体差异，精准推荐适合的学习教材、课程和学习路径，实现因材施教。语音识别和自然语言处理技术支持智能辅导系统，学生可以通过语音与该系统交互，获得即时反馈和解答，有助于语言学习和知识巩固。采用虚拟现实和增强现实技术可以营造沉浸式学习环境，让学生身临其境地体验历史事件、科学实验等，增强学生的学习兴趣和理解深度。智能教育评估系统通过分析学生学习行为数据，全面、客观地评估学生的学习效果，为教师调整教学策略提供参考。

5. 制造领域

在制造领域，人工智能推动智能制造和工业自动化发展。机器人和自动化生产线借助人工智能技术实现更高程度的智能化和灵活性，能够根据生产任务和环境变化自动调整操作参数，完成复杂的生产任务，如精密零部件的装配、焊接等。预测性设备维护是指通过实时监测设备运行数据，运用机器学习算法预测设备故障发生的时间和类型，提前安排维护，减少设备停机时间，提高生产效率。智能优化供应链管理利用人工智能技术分析市场需求、生产进度、物流信息等，优化供应链流程，降低库存成本，保证原材料及时供应和产品按时交付。物流规划借助人工智能算法优化物流配送路线，提高物流运输效率，降低物流成本。

6. 农业领域

农业领域逐步引入人工智能技术。农业机器人和智能设备能够负责种植、收割、除草、灌溉等任务，以提高农业生产效率。例如，智能播种机器人根据土壤条件和作物种植要求精准播种，智能灌溉系统根据土壤湿度和作物需水情况自动调节灌溉水量。通过收集和分析气象数据、土壤数据、作物生长数据等，人工智能系统为农民提供科学的决策支持，如施肥建议、病虫害防治方案等，帮助农民提高农作物产量和质量。借助物联网和传感器技术，可以实现农田环境的精准管理，实时监测土壤肥力、水分含量、气象条件等，及时调整农业生产措施，推动农业可持续发展。

7. 智能家居领域

智能家居为人们提供便捷、舒适的生活体验。智能家电设备（如智能冰箱、智能空调、智能照明等）通过传感器感知环境变化，利用人工智能算法自动调整运行状态。例如，智能冰箱根据食品储存情况提醒用户补充食材；智能空调根据室内外温度和用户习惯自动调节温度；智能照明系统根据光线强度和用户活动场景自动调整亮度；智能音箱和语音助手作为智能家居的控制中心，用户通过语音指令轻松控制家电设备，实现家居设备互联互通，提升生活便利性；家庭安防系统借助人工智能图像识别技术实时监测家庭环境，一旦发现异常情况（如陌生人入侵）就及时发出警报，保障家庭安全。

8. 市场营销领域

人工智能在市场营销领域发挥重要作用。精准营销借助人工智能分析消费者的行为数据、兴趣爱好、购买历史等信息，实现精准的市场细分和目标客户定位，企业可以根据不同用户群体的特点制定个性化的营销策略，提高营销效果。智能广告投放利用机器学习算法优化广告的投放渠道和投放时间，根据用户画像将广告精准推送给潜在客户，提高广告点击率和转化率。用户关系管理系统借助人工智能技术深度分析用户数据，预测用户需求和行为，帮助企业提供个性化的用户服务，增强用户的满意度和忠诚度。营销自动化平台通过人工智能实现营销流程的自动化（如自动发送个性化邮件、短信营销等），提高营销效率，降低营销成本。社交媒体监测利用人工智能分析社交媒体数据，了解消费者对品牌的评价和态度，及时发现市场趋势和潜在问题，为企业制定营销策略提供依据。

9. 智能安防领域

智能安防系统利用人工智能技术提升安全防范能力。监控系统借助图像识别技术实时监测视频画面，能够快速、准确地识别人脸、车辆等，并对异常行为（如人员闯入、物品遗留、打架斗殴等）实时预警，提高安防监控效率。入侵检测系统通过分析环境数据（如声音、震动、光线等）和传感器信息，及时发现非法入侵行为，并发出警报通知安保人员。智能门禁系统利用人脸识别、指纹识别等生物识别技术，快速、准确地验证人员身份，确保只有授权人员才能进入特定区域，提高门禁管理的安全性。安防巡逻机器人借助人工智能算法和传感器在特定区域自主巡逻，实时监测环境安全状况，辅助安保人员进行巡逻工作，提高安防巡逻效率和覆盖范围。

10. 科研领域

在科研领域，人工智能成为重要的研究工具和创新驱动力。在数据处理和分析方面，人工智能算法能够处理和分析海量科研数据，快速提取有价值的信息，发现数据中的隐藏模式和规律，如在天文学领域分析星系光谱数据、在生物学领域分析基因序列数据等。在模拟和预测方面，通过构建复杂的模型，人工智能技术可以模拟物理、化学、生物等系统的行为，预测实验结果，帮助科学家设计更有效的实验方案，减少实验成本和实验时间，如在材料科学领域预测新材料的性能、在气象学领域预测气候变化等。在知识发现和创新方面，人工智能技术有助于挖掘科研文献中的知识，发现新的研究方向和问题，促进跨学科研究和知识创新，如通过分析学术文献的引用关系和语义信息发现不同学科领域之间的潜在联系。

1.3.2　人工智能在汽车设计中的应用

人工智能在汽车设计中的应用主要有数字化设计、协同设计、虚拟仿真设计、智能设计、交互式设计、基于云的设计等。

1. 数字化设计

数字化设计是指利用计算机辅助设计、计算机辅助工程等数字技术，将传统的手工设计转换为数字化的设计流程。设计师采用数字化设计能够以更高效、更精确的方式创建和修改汽车的设计，从而提高设计的效率和质量。

数字化设计具有以下特点。

（1）精确性。数字化设计利用数字技术创建精确的数字化模型，从而减小设计过程中的误差、降低不确定性。

（2）高效性。数字化设计使得设计师能够更快速地生成和修改设计方案，提高设计效率。

（3）可视化。数字化设计提供直观的三维模型，设计师能够更清晰地理解设计方案。

（4）协同性。数字化设计支持多人协作，设计师、工程师和相关部门人员可以实时共享设计数据，共同设计和优化。

数字化设计有以下应用场景。

（1）汽车外形设计。数字化设计使得设计师能够更轻松地创建和修改汽车的外形，从而提高设计的灵活性和创新性。

（2）汽车内饰设计。数字化设计可以用于汽车内饰设计，设计师能够更精确地控制汽车内饰的布局、材料和颜色等细节。

（3）汽车结构设计。数字化设计可以用于汽车结构设计，帮助设计师分析结构的强度和稳定性，从而保证汽车的安全性和可靠性。

（4）汽车性能仿真。数字化设计可以与仿真技术结合，对汽车的性能进行仿真分析，以预测和优化汽车的操纵性、燃油经济性等。

图1.3所示为汽车外形设计。

图 1.3　汽车外形设计

2. 协同设计

协同设计是在计算机的支持下，异地协作成员围绕一个项目，承担相应部分的设计任务，并行交互地进行设计工作，最终得到符合要求的设计结果的设计方法。协同设计旨在实现不同领域、不同层次人员对信息和资源的共享，协调处理耦合、冲突和竞争，完成跨领域、跨时空的协作，以满足变化多端的市场需求。

协同设计具有以下特点。

(1) 实时协作。协同设计允许设计师、工程师和相关部门人员实时共享设计数据，共同设计和优化，从而提高设计效率。

(2) 信息共享。通过计算机技术，协同设计实现了设计数据的实时传输和实时共享，保证了设计团队之间的信息一致性。

(3) 并行设计。协同设计支持多个并行设计任务，从而减少设计过程中的等待时间，提高设计效率。

(4) 智能优化。协同设计与人工智能技术结合，可以自动优化设计方案，从而提高设计的质量和创新性。

协同设计有以下应用场景。

(1) 汽车外形与内饰设计。在汽车外形与内饰设计中，协同设计允许设计师、工程师和市场营销人员参与，保证设计方案既符合美学要求，又满足工程可行性和市场需求。

(2) 汽车结构设计。在汽车结构设计过程中，协同设计可以帮助设计团队分析结构的强度和稳定性，从而保证汽车的安全性和可靠性。

(3) 汽车性能仿真与优化。协同设计与仿真技术结合，可以对汽车性能进行仿真分析，并实时调整设计参数以提高汽车性能，在设计阶段发现潜在的问题并初步优化。

(4) 跨地域团队协作。对于跨国或跨地区的汽车设计团队来说，协同设计提供了一种高效、便捷的协作方式。团队成员可以随时随地访问设计数据，实时沟通和协作，提高了设计的效率和质量。

图 1.4 所示为汽车协同设计。

3. 虚拟仿真设计

虚拟仿真设计是一种利用计算机技术对汽车进行全方位的模拟，包括车身结构、发动机、转向系统、悬架系统、制动系统等，以达到实现汽车设计验证、性能分析、安全评估和驾驶模拟等目的的技术手段。

图 1.4　汽车协同设计

虚拟仿真设计具有以下特点。

（1）高精度模拟。虚拟仿真设计基于高精度的数学模型和物理模型，对汽车进行全方位模拟，以保证模拟结果的准确性和可靠性。

（2）高效性。通过虚拟仿真设计，设计师可以在计算机环境中快速进行多次设计迭代和优化，提高了设计效率。

（3）低成本。与传统物理测试相比，虚拟仿真设计可以节省大量的实物样车制作和测试成本。

（4）可视化。虚拟仿真设计能够生成高质量的图像和动画，设计师能够直观地观察和分析汽车的设计效果及性能。

（5）交互性。用户可以通过虚拟仿真技术在虚拟环境中体验和测试汽车，感受汽车的驾驶性能、乘坐舒适性等。

虚拟仿真设计有以下应用场景。

（1）汽车性能分析。虚拟仿真设计能够模拟汽车的不同性能指标（如发动机功率、转向灵活度、悬架系统舒适性，以及在不同驾驶场景和路况下的行驶稳定性、制动和转向特性），为设计师提供全面的性能评估数据。

（2）安全评估。通过模拟不同的碰撞情形（如前端碰撞、侧面碰撞等），虚拟仿真设计可以分析车身结构的变形情况和安全装置（如安全带、气囊等）的部署情况，帮助安全专家提前发现潜在的安全隐患。

（3）设计验证与优化。在汽车设计过程中，虚拟仿真设计可以对车身设计效果进行全面评估（如外形、结构、材料等方面），及时发现设计问题并优化，以提高设计效率和准确性。

（4）驾驶模拟与用户体验。利用实时渲染技术，虚拟仿真设计可以模拟真实的驾驶场景（如道路、天气、交通流量等），用户能够在虚拟环境中体验和测试汽车，以提升用户体验。

图 1.5 所示为汽车虚拟仿真平台。

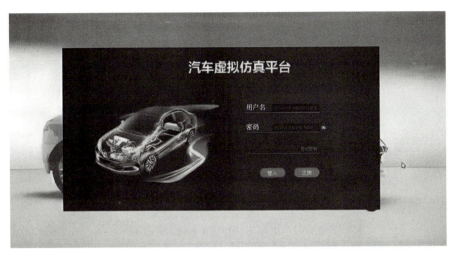

图 1.5　汽车虚拟仿真平台

4. 智能设计

智能设计是应用现代信息技术，特别是人工智能技术模拟人类的思维活动，提高计算机在汽车设计过程中的智能水平，从而承担更多、更复杂设计任务的重要辅助工具。

智能设计具有以下特点。

（1）高效性。智能设计能够大幅度提高设计效率，通过自动化和智能化的工具减少人工操作的烦琐环节和时间。

（2）高精度。借助先进的算法和模型，智能设计能够实现高精度的模拟和分析，以保证设计结果的准确性和可靠性。

（3）创新性。智能设计能够探索新的设计思路和方法，为汽车设计带来突破性的创新。

（4）用户导向。智能设计注重分析和满足用户需求，通过智能化的手段，实现个性化和定制化的设计。

智能设计有以下应用场景。

（1）汽车外观与内饰设计。智能设计利用机器学习算法分析大量设计数据，自动生成设计方案，为设计师提供灵感，以提高设计效率和创新能力。

（2）汽车性能优化。通过模拟和分析汽车性能参数，智能设计帮助设计师优化车身结构、调整发动机参数等，以提升汽车性能。

（3）汽车安全性能评估。智能设计能够模拟不同的碰撞情形和驾驶场景，全面评估汽车安全性能，发现潜在安全隐患并进行改进。

（4）个性化定制设计。智能设计根据用户喜好和需求，对汽车进行定制设计，提供个性化的座椅位置、车内温度、音乐播放列表等配置。

（5）协同设计与制造。智能设计促进设计部门与制造部门协同工作，使其实时共享设计数据和信息，以提高从设计到制造的转化效率和准确性。

图 1.6 所示为新能源汽车智能设计。

图 1.6　新能源汽车智能设计

数字化设计与智能设计的比较见表 1-1。

表 1-1　数字化设计与智能设计的比较

维度	数字化设计	智能化设计
技术基础	计算机辅助设计、三维建模软件等	数字化设计技术+人工智能、大数据、机器学习等
设计过程	依赖设计师的输入与操作，实现设计的数字化表达	自动或半自动完成设计任务，通过算法生成设计方案
数据应用	利用数据验证与优化设计，但数据处理相对简单	深度挖掘数据价值，通过数据分析指导设计决策，实现精准设计
创意与创新	依赖设计师的创意思维与经验	结合设计师的创意与人工智能的创造力，激发更多新颖的设计方案
用户交互	用户通过界面与软件交互，提出需求并查看设计结果	增强用户交互体验，实时反馈用户意见，动态调整设计方案
优化能力	在有限范围内手动优化，依赖设计师的判断	自动进行全局优化或局部优化，基于算法寻找最佳设计参数
效率与准确性	设计效率提高，设计错误减少	显著提高设计效率与准确性，减少由人为因素导致的错误
对设计师的要求	熟练掌握设计软件，具备丰富的设计经验	除两个要求外，还需具备与人工智能协同工作的能力，理解算法原理与数据分析
未来趋势	作为设计行业的重要工具，将继续发展和完善	逐渐成为设计行业的主流趋势，推动设计向更智能化、更自动化的方向发展

5. 交互式设计

交互式设计的原理是将人工智能技术应用于汽车设计，通过智能化的手段和方法，实现用户与汽车的有效互动和沟通,从而提升用户的驾驶体验和满意度。这种设计理念强调以人为本,注重用户需求和反馈,旨在打造更智能、更便捷、更舒适的汽车产品。

交互式设计具有以下特点。

(1) 用户导向。交互式设计以用户需求为核心,通过智能化的手段和方法,满足用户多样化的需求。

(2) 互动性。交互式设计强调用户与汽车的双向互动,通过语音、手势、面部表情等方式与汽车交互。

(3) 智能化。借助人工智能技术,交互式设计能够实现更精准、更高效的互动体验,如语音助手、手势识别、智能导航等。

(4) 个性化。交互式设计能够根据用户的喜好和习惯提供个性化的驾驶体验,如智能座椅调节、音乐播放列表推荐等。

交互式设计有以下应用场景。

(1) 外形概念设计。交互式设计结合用户行为与审美偏好,通过智能化手段探索汽车外形与功能的最佳结合点。交互式设计不仅可以塑造吸引人的汽车外形,还可以保证汽车内外饰与用户的交互方式和谐统一,为创造既美观又实用的汽车产品奠定坚实基础,引领汽车设计的新潮流。

(2) 车载语音交互系统。通过语音识别和自然语言处理技术,用户可以使用语音指令与汽车交互,如控制导航、播放音乐等。这种交互方式不仅提高了驾驶的安全性,还提升了用户的驾驶体验。

(3) 手势识别系统。借助先进的传感器和算法,汽车能够识别用户的手势,并执行相应的操作。例如,用户可以通过手势控制车窗升降、空调开关等。这种交互方式更直观、更便捷,为用户提供更丰富的驾驶体验。

(4) 智能座舱系统。智能座舱系统采用多模态交互技术,能够全方位地感知用户的需求和状态。例如,该系统可以通过面部表情识别技术判断用户的情绪和状态,并提供相应的服务或提醒;可以根据用户的喜好和习惯,自动调整座椅位置、车内温度等,为用户提供个性化的驾驶环境。

(5) 个性化定制服务。交互式设计可以根据用户的喜好和需求,提供个性化定制服务。例如,用户可以通过手机 App 或车载系统设置驾驶偏好和驾驶习惯,如导航路线、音乐播放列表等。个性化定制服务不仅满足了用户的多样化需求,还提升了用户的满意度和忠诚度。

图 1.7 所示为交互式汽车概念设计。

图 1.7 交互式汽车概念设计

6. 基于云的设计

基于云的设计是将云计算技术与人工智能技术结合并应用于汽车设计的技术。这种设计模式借助云端强大的计算能力和存储资源,可以实现设计数据的实时共享、协同设计和优化迭代,从而提高设计的效率和质量、降低设计成本。

基于云的设计具有以下特点。

(1) 实时共享。基于云的设计允许设计团队在云端实时共享设计数据,促进团队成员之间的沟通与协作,减少"信息孤岛"现象。

(2) 协同设计。借助云计算技术,设计团队可以不受地域限制地进行远程协同设计。不同领域的专家可以共同参与设计,提供多元化的设计思路和建议。

(3) 优化迭代。基于云的设计平台通常配备强大的数据分析工具和优化算法,能够对设计数据进行深入分析,发现潜在问题并提出优化建议。设计团队可以根据这些建议进行快速迭代,以提高设计质量。

(4) 资源高效。云计算技术提供弹性可扩展的计算资源和存储空间,能够根据设计需求动态调整,避免资源浪费。

基于云的设计有以下应用场景。

(1) 汽车外形与内饰设计。设计师在基于云的设计平台初步设计汽车外形和内饰,实时渲染和预览多种方案,团队成员在线协作,共同评估和优化设计方案,以提高设计效率和设计质量。

(2) 性能仿真与优化。基于云的设计平台提供强大的计算资源,支持车辆动力学、碰撞安全、油耗等方面的复杂仿真实验。设计师可根据仿真结果快速调整设计参数,以提高汽车性能。

(3) 用户行为分析。基于云的设计平台收集并分析用户行为数据,为设计师提供用户画像和需求洞察,指导设计师作出设计决策,确保产品符合市场需求。

(4) 智能制造协同。基于云的设计平台与智能制造系统无缝对接,可以实现设计数据与生产数据实时同步,促进设计与制造协同,提高生产效率,保证产品质量。

图 1.8 所示为基于云的汽车设计。

图 1.8 基于云的汽车设计

1.3.3 人工智能在汽车制造中的应用

人工智能在汽车制造中的应用有智能制造装备、智能生产管理、智能质量控制等。

1. 智能制造装备

智能制造装备是先进制造技术、信息技术和人工智能技术的高度集成，旨在推动制造业向智能化、数字化和网络化方向发展。在汽车制造领域，智能制造装备融合自动化制造技术、信息化网络传输及处理技术、数字化制造技术、人工智能技术，实现了汽车制造过程的高效、精准和智能化。

智能制造装备具有以下特点。

（1）高度自动化。智能制造装备具备高度自动化能力，能够按照预设的指令和程序完成制造任务，减少人工干预，提高生产效率和产品质量。

（2）高度信息化。智能制造装备具备物联网和 5G 的互联互通功能，能够实时接收和输出相关信息，实现信息的实时共享和高效利用。

（3）高度柔性化。智能制造装备具有柔性工装系统和可编程的制造工艺参数，适用于多车型的加工制造，提高了生产线的灵活性和生产效率。

（4）智能决策与优化。借助人工智能技术，智能制造装备能够自我感知、自适应、自诊断和自决策，优化生产过程，提高生产效率和产品质量。

智能制造装备在汽车制造中的应用包括但不限于以下场景。

（1）车身制造。无论是传统燃油车还是新能源汽车，智能制造装备在车身制造中都发挥着关键作用。焊接机器人、装配机器人和喷涂机器人等智能制造装备能够高效、精准地完成车身的焊接、组装、喷涂等任务，提高车身的制造质量和生产效率。

（2）动力系统制造。新能源汽车动力系统（如电动机、蓄电池组等）的制造精度和性能要求极高。智能制造装备通过精确控制和优化工艺参数，保证电动机、蓄电池组等关键部件的制造精度及性能稳定性，提高新能源汽车的整体性能。

（3）零部件制造。汽车制造涉及大量零部件制造，新能源汽车也不例外。智能制造装备能够在零部件制造过程中实现快速、精确的加工和检测，保证零部件的制造精度和可靠性，对新能源汽车的电机控制器、电池管理系统等关键零部件的制造尤为重要。

（4）整车装配。在整车装配过程中，智能制造装备能够实现自动化装配和智能物流，提高了装配效率和准确性。同时，智能制造装备能够实时监测装配过程中的各项参数，保证整车的装配质量和性能稳定性。对新能源汽车而言，智能制造装备还能够保证蓄电池组、电动机等关键部件的准确装配和准确连接。

（5）新能源电池生产。在新能源汽车领域，智能制造装备广泛用于蓄电池生产。通过自动化生产线和智能检测设备，智能制造装备能够实现蓄电池的快速生产和高质量检测，保证蓄电池的制造精度和性能稳定性，对提高新能源汽车的续驶里程和安全性有重要意义。

图 1.9 所示为蓄电池智能生产线。

图 1.9 蓄电池智能生产线

2. 智能生产管理

智能生产管理是利用人工智能技术，在汽车制造过程中对生产计划、工艺流程、资源配置等关键要素进行智能化、自动化的管理与优化，旨在提高生产效率、降低成本、提升产品质量，并实现汽车制造过程智能化和自动化的技术。

智能生产管理具有以下特点。

（1）高度自动化。智能生产管理通过自动化系统和设备，实现生产流程的自动化控制及优化，减少人工干预，提高生产效率。

（2）数据驱动决策。基于大数据分析和人工智能技术，智能生产管理能够实时收集和分析生产数据，为决策提供科学依据，优化生产计划。

（3）实时性与灵活性。智能生产管理能够实时监控生产进度和资源配置情况，根据实际情况灵活调整，保证生产过程的连续性和稳定性。

（4）预测性与预防性。通过人工智能技术的预测功能，智能生产管理能够预测生产需求和设备故障并提前采取预防措施，避免发生潜在的质量风险。

（5）协同与集成。智能生产管理能够实现不同部门的协同工作和信息共享，提高整体生产效率和管理水平。

智能生产管理在汽车制造中的应用包括但不限于以下场景。

（1）生产计划优化。人工智能能够根据市场需求和产能状况自动调整生产计划，确保生产量与市场需求匹配，同时避免生产过剩或不足，提高生产效率。

（2）生产流程自动化。通过引入自动化设备和机器人，以及利用人工智能技术优化生产流程，汽车制造企业能够自动控制生产流程，消除生产瓶颈，提高生产线利用率，从而降低成本。

（3）质量控制与缺陷检测。利用人工智能技术能够实时监测和分析生产过程中的质量数据，及时发现质量问题并采取措施。同时，利用机器视觉技术能够自动识别零件缺陷，确保产品质量符合标准。

（4）设备维护与管理。利用人工智能技术预测设备故障，汽车制造企业可以提前维护设备，避免生产中断。此外，采用数据分析优化设备和维护计划，可以提高设备利用率、延长设备使用寿命。

（5）供应链协同与优化。智能生产管理能够实现供应商、制造商、分销商等供应链不同环节的协同工作和信息共享。优化供应链流程可以降低库存成本，提高供应链响应速度，从而提升整体竞争力。

（6）能源与环境管理。智能生产管理能够监测能源消耗情况，通过数据分析优化能源使用计划，降低能源成本。同时，利用人工智能技术实现生产过程中的废弃物处理和资源回收，提高环保水平，促进可持续发展。

图1.10所示为汽车智能化管理的装配生成线。

图1.10　汽车智能化管理的装配生成线

3. 智能质量控制

智能质量控制的原理是利用先进的信息技术、物联网技术，结合人工智能算法，实时监控和精准控制汽车生产过程中的环节，以保证产品质量的稳定性和一致性。智能质量控制覆盖原材料采购、零部件制造、总装装配、成品检测等环节，能够实现对生产过程的全面监控和优化。

智能质量控制具有以下特点。

（1）高效精准。通过人工智能算法和大数据分析，智能质量控制能够实时收集、处理和分析生产过程中的数据，及时发现潜在的质量问题，并给出相应的解决方案。

（2）实时监控。人工智能系统能够实时监控生产过程中的环节，包括设备运行状态、产品质量指标等。一旦发现异常情况，人工智能系统就立即发出警报并自动调整生产参数，以保证产品质量稳定性。

（3）预测性控制。人工智能系统分析历史数据和实时数据，预测未来一段时间内可能出现的质量问题，从而帮助企业提前采取预防措施，避免潜在的质量风险。

（4）自动化检测。利用图像识别、机器视觉等技术，智能质量控制能够实现对产品的自动化检测和分类，提高检测效率和准确性，减小人为因素对检测结果的影响。

智能质量控制在汽车制造中的应用包括但不限于以下场景。

（1）零部件质量检测。在汽车制造过程中，智能质量控制系统能够利用高分辨率的摄像头和先进的图像处理算法，实时监控生产线上的零部件（如发动机缸体、蓄电池壳体等），检测其是否存在焊接不良、表面瑕疵等缺陷，确保零部件的质量符合标准。

（2）车身质量检测。汽车制造商引入三维视觉系统检测车身质量。该系统采用多维扫描技术，能够捕捉车身的微小变形和表面缺陷，并与设计模型比对，从而提高车身检测精度和检测效率。

（3）焊接质量检测。汽车制造商部署基于人工智能的视觉检测系统以监控焊接质量。利用高速摄像头和深度学习算法，该系统能够实时分析焊接接头的质量，发现潜在缺陷（如焊点过小、位置偏差等），有效提高焊接质量一致性，减少不合格产品。

（4）涂装质量检测。针对汽车涂装过程中的漆面缺陷（如划痕、污垢、缩孔、橘皮、流挂等），智能质量控制系统与人工智能技术结合可以实现高效、稳定的自动化检测。利用多方位超高清摄像头和图像处理算法，该系统能够实时识别并标注漆面缺陷，确保涂装质量符合标准。

（5）成品质量检测。在汽车制造的最后阶段，智能质量控制系统能够对成品进行全面质量检测（包括外形、尺寸、性能等）。利用自动化检测和分类技术，该系统能够准确识别不合格产品，并将其从生产线中剔除，确保最终交付给消费者的都是高质量产品。

图 1.11 所示为汽车质量检测。

图 1.11　汽车质量检测

1.3.4　人工智能在汽车产品中的应用

人工智能在汽车产品中的应用主要体现在环境感知、决策规划、控制执行、先进驾驶辅助系统、自动驾驶系统、智能座舱等。

1. 环境感知

环境感知是汽车实现自主驾驶的首要环节。汽车需要实时、准确地获取周围环境信息，如道路状况、车辆、行人、交通标志等。将人工智能技术与摄像头、毫米波雷达、激光雷达等结合，可以实现全面感知周围环境。

（1）传感器融合。传感器融合是人工智能在汽车环境感知中的一项关键技术。不同的传感器具有不同的感知范围和感知精度，人工智能算法通过融合不同传感器的数据，可以更全面、更准确地感知周围环境。例如，摄像头可以捕捉丰富的视觉信息，但受光线、天气等因素的影响较大；毫米波雷达和激光雷达不受光线影响，能够准确测量物体的距离和速度。人工智能算法融合这些数据后，生成一个更加精确的环境模型，为后续的决策规划提供可靠依据。

（2）目标识别与跟踪。人工智能算法能够实时识别并跟踪周围目标，包括车辆、行人、交通标志等。通过处理和分析传感器数据，人工智能系统可以准确地识别这些目标，并实时捕捉它们的位置、速度和方向等信息。因为这些信息直接关系到后续的决策规划和控制执行，所以对汽车来说至关重要。

（3）环境理解与预测。除目标识别与跟踪外，人工智能系统还能帮助汽车理解和预测周围环境的变化趋势。例如，人工智能系统可以分析历史交通数据，预测未来交通流量的变化；还可以根据行人的行为和意图，预测其可能的行动轨迹。这种环境理解与预测能力使汽车提前作出相应的规划，避免潜在的危险和拥堵。

图 1.12 所示为汽车环境感知。

图 1.12　汽车环境感知

2．决策规划

决策规划是汽车实现自主驾驶的核心环节。基于环境感知的结果，汽车需要利用人工智能算法进行决策规划，确定合适的行驶路线、速度和加速度等参数。

（1）路径规划与导航。人工智能在汽车决策规划中的首要应用是路径规划与导航。汽车需要根据环境信息和目标位置规划一条最优行驶路径。人工智能系统可以综合考虑道路状况、交通流量、交通规则等，生成一条既安全又高效的行驶路径。同时，人工智能系统可以根据实时交通信息动态调整行驶路径，确保汽车顺利到达目的地。

（2）行为决策与预测。在汽车行驶过程中，人工智能系统需要进行行为决策与预测。例如，当汽车面对复杂的交通场景时，需要决定是加速通过、减速避让还是停车等待。人工智能系统可以根据环境信息和交通规则，综合考虑可能的行为选项，并预测其可能产生的后果，然后选择一种最优行为方案，确保汽车安全、高效地行驶。

（3）交通规则遵守与避障。人工智能系统能够确保汽车在行驶过程中严格遵守交通规则，如遵守交通信号灯、限速标志等。同时，人工智能系统能够实时监测并避让障碍物，如突然出现的行人、车辆等。

（4）优化与调整。人工智能系统能在汽车决策规划中优化与调整。例如，面对突发情况时，人工智能系统可以迅速调整行驶路径和速度，避免潜在的危险。同时，人工智能系统能根据驾驶人的偏好和习惯对决策规划进行个性化调整，提高驾驶的舒适性和便利性。

图 1.13 所示为汽车路径规划。

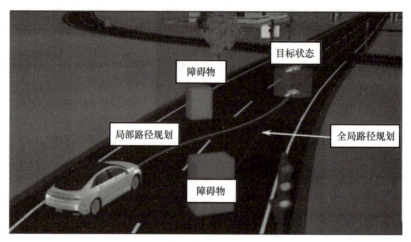

图 1.13　汽车路径规划

3. 控制执行

控制执行是汽车实现自主驾驶的最后一步。基于决策规划的结果，汽车需要利用人工智能算法进行精确的控制和执行，确保汽车按照规划的行驶路径和速度行驶。

（1）车辆控制算法。人工智能在汽车控制执行中的关键应用是车辆控制算法，其能够实现对汽车的精确控制（包括加速、减速、转向等）。人工智能系统可以根据决策规划的结果计算汽车需要执行的具体控制指令，并通过执行机构（如发动机、制动系统、转向系统等）实现这些指令。这种精确的控制能力使汽车稳定、准确地按照规划的行驶路径和速度行驶。

（2）实时监测与反馈。在汽车控制执行过程中，人工智能系统需要实时监测与反馈。人工智能系统可以实时监测汽车的状态和周围环境的变化，并根据这些信息动态调整控制指令。例如，当汽车遇到紧急情况或突发情况时，人工智能系统可以迅速调整控制指令，确保汽车安全地应对这些挑战。同时，人工智能系统能将控制执行的结果反馈给决策规划系统，为后续的决策提供依据。

（3）自适应控制。人工智能系统能在汽车控制执行中实现自适应控制。自适应控制是指汽车根据环境和驾驶人的需求自动调整控制策略和控制参数。例如，面对不同的道路状况和交通流量时，人工智能系统可以自动调整汽车的行驶速度和加速度等，以保证行驶安全性。同时，人工智能系统能根据驾驶人的偏好和习惯，对控制策略进行个性化调整，提高驾驶的满意度和便利性。

（4）协同驾驶与智能交通。在智能交通系统中，多辆汽车之间可以通过车联网技术通信和协作，实现协同驾驶。人工智能系统可以根据汽车之间的通信信息和周围环境的变化，协调汽车的行驶速度和行驶路径，提高交通的安全性和流畅性。这种协同驾驶能力对缓解交通拥堵、提高交通效率有重要意义。

图 1.14 所示为汽车协同驾驶。

图 1.14　汽车协同驾驶

4. 先进驾驶辅助系统

先进驾驶辅助系统是人工智能在汽车产品中的重要应用。先进驾驶辅助系统集成摄像头、雷达等硬件设备，结合人工智能算法，可以实现对周围环境的实时监测和分析，为驾驶人提供安全预警和辅助控制。

(1) 自适应巡航控制。自适应巡航控制是先进驾驶辅助系统的重要功能。它利用毫米波雷达或激光雷达测量前方汽车的距离和速度，自动调节自车车速及与前车的距离，以与前车保持安全距离。当前方汽车减速或停车时，自适应巡航控制系统控制自车相应地减速或停车，以有效避免追尾事故。

(2) 自动紧急制动。自动紧急制动是先进驾驶辅助系统的关键功能。它利用摄像头和雷达等监测前方交通情况，当监测到潜在的碰撞风险时向驾驶人发出警告，并在必要时自动进行紧急制动，以避免发生事故。

(3) 车道保持辅助。车道保持辅助系统通过摄像头监测汽车在道路上的位置，当汽车偏离车道时，该系统向驾驶人发出警告，并通过转向盘的轻微调整帮助汽车回到正确的车道，提高了驾驶的安全性和稳定性。

(4) 盲点监测。盲点监测系统利用雷达或摄像头监测汽车两侧的盲区，当监测到车辆或行人进入盲区时向驾驶人发出警告，提醒驾驶人注意，以减少由变道或转弯时未注意到盲区导致的交通事故。

图 1.15 所示为先进驾驶辅助系统。

先进驾驶辅助系统的广泛应用不仅提高了驾驶的安全性和便捷性，还降低了驾驶人的负担，为自动驾驶技术的发展奠定坚实基础。

5. 自动驾驶系统

自动驾驶系统是人工智能在汽车产品中的重要应用。自动驾驶系统集成多种传感器、摄像头、雷达等硬件设备，结合高精度地图、人工智能和云计算等技术，实现对周围环境的全面感知和智能决策，使汽车在无须人类干预的情况下自主行驶。

(1) 感知与识别。自动驾驶系统需要通过传感器（如毫米波雷达、激光雷达、摄像头等）获取周围环境信息。这些传感器能够实时采集环境数据，包括道路状况、交通参

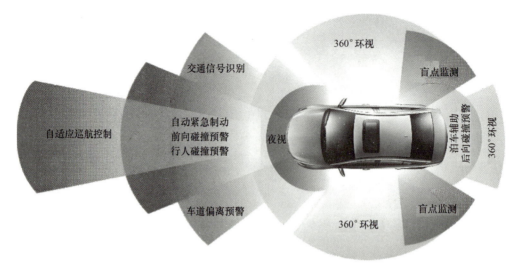

图 1.15　先进驾驶辅助系统

者、障碍物等。人工智能系统分析和处理这些数据,识别道路、车辆、行人、交通信号灯等,并提取其特征信息,使自动驾驶系统具有强大的感知能力,以准确判断周围环境的状况。

(2) 决策与规划。在感知周围环境的基础上,自动驾驶系统需要通过人工智能算法作出决策和规划行驶路径,包括选择合适的车道、保持安全距离、避免碰撞等。人工智能算法根据当前的周围环境、交通规则和汽车的动态信息实时规划最优行驶路径,并控制汽车按照规划路径行驶。

(3) 控制与执行。自动驾驶系统通过人工智能算法控制汽车,包括自动制动、自动加速、自动转向等。这些控制指令通过车载控制系统传递给汽车的执行机构(如发动机、制动系统、转向系统等),以实现精确控制汽车。

(4) 数据分析与学习。自动驾驶系统需要分析和学习大量数据,以提高驾驶能力和准确性(如自动学习驾驶人的驾驶习惯、预测道路状况等),可以帮助自动驾驶系统不断优化自身的算法和决策能力,提高驾驶的安全性和可靠性。

图 1.16 所示为端到端自动驾驶。

自动驾驶系统不仅提高了驾驶的安全性和便捷性,还推动了汽车行业的创新和进步。随着技术的不断发展,自动驾驶系统将在更多场景下实现商业化应用,为人们带来更智能、更高效和更舒适的出行体验。

6. 智能座舱

智能座舱是人工智能在汽车产品中的重要应用。智能座舱集成语音识别、自然语言处理、人机交互等技术,可以为用户提供更智能、更便捷和更个性化的车内体验。

(1) 智能语音助手。智能语音助手是智能座舱的一项重要功能。它利用语音识别和自然语言处理技术,实现了与用户的流畅对话。用户只需通过简单的语音指令即可控制汽车的各项功能(如调整座椅角度、调节空调温度、设定导航路线等),不仅提高了驾驶的便捷性,还使车内空间变得更温馨、更个性化。

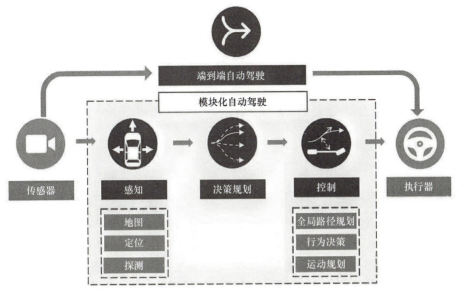

图 1.16　端到端自动驾驶

（2）个性化驾驶体验。智能座舱可以根据驾驶人的行为和喜好提供个性化的驾驶体验。例如，人工智能系统可以根据驾驶人的驾驶习惯，自动调整座椅设置、音响系统和空调温度等。此外，智能座舱还可以根据用户的喜好推荐音乐、电影等娱乐内容，使车内空间变得更有趣、更舒适。

（3）智能导航与路线规划。智能座舱中的智能导航系统能够实时分析交通状况，并为用户规划最优出行路线。这意味着用户将告别无意义的绕行，节省时间，同时远离拥堵的烦恼。此外，智能导航系统还可以提供实时路况信息、交通预警等功能，帮助用户更好地了解前方的交通状况，作出更加明智的行驶决策。

（4）汽车健康监测。智能座舱还可以利用人工智能技术监测汽车的健康状况。例如，当汽车的某个部件出现故障或异常时，智能座舱及时向用户发出警告，并提供相关维修建议，可以帮助用户及时发现并解决问题，避免潜在的安全隐患。

图 1.17 所示为智能座舱。

图 1.17　智能座舱

智能座舱不仅提高了驾驶的便捷性和舒适性，还为用户带来了更加个性化的出行体验。随着技术的不断发展和完善，智能座舱将在更多方面实现智能化和个性化，为人们带来更智能、更舒适和更高效的出行体验。

1.3.5　人工智能在汽车后市场中的应用

汽车后市场作为汽车产业的重要组成部分，涵盖了汽车销售之后围绕汽车使用衍生的众多服务与业务范畴。随着科技的飞速发展，人工智能技术正以前所未有的态势渗透汽车后市场的各环节，为其带来了创新性的变革，在提升效率、优化服务质量等方面发挥着关键作用。

1. 汽车精准营销中的人工智能应用

（1）客户画像构建。人工智能系统通过搜集和分析海量的客户数据（如客户基本信息、购车历史、浏览行为、消费偏好等），运用机器学习算法构建精准的客户画像。例如，依据客户过往对不同车型配置、颜色、功能的关注程度，以及其所在地区、年龄、职业等因素，准确描绘客户的特征和需求倾向，使汽车后市场企业清晰地了解目标客户群体，为后续精准营销奠定基础。

（2）个性化推荐。基于构建的客户画像，人工智能系统可以为客户提供个性化的产品和服务推荐。比如，向热衷于智能驾驶功能的客户推荐具备更先进自动驾驶辅助系统的升级套餐，向喜欢自驾游的客户推荐适合长途旅行的汽车用品或保养套餐等。个性化推荐不仅能提高营销的精准度，还能增强客户的满意度和忠诚度，提升营销效果。

（3）营销渠道优化。借助人工智能分析不同营销渠道（如线上社交媒体、汽车论坛、线下门店活动等）的传播效果、客户转化率等，帮助企业确定最有效的营销渠道组合，合理分配营销资源，避免资源浪费，实现营销投入产出比最大化。

2. 智能故障诊断中的人工智能应用

（1）数据驱动的诊断模型。人工智能利用汽车传感器收集的实时运行数据（如发动机的温度、转速、油压及车身各部件的振动频率等），结合大量已有故障案例数据，通过深度学习等算法训练出智能诊断模型。当汽车出现异常时，该模型能够快速比对和分析数据，准确判断故障发生的部位和原因，比传统依靠维修技师经验的诊断方式的诊断时间短，且提高了诊断的准确性。

（2）远程诊断服务。借助物联网技术，汽车可以将数据传输到云端，人工智能系统即使在远程也能实时监测汽车状态并进行故障诊断。这意味着车主无须将汽车开到维修机构，就能提前得知汽车故障情况，维修机构也可以提前准备维修工具和零部件，提高维修效率。尤其对于一些突发故障，能及时给予车主指导和帮助。

（3）故障预测与预警。通过对汽车长期运行数据的分析和学习，人工智能系统能够预测汽车可能出现的故障，提前向车主或维修机构发出预警。例如，预测汽车制动片的磨损程度，在接近需要更换的临界值时提醒车主及时更换，有效避免由故障突发引发的安全隐患。

图 1.18 所示为汽车智能故障诊断设备。

图 1.18 汽车智能故障诊断设备

3. 零部件智能供应管理中的人工智能应用

(1) 库存优化。人工智能系统分析过往的零部件销售数据、不同汽车型号的保有量、零部件的更换周期等,运用预测算法精准预估零部件的需求量,实现库存的动态优化,既可以避免由库存积压导致资金占用和零部件过期浪费,又可以防止因零部件缺货而延误维修进度,保证维修业务的顺畅进行。

(2) 智能匹配与采购。面对众多零部件供应商和繁杂的零部件型号时,人工智能系统能够根据维修订单所需零部件的具体规格、汽车型号等信息,快速、准确地匹配合适的供应商,并自动生成采购订单。同时,它能实时比较不同供应商的价格、质量和交货期等,选择最优采购方案,降低采购成本,提高采购效率。

(3) 供应链协同。人工智能有助于打通零部件供应的整个供应链环节,从供应商、物流配送、仓储到维修机构等,实现不同环节数据的实时共享和协同运作。例如,当维修机构有零部件需求时,迅速通知供应商发货,物流机构及时安排配送,确保零部件及时送达,提升整个供应链的响应速度和运作效率。

4. 二手车评估中的人工智能应用

(1) 车况全面检测。运用图像识别技术,人工智能系统可以细致地扫描二手车的外形,准确识别车漆划痕、钣金修复痕迹、车身凹陷等情况;同时,分析汽车内部机械部件的运行数据,评估发动机、变速器等关键部件的磨损程度、性能状况等,从而实现对车况的全面、客观检测,避免由人工检测导致的疏漏和主观误差。

(2) 价值精准评估。搜集大量同类型、同车况二手车的历史成交价格数据,以及当前市场的供需情况、汽车配置差异等信息,人工智能系统通过建立评估模型,精准计算二手车的合理价值区间。这为买卖双方提供了科学的定价依据,有助于促进公平、公正的二手车交易,减少由价格争议导致的交易纠纷。

(3) 交易风险预警。人工智能系统可以分析二手车的来源、历史使用情况(如是否有过重大事故、泡水等)以及卖家信誉等,为买家提供交易风险预警,帮助其规避购买到问题二手车的风险,保障二手车交易市场健康发展。

5. 汽车保险中的人工智能应用

(1) 风险评估与定价。通过分析车主的驾驶习惯(如平均车速、紧急制动次数、夜间行驶频率等）、汽车的品牌、型号、车龄、过往出险记录以及所在地区的路况、交通环境等，人工智能系统可以构建风险评估模型，对汽车出险的概率进行精准量化评估。保险公司据此制定更合理、更个性化的保险费率，实现差异化定价，激励车主养成良好驾驶习惯，同时保障保险公司的盈利水平和风险控制。

（2）理赔智能化。发生保险事故后，人工智能系统可以通过分析事故现场照片、汽车受损情况描述、交警事故报告等，快速、准确地定损，估算理赔金额；同时，辅助审核理赔流程，判断是否存在欺诈行为，提高理赔效率和公正性，提升客户对保险服务的满意度。

随着人工智能技术的不断发展及汽车后市场的持续拓展，人工智能将与大数据、物联网、区块链等技术深度融合，进一步拓展应用场景，提升应用效果。

1.3.6　汽车人才对智能化的要求

如今，汽车行业正经历前所未有的智能化变革，从智能驾驶辅助系统到车载互联，从新能源汽车的智能管理到汽车制造环节的智能化生产，智能化元素已经全方位融入汽车产业的各链条。在这种大背景下，汽车人才若要在行业中立足并推动行业继续前进，则必须满足相应的智能化要求。

1. 知识储备方面的要求

（1）人工智能基础知识。汽车人才需要了解人工智能的基本概念、常见算法（如机器学习中的决策树、神经网络等）及其在汽车领域的应用原理。例如，了解通过深度学习算法训练模型以实现智能故障诊断的方法、利用机器学习预测汽车销量等，有助于汽车人才更好地理解和参与智能化项目的研发与应用。

（2）大数据知识。汽车在行驶过程中会产生海量数据，包括汽车的行驶数据、各零部件的工况数据及用户的使用习惯数据等。汽车人才要掌握大数据的采集、存储、分析方法，懂得从这些海量数据中挖掘有价值信息的方法，如通过分析用户数据优化车载娱乐系统的推荐功能、依据汽车运行数据制订精准的维修保养计划等。

（3）物联网知识。物联网是实现汽车智能化的关键支撑，汽车人才需要知晓物联网的架构、通信协议及传感器技术等。了解汽车通过传感器与外界网络联接的方法，实现车与车（vehicle to vehicle，V2V）、车与基础设施（vehicle to infrastructure，V2I）的交互，进而为智能交通、智能驾驶等功能的实现奠定基础。

2. 专业技能方面的要求

（1）智能系统开发与编程能力。对于从事研发工作的汽车人才，必须掌握编程语言（如 Python、C++等）以及智能系统开发平台的使用方法。他们要能够开发智能驾驶的控制程序、车载智能交互界面等，将智能化的设想通过代码转化为实际可运行的系统，以提升汽车的智能化水平。

（2）智能设备调试与维护技能。随着汽车中智能设备（如智能传感器、智能中控屏等）的增加，汽车人才需要具备调试这些设备、排查故障并维护设备的能力。比如，当车载摄像头出现图像不清晰或传输故障时，他们要能准确判断是硬件问题还是软件配置问题，并及时修复，保障智能设备正常工作。

（3）数据分析与处理技能。如前文所述，汽车产生大量数据，汽车人才要善于运用数据分析工具（如 Excel 高级功能、Python 数据分析库等）对数据进行清洗、分析和可视化呈现；能够依据数据分析结果提出改进汽车性能、优化用户体验等方面的有效建议，为汽车智能化发展提供数据支撑。

3. 创新思维方面的要求

（1）敢于突破传统观念。智能化为汽车行业带来了新的可能性，汽车人才不能局限于传统汽车的设计、制造和使用思维模式，要敢于想象和尝试新的功能、新的服务模式。例如，突破以往汽车只是单纯交通工具的思想，设想如何将汽车打造成移动的智能生活空间，融合更多娱乐、办公等功能。

（2）善于提出创新性解决方案。面对智能化发展中的难题（如智能驾驶的安全可靠性提升、汽车的网络安全防护等）时，汽车人才要能从不同角度思考，提出独特且可行的解决方案，利用新技术、新方法推动汽车智能化不断完善。

4. 跨学科协作方面的要求

（1）与电子信息学科协作。汽车智能化离不开电子信息领域的支持，汽车人才要与电子工程师等密切配合，共同攻克智能硬件开发、车载通信系统优化等问题，实现汽车电子系统的稳定、高效运行。

（2）与计算机学科协作。与计算机专业人才协作，一起开发智能软件、优化人工智能算法、搭建大数据平台等，保证汽车"大脑"——智能系统精准、快速地处理信息并发挥相应功能。

（3）与交通运输等学科协作。汽车人才要与交通运输领域的专家合作，从宏观角度考虑汽车对交通流量、交通安全等的影响，制定合理的智能交通规划，让汽车智能化更好地服务于整个交通运输体系。

之所以对汽车人才有以上智能化要求，是因为汽车行业的智能化发展趋势不可逆转，汽车人才只有具备相应能力才能研发出更具竞争力的智能化汽车产品、提供优质的智能化服务，进而提升我国汽车产业在全球的竞争力，满足消费者日益增长的对智能化汽车的需求，推动整个汽车行业健康、可持续发展。

思考题

【在线答题】

1. 简述人工智能的定义及核心要素。
2. 人工智能按智能水平可分为哪几类？分别举例说明其应用场景。
3. 人工智能在汽车设计中有哪些具体应用？
4. 举例说明人工智能在汽车制造中质量控制方面的作用。
5. 在汽车后市场中，人工智能在精准营销方面有什么应用？
6. 从知识储备、专业技能、创新思维和跨学科协作四个方面阐述汽车人才应具备的智能化要求。

第 2 章 机器学习及应用

教学目标

通过本章的学习,读者能够全面掌握机器学习的定义、原理、特点及分类,深入理解线性回归、逻辑回归、决策树、随机森林、支持向量机、朴素贝叶斯、聚类算法、降维算法、关联规则算法、人工神经网络等常用算法,并熟悉机器学习在多个领域尤其是汽车领域的应用场景与案例分析,以提升其解决实际问题的能力。

教学要求

知识要点	能力要求	参考学时
机器学习概述	理解机器学习的定义,掌握机器学习的原理,能够阐述机器学习相较于传统方法展现的特点	2
机器学习的分类	能够区分并理解监督学习、非监督学习、半监督学习、强化学习和迁移学习的定义、主要方法、特点、示例	
机器学习的常用算法	掌握线性回归、逻辑回归、决策树、随机森林、支持向量机、朴素贝叶斯、聚类算法、降维算法、关联规则算法、人工神经网络的定义、基本原理、特点,为解决实际机器学习问题打下坚实基础	2
机器学习的应用	了解机器学习在多个领域尤其是汽车领域的具体应用,并能通过分析案例,掌握将机器学习技术应用于解决实际问题的思路和方法	2

第 2 章 机器学习及应用

> **导入案例**
>
> 随着科技的飞速发展，机器学习已经应用于人们生活的方方面面，其中在汽车领域的应用尤为引人注目。汽车根据驾驶人的驾驶习惯自动调整座椅位置、空调温度和音乐播放列表离不开机器学习技术的支持。某汽车制造商利用机器学习分析大量驾驶数据，成功开发出一套智能驾驶辅助系统。该系统能够实时监测路况、预测潜在危险，并在紧急情况下自动采取避险措施，提高了驾驶的安全性和舒适性。此外，机器学习还在汽车故障诊断、零部件预测性维护等方面发挥重要作用。通过分析汽车运行数据，机器学习模型能够准确预测即将出现故障的部件，从而提前维护，避免发生意外事故。下面，我们一起深入探讨机器学习的奥秘。

2.1 机器学习概述

2.1.1 机器学习的定义

机器学习是一种通过数据驱动方法，使计算机系统自动从数据中学习并提高性能的技术。它利用统计学、计算理论和优化技术使计算机在没有明确编程的情况下，从数据中提取模式、规律和知识，并将其应用于新数据的预测、分类、识别等。

机器学习与人类学习的比较如图 2.1 所示。机器学习依靠历史数据建立模型，再根据新的数据预测未知属性；人类学习依靠经验归纳规律，再根据新的问题预测未来。机器学习中的"训练"与"预测"过程对应人类学习中的"归纳"与"预测"过程。通过对比可以发现，机器学习的思想并不复杂，只是对人类在生活中学习成长的一个模拟。

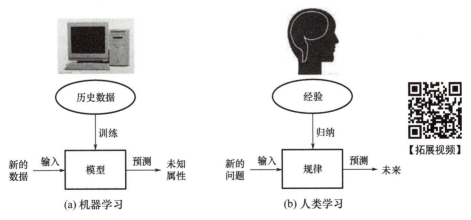

图 2.1 机器学习与人类学习的比较

智能推荐系统是典型的应用机器学习示例。当人们在电商平台浏览商品时，智能推荐系统根据人们的浏览历史、购买记录及兴趣爱好等，通过机器学习算法分析并向人们推荐可能感兴趣的商品。机器学习算法能够学习人们的行为模式，不断优化推荐结果，从而提高人们的购物体验和满意度。智能推荐系统广泛应用于电商平台、社交媒体、视频平台等，为人们提供更个性化、更便捷的服务。

2.1.2　机器学习的原理

机器学习的原理是通过使用算法和统计模型，使计算机系统在大量数据中找到规律，并利用这些规律对新的数据进行预测或决策，而该过程不需要明确编程。机器学习的原理可以按以下步骤详细描述。

（1）数据收集与预处理。机器学习过程始于数据收集，包括从不同来源获取与问题相关的数据。随后，对数据进行预处理（包括清洗、去噪、特征提取等步骤），以保证数据的质量和一致性，为后续的模型训练打下良好基础。

（2）选择适合的算法与模型。根据问题的性质和数据的特点选择适合的算法和模型至关重要。由于不同的算法和模型在处理不同类型的数据和问题时各有利弊，因此选择合适的算法和模型是机器学习成功的关键。

（3）模型训练。选择适合的算法和模型后，使用训练数据集对模型进行训练。在训练过程中，模型学习数据中的规律和模式，通过不断调整参数来优化自身的性能。该过程通常需要多次迭代，直到模型达到预定的性能标准。

（4）模型评估与优化。训练完成后，需要对模型进行评估，以验证其性能和准确度。模型评估通常通过测试数据集实现，如计算模型的准确率、召回率等。如果模型的性能不佳，就需要进行优化（包括调整模型参数、增加特征等），以提高模型的泛化能力。

（5）模型部署与应用。可以将经过训练和优化的模型部署到实际应用中，以对新的数据进行预测和决策。在实际应用中，可能会遇到新的数据和情况，需要持续监控和调整模型，以保证其性能。

（6）持续学习与更新。机器学习模型应该具备持续学习能力，即能够根据新的数据和反馈进行更新、优化（包括在线学习、增量学习等），使机器学习模型适应不断变化的环境和数据分布。

通过以上步骤，机器学习算法能够自动从数据中学习规律和模式，并实现对新数据的预测和决策，从而在实际应用中发挥作用。

以垃圾邮件检测为例，机器学习的原理在于通过训练数据集学习垃圾邮件的特征，并构建模型以识别新的邮件是否为垃圾邮件。模型分析邮件中的单词、短语等特征，并与已知的垃圾邮件特征比对，从而判断邮件的类别。在该过程中，机器学习模型不断优化参数，以提高识别准确率，有效地过滤垃圾邮件，使用户的收件箱免受干扰。

2.1.3　机器学习的特点

机器学习的特点可以概括为自我学习与适应性、数据驱动、泛化能力、算法多样性、预测与决策、迭代与优化、解释性与透明度、与人类智能结合八个方面，使机器学习成为解决复杂问题和推动社会发展的有力工具。

1. 自我学习与适应性

机器学习算法的核心是自我学习与适应性。与传统的基于规则的方法不同，机器学习算法能够从数据中自动提取特征和学习规律，无须人工编写特定的规则。这种自我学习的能力使得机器学习模型能够根据新的数据调整和优化，以适应数据分布的变化和新的模式。这种适应性是机器学习在处理动态和复杂环境中的关键优势。

例如，在智能推荐系统中，机器学习模型能够基于用户的历史行为（如购买记录、浏览记录等）自动学习用户的偏好，从而为用户推荐新的商品或服务。随着时间的推移，机器学习模型根据新的用户行为数据调整和优化，以提供更准确的推荐。

2. 数据驱动

机器学习是数据密集型的，它依赖对大量数据进行训练和评估。数据的数量、质量和多样性对机器学习模型的性能有至关重要的影响。输入大量数据后，机器学习模型能够学习数据的内在规律和模式，从而在新的数据上作出准确的预测和决策。因此，数据的质量和可用性是机器学习成功的关键因素。

例如，在图像识别任务中，机器学习模型需要对大量图像数据［如动物、植物、建筑等图像及其相应的标签（图像中的物体名称）］进行训练。通过处理和分析这些数据，机器学习模型能够学习图像中的特征和模式，从而准确识别新的图像。

3. 泛化能力

泛化能力是机器学习的重要特点。一个优秀的机器学习模型不仅在训练数据方面表现出色，还能够对新的数据进行准确的预测和分类。这意味着机器学习模型能够从有限的训练数据中学习普遍适用的规律，并将其应用于未见过的数据。泛化能力是衡量机器学习模型性能的重要指标。

例如，在自然语言处理中，机器学习模型能够基于训练数据学习语言的规律和模式，如词汇之间的搭配关系、句子的结构等。当机器学习模型遇到新的文本数据时能够利用这些规律和模式进行预测、推理，如判断文本的情感倾向、提取文本中的关键信息等。这种泛化能力使得机器学习模型能够处理不同类型的文本数据。

4. 算法多样性

机器学习领域包含多种算法，如决策树、支持向量机、神经网络等，这些算法各具特点。在实际应用中，可以根据具体情况选择合适的算法，以达到最佳学习效果。算法多样性使机器学习具有灵活性和可扩展性。

例如，在分类任务中，机器学习领域提供多种算法，如决策树、支持向量机、神经网络等。对于不同的数据集和问题，可以选择适合的算法构建分类模型。对于高维数据或非线性关系的数据，神经网络可能是更好的选择；对于简单分类任务，决策树可能更高效、更直观。

5. 预测与决策

机器学习模型能够基于输入的数据预测输出或者根据数据作出决策，使得机器学习在金融、医疗、教育等领域应用广泛。在金融领域，机器学习可以用于预测股票价格、评估信用风险等；在医疗领域，机器学习可以用于诊断疾病、研发药物等；在教育领域，机器学习可以用于个性化教学、评估学习效果等。

例如，在金融领域，机器学习模型通过分析历史数据中的趋势和模式预测股票价格走势或判断借款人的还款能力。这些预测结果可以为金融机构提供决策支持，帮助其作出更明智的投资或贷款决策。

6. 迭代与优化

机器学习模型的训练过程通常是一个迭代过程，通过不断调整模型的参数和结构来优化性能，包括使用优化算法最小化损失函数、通过交叉验证等方法评估模型性能。迭代与优化使得机器学习模型能够逐渐逼近最优解，以提高预测的准确性和可靠性。

例如，在信用评分模型中，初始模型的预测效果可能不佳。通过数据预处理、引入新特征、参数调整和交叉验证等迭代步骤，模型性能逐渐提高，误判率降低，从而更准确地预测客户的信用风险，体现了机器学习模型迭代与优化的重要性。

7. 解释性与透明度

虽然一些机器学习模型（如深度学习模型）可能较复杂，但许多机器学习算法（如决策树、线性回归等）都能够提供一定程度的解释性与透明度。解释性与透明度是机器学习模型在实际应用中的重要因素，能够让人们理解机器学习模型的决策过程和输出结果，从而增强对机器学习模型的信任和接受度。

例如，在营销活动中，使用决策树模型预测客户的购买意愿，其清晰的决策路径和输出结果使得决策树模型具有较高的解释性与透明度，既便于向非技术人员解释，又便于根据业务逻辑调整模型，从而提升模型的可信度和实用性。

8. 与人类智能结合

机器学习可以与人类智能结合，形成人机协作的智能系统，从而充分利用人类的创造力和专业知识，以及机器学习的计算能力和数据处理能力。例如，在医疗诊断中，医生可以结合机器学习模型的预测结果和自身专业知识作出更准确的判断。这种人机协作模式在不同领域都展现出巨大的潜力和价值。

例如，在医疗影像诊断中，医生结合机器学习模型的预测结果和自身专业知识综合分析医学影像，提高了诊断的效率和准确性，既发挥了机器处理大数据的优势，又保留了医生的专业判断，实现了人机共同进步。

2.2 机器学习的分类

2.2.1 监督学习

【拓展视频】

1. 监督学习的定义

监督学习是最基础且应用最广泛的一种机器学习算法。监督学习提供了一组包含输入特征和对应目标输出的训练数据集。目标是学习一个映射函数，该函数能够将新的、未见过的输入数据准确地映射到相应的目标输出上。简而言之，监督学习就像是有一名"教师"在指导模型，告诉它每个输入的正确答案。

2. 监督学习的工作原理

（1）数据收集与预处理。首先收集大量已标注的数据，即每个输入样本都有相应的输出标签。数据预处理可能包括数据清洗、特征提取、归一化等步骤，以保证数据质量和模型训练的有效性。

（2）模型选择。根据问题的性质选择合适的模型，如线性回归、逻辑回归、支持向量机、决策树、随机森林、神经网络等。

（3）训练过程。将预处理后的数据输入模型，通过迭代优化算法（如梯度下降）调整模型参数，使预测值与真实值的误差（损失函数）最小。

（4）模型评估。使用验证集评估模型性能，通过准确率、召回率、$F1$指标等衡量模型质量。

（5）预测与部署。一旦模型训练完成并验证其性能令人满意，就可将其应用于新数据的预测或决策支持。

3. 监督学习的特点

（1）依赖标记数据。监督学习高度依赖带明确标签的训练数据集，其数据为模型提供学习输入与输出关系的基础。

（2）输入输出映射。在监督学习中，每个输入数据都对应一个明确的输出，这种明确的映射关系使模型能够学习预测未知数据的输出。

（3）模型训练明确。通过最小化损失函数，监督学习模型在训练过程中不断优化，以提高预测的准确性。

（4）预测准确性高。由于依赖标记数据，因此监督学习模型通常具有较高的预测准确性，适用于需要高精度预测的场景。

（5）算法多样。监督学习包含多种算法（如线性回归、逻辑回归、决策树等），每种算法都具有独特的优势和应用场景。

（6）需要数据预处理。为了训练有效的监督学习模型，通常需要对数据进行预处理（如数据清洗、特征提取等）。

（7）数据标注成本。数据标注是监督学习的主要成本，由人工完成，对大规模数据集来说标注过程可能非常耗时。

（8）过拟合风险。如果训练数据过于复杂或模型参数过多，监督学习模型就可能出现过拟合现象，导致在测试数据上表现不佳。

（9）泛化能力。一个优秀的监督学习模型应该具有良好的泛化能力，即能够准确预测未见过的数据，需要采用适当的正则化方法和交叉验证等技术。

4. 监督学习示例

汽车故障预测是监督学习的一个典型应用示例。汽车制造商或维修服务中心收集大量汽车运行数据和维修记录（如汽车的续驶里程、使用时间、维修历史、传感器数据等），并且每组数据都对应一个或多个已知的故障类型。这些数据用于训练数据集，以训练一个监督学习模型（如逻辑回归、决策树、随机森林）。该模型通过分析这些数据，学习汽车故障与不同特征的关联关系。训练完成后，当将新的汽车数据输入模型时，模型可以根据这些特征预测汽车是否存在潜在故障，并给出相应的预警或维修建议。该应用示例体现了监督学习在汽车故障预测中的重要性，它可以帮助汽车制造商或维修服务中心提前发现潜在故障，从而采取相应的措施避免或减少故障，提高汽车的可靠性和安全性。

2.2.2　非监督学习

1. 非监督学习的定义

非监督学习是一类机器学习方法的总称，用于处理未被明确标记的数据集。非监督学习算法在没有目标输出（标签）的情况下尝试对数据建模，旨在理解数据的内在结构和特征；并通过识别数据的相似性和差异性，对数据进行分组、降维或预测等。

2. 非监督学习的主要方法

（1）聚类。聚类是非监督学习的核心方法，它将数据集划分为若干组或若干簇，使得同一簇内的数据点尽可能相似，而不同簇的数据点差异尽可能大。常见的聚类算法有 k 均值聚类、层次聚类等。

（2）降维。降维技术用于减少数据集中的特征，以提高数据处理的效率和降低算法的复杂度。主成分分析和 t 分布随机邻域嵌入是两种常用的降维方法。主成分分析通过保留数据方差最大的方向来减少维度，而 t 分布随机邻域嵌入侧重于保留数据的局部结构。

（3）关联规则学习。关联规则学习用于发现数据库中的有趣关系或规则，最著名的应用是市场篮子分析，比如"啤酒和尿布"的关联规则。Apriori 和 FP-Growth 是两种常用的关联规则算法。

（4）异常检测。异常检测旨在识别数据中不符合预期模式的样本，通常用于安防监测、欺诈检测等领域。常见的异常检测算法有基于统计的方法、基于机器学习的方法及深度学习方法。

3. 非监督学习的特点

（1）无需标签数据。非监督学习不依赖带标签的训练数据，而是直接从未标记的数据中学习数据的内在结构和模式。

（2）发现隐藏信息。非监督学习的核心目标是发现数据中的隐藏信息和有意义的结构，如聚类、关联规则等。

（3）算法多样。非监督学习包含多种算法（如 k 均值聚类、层次聚类、主成分分析等），每种算法都具有独特的优势和应用场景。

（4）结果多样性。由于非监督学习算法不受标签的约束，因此其输出结果可能具有多样性，如不同的聚类划分、降维方式等。

（5）计算复杂度。非监督学习算法的计算复杂度可能因数据集规模和算法选择而异，但通常具有较高的计算效率。

（6）结果解释性。非监督学习的结果通常具有一定的解释性，如聚类中心、降维后的特征向量等，这些结果有助于理解数据的内在结构。

（7）受初值影响。某些非监督学习算法（如 k 均值聚类）的结果可能受到初值的影响，导致每次运行结果都不同。

（8）局部最优解。由于非监督学习算法通常涉及优化问题，因此可能遇到局部最优解而非全局最优解的问题。

（9）对异常值敏感。非监督学习算法可能对异常值或离群点较敏感，这些异常值可能会影响算法的性能和结果。

4. 非监督学习示例

客户分群是非监督学习的一个典型应用示例。在该应用中，汽车制造商或销售商可以收集客户的购车历史、维修和保养记录、使用习惯等数据，利用非监督学习的聚类算法（如 k 均值聚类、层次聚类等）处理这些数据，将客户划分为不同的群体，每个群体内客户的购车偏好、使用习惯等都具有相似性。客户分群有助于汽车制造商或销售商更深入地了解客户的需求和行为模式，从而制定更精准的营销策略和服务方案。例如，对于某些偏好高性能汽车的客户群体，可以推出更多针对这一群体的促销活动或定制服务；对于经常需要维修和保养的客户群体，可以提供更优惠的保养套餐或加强售后服务。

2.2.3　半监督学习

1. 半监督学习的定义

半监督学习是一种利用少量标记数据和大量未标记数据训练的机器学习方法。它结合了监督学习和非监督学习的优点，旨在通过引入未标记数据来弥补标记数据的不足，从而提高模型的泛化能力。在半监督学习中，标记数据用于学习数据的基本特征和分类规则，未标记数据用于增强模型的学习能力。

2. 半监督学习的主要方法

（1）自训练。自训练是一种简单的半监督学习方法。它首先使用标记数据训练一个初始模型；然后使用该模型对未标记数据进行预测，并将预测结果中置信度较高的样本及其预测标签作为新的标记数据加入训练集，重新训练模型。这个过程可以迭代进行，直到模型性能不再提升。

（2）半监督聚类。半监督聚类结合了聚类算法和少量标记数据来提高聚类的准确性。它通常先使用标记数据初始化聚类中心或约束聚类的结果，再使用未标记数据优化聚类结果。常见的半监督聚类方法有约束 k 均值聚类和半监督谱聚类。

（3）生成式模型。生成式模型［如高斯混合模型和自编码器（一种用于数据降维与特征学习的神经网络）］在半监督学习中也有应用，其通过假设数据由潜在的生成过程产生，并利用标记数据和未标记数据学习生成过程的参数。

（4）图半监督学习。图半监督学习利用数据之间的图结构关系学习。它首先将数据点表示为图中的节点，并将节点之间的相似性表示为图中的边；然后利用标记节点和未标记节点的图结构关系传播标签信息，从而提高未标记节点的分类准确性。常见的图半监督学习方法有标签传播算法和图卷积网络。

3. 半监督学习的特点

（1）数据利用高效。半监督学习能够同时利用少量标记数据和大量未标记数据学习，提高了数据利用效率，解决了标记数据稀缺的问题。

（2）性能提升显著。通过结合标记数据和未标记数据，半监督学习能够在保持较高准确性的同时，减少对人工标记的依赖，显著提升模型的训练效率和性能。

（3）核心假设支撑。半监督学习通常基于平滑假设、聚类假设和流形假设等核心假设建立预测样例与学习目标的关系，这些假设为算法提供理论基础。

（4）算法不断改进。随着研究的深入，半监督学习算法不断改进，出现许多利用无类标签样例提高学习算法预测精度和速度的方法，推动半监督学习进一步发展。

4. 半监督学习示例

汽车表面划痕识别是半监督学习的一个典型应用示例。在实际应用中，汽车表面划痕图像的数据标记工作可能既耗时又昂贵，因为需要对大量图像进行精确的分类和标注。而半监督学习可以在有限的标记数据上训练出较高性能的模型，并且利用未标记数据提高模型的泛化能力。具体来说，首先利用部分已标记划痕图像（如划痕深度、类型等）训练一个初始模型；然后利用这个模型对未标记图像进行预测，并根据预测结果对这些图像进行伪标记；最后用伪标记图像与已标记图像进一步训练模型，从而提高模型性能。半监督学习能够在汽车表面划痕识别任务中有效利用有限的标记数据，并借助未标记数据提升模型的识别精度和泛化能力，对汽车制造业、维修业和保险业等有重要意义。

2.2.4 强化学习

1. 强化学习的定义

强化学习是一种机器学习方法，其中智能体通过与环境交互，学习如何采取行动以最大化累积奖励。智能体在环境中观察状态，根据当前策略选择动作，环境根据动作返回下一个状态及一个奖励值。强化学习的过程如图 2.2 所示。智能体的目标是学习一个策略，以在长期交互过程中使累积奖励最大化。

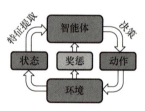

图 2.2 强化学习的过程

2. 强化学习的基本原理

（1）智能体与环境。智能体是负责决策和行动的实体；环境是与智能体交互的外部世界，它为智能体提供状态和奖惩。智能体与环境交互，根据环境提供的状态信息作出决策并采取相应的动作，从而获得奖惩或避免惩罚。

（2）状态、动作与奖惩。状态是环境当前的情况，作为智能体作出决策的依据；动作是智能体根据既定策略选择的行动；奖惩是环境对智能体采取行动的一种反馈，用于评估该动作的质量。智能体不断地观察状态、选择动作并接受奖惩，从而学习并优化决策策略。

(3) 策略与值函数。策略是智能体选择动作依据的规则或方法，它可以是确定性的（根据当前状态总是选择同一动作）策略或概率性的（根据当前状态以一定概率选择不同动作）策略。值函数用于评估在给定状态下采取某个动作或遵循某个策略的期望累积奖励，它是智能体学习和优化策略的重要依据。通过不断更新值函数，智能体可以逐渐找到最优策略，以实现长期累积奖励最大化。

(4) 学习过程。智能体通过不断尝试和错误来学习最优策略，这个过程通常涉及迭代更新策略或值函数，直到达到某个收敛条件或满足性能要求。

3. 强化学习的主要方法

(1) 基于价值的强化学习。基于价值的强化学习是一种通过估计状态或状态-动作对的价值来优化策略的方法。其中，Q 学习是一种直接学习状态-动作对价值（Q 值）的算法，智能体选择动作时倾向于选择具有最高 Q 值的动作。为了处理高维状态空间，深度 Q 网络将 Q 学习与深度神经网络结合，利用神经网络的强大表示能力逼近 Q 值函数，从而实现对复杂环境的有效学习和决策。

(2) 基于策略的强化学习。基于策略的强化学习是一种直接优化策略参数以最大化期望奖励的方法。其中，策略梯度方法通过梯度上升（或梯度下降）更新策略参数，使得智能体选择的动作带来更高期望累积奖励。为了进一步提高学习效率，将演员-评论家方法结合策略梯度和值函数估计。其中，"演员"负责生成动作；"评论家"用于评估采取的动作并给出奖励预测，从而指导演员的策略更新。这种方法能够更快地收敛到最优策略，适用于处理连续动作空间或复杂环境的问题。

(3) 模型基强化学习。模型基强化学习是一种通过学习环境动态模型辅助决策的方法。它通过与环境交互来学习环境的动态模型，这个模型可以预测环境在给定状态下对智能体动作的响应。一旦建立这种模型，智能体就可以在这个模型的基础上规划，即利用模型模拟未来可能的状态和奖励，从而作出最优决策。蒙特卡洛树搜索是一种常用的规划方法，它通过模拟未来的多种可能路径评估不同决策的质量，从而选择最优决策。

4. 强化学习的特点

(1) 无监督者依赖。强化学习不依赖外部监督数据，而仅通过环境的奖励信号学习，使得智能体能够在复杂环境中自主探索和优化行为策略。

(2) 试错学习过程。强化学习通过一系列试错和学习，智能体在与环境的交互中不断调整自己的行为，以实现长期累积奖励最大化。

(3) 延迟反馈机制。强化学习的反馈通常是延迟的，智能体只有等待一段时间才能知道某个行为的好坏，提高了学习的复杂性和挑战性。

(4) 时间序列性质。由于强化学习具有明显的时间序列性质，当前状态及采取的行动将影响后续接收的状态，因此要求智能体理解和利用这种时间上的关联性。

5. 强化学习示例

汽车自动驾驶中的决策控制是强化学习的一个典型应用示例。在自动驾驶汽车中，汽车需要不断地根据周围环境的变化作出决策（如加速、制动、转向等），这些决策控制过程可以通过强化学习实现。具体来说，可以将自动驾驶汽车看作一个智能体，它通过与环境的交互学习作出最优决策。强化学习算法根据智能体（自动驾驶汽车）在环境中的行为（如加速、制动、转向等）和得到的反馈（如与障碍物的距离、保持车道等）调整决策策略。通过不断地试错和学习，自动驾驶汽车可以逐渐学会更安全、更高效地行驶。这种基于强化学习的决策控制方法不仅可以提高自动驾驶汽车的行驶能力，还可以使其更加适应不同的道路环境和交通状况，对推动自动驾驶技术的发展和普及有重要意义。

2.2.5 迁移学习

1. 迁移学习的定义

迁移学习是一种机器学习策略，它利用在源域（包含丰富的源数据、已训练模型和源任务）学到的知识改进在目标域（包含有限的目标数据、需要构建的新模型和待解决的新任务）学习的效果。迁移学习的过程如图2.3所示。迁移学习的核心在于将源域中的有效信息和经验迁移到目标域，以缓解目标域中数据稀缺或标注成本高的问题，从而提升模型在新任务上的性能，使得机器学习模型能够更高效地适应新环境和新任务。

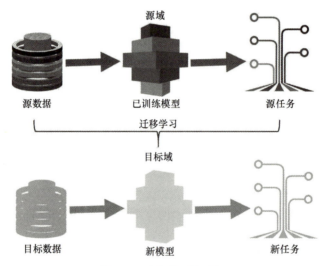

图 2.3 迁移学习的过程

2. 迁移学习的基本原理

（1）知识迁移。迁移学习的核心在于知识迁移。知识可以是低层次的（如特征提取器），也可以是高层次的（如决策规则）。迁移学习的目标是通过将源域学习的知识迁移到目标域来加速学习过程或提高性能。

（2）域适应。域适应是迁移学习的一个重要方面，它关注如何减小源域和目标域的差异，使得在源域学习的模型能够很好地适应目标域。这通常涉及特征变换、域对齐或对抗训练等技术。

（3）多任务学习。多任务学习是迁移学习的一种特殊形式。其原理是同时学习多个相关任务，通过共享网络层或参数利用任务之间的相关性，从而提高所有任务的学习效果。

3. 迁移学习的主要方法

（1）基于特征的迁移学习。基于特征的迁移学习是一种将知识从源域迁移到目标域的方法，其核心在于特征变换。采用基于特征的迁移学习方法将源域和目标域的特征映射到一个共同的潜在空间，可以减小域之间的差异，在源域学习的知识可以在目标域得到有效利用。深度迁移学习是该方法在深度学习领域的应用，它利用深度神经网络学习层次化的特征表示，并通过微调预训练的模型适应新任务。这种方法能够显著提高模型在新任务上的表现，同时减少对新任务数据的依赖。

（2）基于实例的迁移学习。基于实例的迁移学习是一种通过调整或选择源域中的实例辅助目标任务的方法。这种方法的核心在于实例加权和子集选择。实例加权的原理是根据源域实例与目标域的相似性调整权重，使得与目标任务更相关的源域信息在迁移过程中得到重视，从而更有效地用于目标任务。子集选择的原理是从源域筛选出与目标域最相关的实例并迁移，以减小不相关或噪声数据对目标任务的影响。这两种方法都能够提高迁移学习的效果，使得模型在新任务上的表现更加优异。

（3）基于参数的迁移学习。基于参数的迁移学习是一种利用预训练模型的参数加速新任务学习的方法。其中，模型微调的原理是在预训练模型的基础上对新任务的数据分布进行微调，以适应目标域的特性，这种方法能够保留预训练模型学习的通用特征并快速适应新任务；多任务学习的原理是同时学习多个任务，通过共享网络层或参数利用任务之间的相关性，这种方法能够促进知识在不同任务之间的迁移，提高模型的整体性能和泛化能力。这两种方法都能够有效利用迁移学习的思想，提高模型在新任务上的学习效率和表现。

（4）基于关系的迁移学习。基于关系的迁移学习是一种探索和利用不同任务或领域之间关系进行知识迁移的方法。它关注挖掘源域与目标域潜在的关系模式，如相似性、因果关系或依赖关系，并将这些关系应用到目标任务中。通过理解和利用这些关系，基于关系的迁移学习能够在新任务上更有效地利用已有知识，提高学习效率。这种方法在处理复杂、结构化或具有领域特定关系的数据方面尤为有效，为迁移学习提供新的视角和解决方案。

4. 迁移学习的特点

（1）知识共享与迁移。迁移学习能够将相关领域的知识迁移到新任务中，实现知识的共享和积累，从而加速新任务的学习过程，降低从零开始的学习成本。

（2）适应性强。迁移学习适用于不同领域和任务之间的知识迁移，即使源域和目标域不完全相同，也能通过挖掘共享知识结构实现知识的有效传递。

（3）提升性能。利用迁移学习，可以在数据有限的情况下提升模型的基线性能和最终性能，使模型更准确地处理新任务。

（4）降低学习难度。迁移学习通过引入源域的知识和经验，降低了目标域的学习难度，使模型更快地适应新环境和新任务。

5. 迁移学习示例

智能驾驶中的障碍物识别是迁移学习的一个典型应用示例。在这个场景中，源域可以是大量的、已标记的、包含道路障碍物（如行人、车辆、树木等）的图像数据及一个基于这些数据训练的障碍物识别模型。这个模型已经学会区分不同的障碍物。当将这个模型迁移到目标域——实际的智能驾驶环境中时，它可以利用在源域学习的知识识别道路上的障碍物。尽管目标域的数据（实时的道路图像）可能与源域的数据不同，但受迁移学习能力的影响，模型仍然能够保持较高的识别准确率。这种方法可以减少在目标域中收集大量标记数据的需求，同时提高障碍物识别的效率和准确性。

2.3 机器学习的常用算法

2.3.1 线性回归

【拓展视频】

1. 线性回归的定义

线性回归是一种基本的统计分析方法，用于确定两种或两种以上变量的定量关系。它通过建立一个线性方程预测因变量（y）与一个或多个自变量（x）的关系。其基本形式为 $y=wx+e$，其中 y 表示因变量，w 表示权重，x 表示自变量，e 表示误差（又称残差）。在线性回归中，使用线性预测函数对数据建模，并且未知的模型参数通过数据估计。

2. 线性回归的基本原理

线性回归的基本原理是通过拟合一条（或多条）直线（或平面）预测连续型的因变量。其表达式通常为 $Y=\alpha+\beta X+\varepsilon$，其中 Y 表示因变量，α 表示截距，β 表示自变量的系数，X 表示自变量，ε 表示误差。线性回归的目标是找到合适的截距和系数来最小化误差，从而使预测值与观测值的差异最小。

求解这个方程时，通常使用最小二乘法。最小二乘法的基本思想是通过计算预测值与观测值的差异的平方和（误差平方和）评估拟合线性关系的质量，并调整截距和系数使误差平方和最小。

3. 线性回归的特点

（1）结果具有可解释性。根据线性方程可以明确地得出结果的由来。

（2）逻辑回归算法的基础。线性回归是逻辑回归算法的基础。

（3）线性关系。自变量与因变量存在线性关系。

（4）简单易行。线性回归模型易实现、易理解，能够快速提供初步分析结果。

然而，线性回归也存在以下局限性。

（1）对缺失值和异常数据的处理不足。线性回归模型对缺失值和异常数据的处理相对简单，可能无法充分利用数据的全部信息。

（2）无法处理分类变量。线性回归模型通常用于处理连续型变量。处理分类变量（如性别、国籍等）时需要进行适当的编码（如独热编码或标签编码）。

（3）缺乏灵活性。与一些更复杂的机器学习（如神经网络、决策树等）相比，线性回归的灵活性较差，可能无法适应某些复杂的数据结构和模式。

4. 线性回归应用示例

线性回归在汽车领域的一个典型应用是预测汽车价格。汽车销售商可以利用线性回归，根据汽车的特征（如品牌、型号、续驶里程、发动机功率等）建立汽车价格预测模型。具体来说，汽车销售商收集大量历史销售数据，其中包含不同车型的特征和对应的价格。然后，利用线性回归对这些数据进行训练，得到一个能够预测汽车价格的模型。当需要对新车型定价时，汽车销售商只需将汽车特征输入模型，即可快速得到预测价格。这个价格可以作为汽车销售商定价的参考依据，有助于制定更合理的定价策略。此外，线性回归还可以用于分析汽车价格与不同特征的关系，帮助汽车销售商了解对价格影响最大的特征，从而更精准地把握市场动态和消费者需求。通过这种方式，汽车销售商可以更加科学地管理价格和制定市场策略。

2.3.2 逻辑回归

1. 逻辑回归的定义

逻辑回归是一种广泛应用于分类问题特别是二分类问题的统计学习方法。尽管其名称中包含"回归"，但逻辑回归实际上是一种分类算法，主要用于预测某个事件发生的概率。它基于线性回归，使用逻辑函数（也称S型函数）将线性回归的结果映射到0～1，从而实现样本分类。

2. 逻辑回归的基本原理

（1）线性回归。逻辑回归通过线性回归计算出一个线性得分（也称线性预测值）。这个线性得分是输入特征（自变量）的线性组合，即 $z = wX + b$，其中 z 表示线性预测值，w 表示权重向量，X 表示输入特征向量，b 表示偏置项（也称截距）。

（2）S型函数。逻辑回归使用S型函数将线性得分映射到0～1的一个概率值。S型函数的数学表达式为

$$g(z) = \frac{1}{1+e^{-z}}$$

式中，$g(z)$ 为S型函数的输出值（0～1），通常用表示概率值；z 为函数的自变量；e 为自然常数。

S型函数将任意实数值 z 映射到（0，1），输出值可以解释为事件发生的概率。

（3）分类决策。根据S型函数的输出值分类。通常设定一个阈值（默认为0.5），若输出值大于0.5则预测为正类（如"是"或"1"）；若输出值小于或等于0.5则预测为负类（如"否"或"0"）。

3. 逻辑回归的特点

（1）线性可分性。逻辑回归假设数据是线性可分的，即可以用一条直线或一个平面将数据分成两类。虽然这个假设在某些情况下可能不成立，但逻辑回归在许多实际问题中仍然表现出色。

（2）简单性。由于逻辑回归参数计算简单、易理解、具有较高的解释性，因此逻辑回归成为许多领域的首选算法。

（3）鲁棒性。由于逻辑回归对数据的噪声和异常值有一定的鲁棒性，因此其处理实际数据时更加可靠。

（4）可解释性。由于逻辑回归可以通过系数的正负性及数值解释变量对结果的影响，因此其在需要解释模型结果的场景中非常有用。

然而，逻辑回归也存在以下局限性。

（1）非线性关系。逻辑回归无法处理特征之间存在复杂非线性关系的情况，此时可能需要使用更复杂的算法（如神经网络、决策树等）。

（2）高维稀疏数据集。逻辑回归在高维稀疏数据集上可能会受到维度灾难的影响，导致模型效果不佳，此时可能需要使用正则化技术降低模型的复杂度。

4. 逻辑回归应用示例

逻辑回归在汽车领域的一个实际应用示例是预测汽车保险索赔的风险。保险公司通常收集大量关于汽车保险的数据（包括车主的年龄、性别、驾驶记录及汽车的型号、使用年限、维修记录等），以训练逻辑回归模型，预测某辆汽车在保险期间发生索赔的概率。逻辑回归模型能够分析这些特征变量与索赔事件的关联关系，并给出每辆汽车发生索赔的概率评分，保险公司根据评分制定个性化的保险费用和风险管理策略。例如，对于评分较高（索赔风险较高）的汽车，保险公司可能会提高保险费用或要求车主采取额外的预防措施；对于评分较低的汽车，保险公司可能会提供更低的保险费用，以吸引更多低风险客户。

2.3.3 决策树

1. 决策树的定义

决策树是一种基于树状结构的机器学习算法，通过递归地将数据集划分为更小的子集形成一个树状结构。每个内部节点都代表一个特征或属性上的判断条件，每个分支都代表一个判断结果的输出，每个叶子节点都代表一个类别或输出值。采用决策树，基于训练数据学习构建树状结构，此过程通过计算信息增益等指标确定划分节点。构建完成后，利用该树状结构对新数据进行分类或回归分析。

2. 决策树的基本原理

决策树的基本原理是根据训练数据的特征属性与类别标签的关系，生成一个能够对新样本进行分类或预测的模型。决策树的构建过程是一个递归过程，主要包括以下步骤。

（1）选择最优特征进行划分。从根节点开始，根据划分标准（如信息增益、基尼系数、信息增益比等）选择最优（信息增益最大、基尼系数最大、信息增益比最大）特征作为当前节点的划分特征。

（2）划分子集。根据选定的特征值将数据集划分为多个子集，每个子集都对应一个子节点。

（3）递归构建子树。对每个子集重复上述步骤，直到满足停止条件（如子集为空或达到最大树深度等）。

(4)生成叶子节点。当满足停止条件时生成叶子节点,表示一个类别或一个值。

图2.4所示为预测是否会购买计算机的决策树,可以用来对新记录进行分类。从根节点(年龄)开始,如果某个人为中年就直接判断会购买计算机;如果为青少年就需要进一步判断是否为学生;如果为老年就需要进一步判断信用等级。假设客户甲具备以下4个属性:年龄20岁、低收入、学生、信用低,通过决策树的根节点判断年龄,判断结果为客户甲是青少年,符合左边分支;再判断客户甲是否为学生,判断结果为用户甲是学生,符合右边分支,最终用户甲落在yes的叶子节点上。因此,预测客户甲会购买计算机。

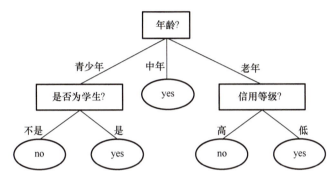

图2.4 预测是否会购买计算机的决策树

3. 决策树的特点

(1)简单直观。决策树的结构简单、直观、易理解、易解释。用户可以通过观察树状结构,直观地了解决策树的工作原理和决策过程。

(2)无须特征缩放。由于决策树不需要对特征进行缩放或归一化处理,可以直接使用原始数据,因此其在处理具有不同量纲和分布的特征时更灵活、更方便。

(3)可处理缺失值。决策树能够处理包含缺失值的数据集。构建决策树时,可以使用特定的策略(如将缺失值视为一个单独类别或根据其他特征的值填补)处理缺失值。

(4)能够处理混合类型特征。由于决策树可以处理包含连续型特征和离散型特征的混合数据集,因此其在处理具有多种特征的实际问题时更灵活、更实用。

然而,决策树算法也存在以下局限性。

(1)容易过拟合。当训练数据中包含噪声或异常值时,决策树可能过于复杂,导致出现过拟合现象,从而降低模型的泛化能力,使得模型在新数据上的表现不佳。

(2)特征选择敏感。决策树性能受特征选择的影响。如果选择的特征不够准确或代表性不强,就会导致模型的预测能力降低。

(3)不稳定。决策树的性能可能受特定数据集的影响,导致模型在不同数据集上的表现不稳定。

4. 决策树应用示例

决策树在汽车领域的一个典型应用是汽车故障诊断。在汽车维修中心,技术人员通常会遇到不同的汽车故障问题,此时技术人员可以利用决策树快速、准确地诊断故障。具体来说,技术人员收集不同的汽车故障案例,并根据故障现象、故障码、检测结果等信息建立决策树模型。这个模型可以帮助技术人员根据汽车的症状逐步排除可能的故障，直到找到最终故障点。例如，当一辆汽车出现起动困难的问题时，技术人员可以根据决策树模型，首先检查电池电压是否正常，然后检查点火系统是否正常工作，最后检查燃油系统是否有问题。通过这种方式，技术人员可以更加高效地进行故障诊断和维修，以提高维修效率和维修质量。

2.3.4 随机森林

1. 随机森林的定义

随机森林是利用多棵决策树对样本数据进行训练、分类并预测的一种方法，它在对数据进行分类的同时给出各变量（基因）的重要性评分，评估各变量在分类中的作用。随机森林主要应用于分类和回归两种场景，且侧重于分类。对于分类问题，由多棵树分类器投票决定最终分类结果；对于回归问题，由多棵树预测值的均值决定最终预测结果。

图 2.5 所示为随机森林分类过程。

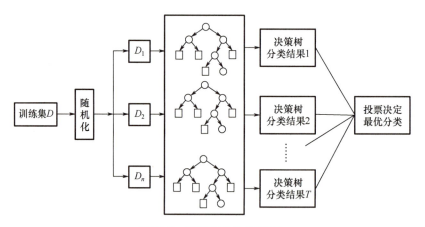

图 2.5 随机森林分类过程

2. 随机森林的基本原理

（1）自助采样。随机森林使用自助法对数据集进行随机采样，生成多个训练集，意味着每棵决策树在训练时都使用原始数据集的不同子集。通过自助采样，部分样本在一棵决策树中重复出现，而部分样本可能不会被抽到。

（2）特征随机选择。在构建每棵决策树的过程中，随机森林通过随机选择特征子集划分。这种方式旨在增强决策树的多样性，避免出现过拟合问题。

（3）决策树构建。在每棵决策树的构建过程中，随机森林使用递归分割方式划分节点。通过比较特征的取值与阈值，将数据集划分为两个子集，并在每个子集上重复此过程，不断递归分割，直到满足停止条件，如节点中的样本数达到最小值或树的深度达到设定的最大深度。

（4）预测过程。在随机森林中，通过单独预测每棵决策树，并根据投票或平均值确定最终结果。对于分类问题，随机森林的预测结果是出现次数最多的类别；对于回归问题，随机森林的预测结果是所有决策树的平均值。

3. 随机森林的特点

（1）准确性高。通过集成多棵决策树的预测结果，随机森林的准确性较高。

（2）防止过拟合。由于每棵决策树在不同的数据子集上训练，并随机选择特征进行分裂，因此随机森林模型的过拟合问题减少。

（3）特征重要性评估。随机森林能够评估不同特征对预测结果的重要性，帮助理解数据中的关键因素。

（4）适用性广泛。随机森林可以应用于分类问题和回归问题，并且对数据的分布没有严格要求。

（5）并行处理。由于每棵决策树的构建都是相互独立的，因此随机森林可以容易地在多核处理器上进行并行计算，提高了计算效率。

（6）对异常值不敏感。因为随机森林依赖多棵决策树的共识，所以在训练过程中对异常值有较好的抵抗力。

然而，随机森林也存在以下局限性。

（1）模型解释性差。由于随机森林通过集成多棵决策树预测，因此模型结构复杂，难以直观解释。虽然可以通过特征重要性等指标评估特征影响，但与单棵决策树或线性模型相比，随机森林的解释性较差。

（2）计算资源消耗大。由于需要构建多棵决策树并进行多次数据采样和特征选择，因此随机森林的训练时间和内存消耗较大，尤其是在处理大规模数据集或高维特征空间时。

（3）对噪声数据敏感。虽然随机森林通过随机采样和特征选择减少了对单个数据点的过拟合，但数据集中的噪声或异常值仍可能误导决策树的构建，从而影响模型性能。

（4）高维数据挑战。在高维数据集中，特征之间的相关性复杂，难以找到有效的特征分割点，从而导致随机森林在高维数据上的泛化能力较低，无法准确提取对预测结果有重要影响的特征组合。

4. 随机森林应用示例

随机森林在汽车领域的一个应用实例是预测汽车的燃油效率。汽车制造商可以利用随机森林模型，根据汽车的特征（如车型、发动机类型、车身质量、轮胎尺寸、空气动力学设计等）预测燃油效率。具体来说，汽车制造商收集大量汽车的测试数据，包括不同车型在不同条件下的燃油消耗情况。然后利用这些数据训练随机森林模型，使其准确预测新车型的燃油效率。通过这种方式，汽车制造商可以在设计阶段优化汽车的燃油效率，降低油耗，提高环保性能。同时，消费者可以根据随机森林模型的预测结果选择更节能的汽车，为环保作贡献。

2.3.5 支持向量机

1. 支持向量机的定义

支持向量机是一种基于统计学习理论的监督学习算法，主要用于分类和回归分析。支持向量机的原理是寻找一个最优超平面来最大化不同类别数据之间的间隔，从而实现分类或回归分析的目标。支持向量机在解决小样本、非线性及高维模式识别中表现出色,是机器学习领域的重要算法。图2.6所示为支持向量机的超平面。

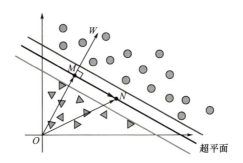

W—权重向量;M,N—支持向量。

图2.6 支持向量机的超平面

2. 支持向量机的工作原理

(1) 线性可分情况。在线性可分的数据集中,支持向量机的目标是找到一个能够将正、负实例完全分开的超平面,并最大化超平面与最近样本点的间隔。这个间隔称为最大边距超平面,它决定了支持向量机的分类边界。支持向量是距离最大边距超平面最近的点,其决定了超平面的位置和方向。这些支持向量对分类结果起至关重要的作用。

(2) 线性不可分情况。当数据集线性不可分时,支持向量机通过引入"软间隔"概念允许一些样本点被错误分类,错误分类的程度可以通过调整正则化参数控制。为了解决非线性问题,支持向量机使用核函数(如线性核函数、多项式核函数、径向基函数核函数等)将原始数据映射到高维空间,使其在新空间中线性可分。在高维空间中,支持向量机再次寻找最大边距超平面来划分数据点。这个超平面实际上是在高维空间中的,但它可以通过核函数在低维空间中隐式地表示出来。

(3) 求解过程。支持向量机的求解过程可以看作一个凸二次规划问题,其目标是最大化间隔,同时确保所有样本点(或尽可能多的样本点)被正确分类。求解二次规划问题,可以得到最优超平面参数(包括法向量和截距),从而构建支持向量机模型。

3. 支持向量机的特点

(1) 泛化能力强。由于支持向量机通过最大化间隔寻找最优超平面,因此可以很好地预测未知数据。即使在训练样本有限的情况下,支持向量机也能表现出良好的泛化能力。

(2) 适用于高维数据。支持向量机在处理高维数据时非常有效。即使数据的维度远高于样本数,支持向量机也能通过核函数将数据映射到高维空间并找到线性分隔的超平面。

(3) 解决非线性问题。通过引入核函数,支持向量机模型能够处理非线性问题,使得支持向量机在图像识别、文本分类等复杂任务中表现出色。

(4) 稳健性强。支持向量机模型通过使用铰链损失函数和正则化项降低结构风险,对噪声和异常值有较好的鲁棒性。

(5) 稀疏性。在训练完成后,支持向量机模型仅与支持向量有关,说明大部分训练样本都不需要保留,从而降低模型的复杂度和计算成本。

然而，支持向量机也存在一些局限性。例如，当数据集非常大时，支持向量机的训练时间可能很长；此外，选择合适的核函数和参数也是一项具有挑战性的任务。

4. 支持向量机应用示例

支持向量机在汽车领域的一个典型应用示例是汽车行驶行为分类。通过分析汽车的行驶数据（如速度、方向、加速度等），支持向量机模型可以将汽车行驶行为分为多个类别，如正常行驶、紧急制动、急转向等。具体来说，通过支持向量机构建一个分类模型，该模型能够基于汽车的行驶特征数据学习不同行驶行为之间的界限。在模型训练阶段，支持向量机模型使用大量行驶数据优化分类边界，使其准确地区分不同的行驶行为。在实际应用中，支持向量机可以帮助汽车制造商和智能驾驶系统更准确地识别汽车行驶状态，从而采取相应的安全措施或提供驾驶建议，提高驾驶的安全性和舒适性。

2.3.6 朴素贝叶斯

1. 朴素贝叶斯的定义

朴素贝叶斯是一种基于贝叶斯定理与特征条件独立假设的概率分类算法。它基于概率统计的知识对样本数据集进行分类，通过计算后验概率确定样本类别。朴素贝叶斯之所以被称为"朴素"，是因为它假设所有特征在给定类别下都是相互独立的，简化了计算过程。

贝叶斯定理是朴素贝叶斯的核心，其公式为

$$P(A|B) = \frac{P(B|A)P(A)}{P(B)}$$

式中，$P(A|B)$ 表示事件 B 发生时事件 A 发生的概率，称为后验概率；$P(B|A)$ 表示事件 A 发生时事件 B 发生的概率，称为似然；$P(A)$ 表示事件 A 发生的先验概率；$P(B)$ 表示事件 B 发生的概率。

贝叶斯定理描述了根据新的证据更新某个假设的概率的方法。在分类问题中，可以将某个类别视为假设（A），将特征视为证据（B），通过贝叶斯定理计算给定特征下某个类别的概率。

2. 朴素贝叶斯的工作原理

朴素贝叶斯的核心思想是利用贝叶斯定理计算样本属于不同类别的后验概率，并以具有最高后验概率的类别为样本的最终分类结果。为了简化计算，朴素贝叶斯作出一个关键假设——特征之间相互独立。

朴素贝叶斯的主要步骤如下。

（1）计算先验概率。计算在整个数据集中每个类别出现的概率，并作为后续计算的基准。

（2）计算似然。计算在每个类别下每个特征的条件概率。由于假设特征之间相互独立，因此可以分别计算每个特征在每个类别下的条件概率。

（3）应用贝叶斯定理。使用贝叶斯定理，结合先验概率和似然，计算样本属于各类别的后验概率。后验概率可以表示为先验概率与所有特征条件概率的乘积之比。

（4）选择分类结果。以具有最高后验概率的类别为样本的最终分类结果。

3. 朴素贝叶斯的特点

（1）坚实的数学基础。朴素贝叶斯基于贝叶斯定理，具有坚实的数学基础，保证了分类的准确性。

（2）高效的计算效率。由于假设特征之间相互独立，计算过程简化，因此朴素贝叶斯适用于大规模数据集和实时分类任务。

（3）稳定的分类性能。朴素贝叶斯在不同数据集上表现出稳定的分类性能。

（4）可解释性强。朴素贝叶斯基于简单的概率模型，分类过程的可解释性强，能够提供关于特征对最终分类结果影响程度的信息。

然而，朴素贝叶斯也存在以下局限性。

（1）属性独立性假设。朴素贝叶斯的核心假设是特征之间相互独立，这在现实世界中往往不成立，因为数据集的属性之间通常存在相关性。

（2）分类效果受限。受独立性假设的限制，当数据集中的特征之间有较强的关联时，朴素贝叶斯的最终分类效果可能受到影响。

（3）零频率问题。利用朴素贝叶斯处理某些未见过的类别时，可能会出现零频率问题，从而影响分类器的性能。

4. 朴素贝叶斯应用示例

朴素贝叶斯在汽车领域的一个典型应用示例是汽车故障类型预测。汽车制造商或维修中心通常收集大量汽车故障数据（如故障现象、故障码、汽车型号、汽车使用年限等），然后利用朴素贝叶斯对这些数据进行训练，建立一个能够预测汽车故障类型的模型。当汽车出现故障时，技术人员将故障现象和汽车信息输入模型，模型根据这些信息计算出不同故障类型的概率，并给出最可能的故障类型。通过这种方式，技术人员可以更快速、更准确地确定故障点，提高维修效率和维修质量。同时，汽车制造商可以利用该模型进行故障预警和预防性维护，降低故障率和维修成本。

2.3.7 聚类算法

1. 聚类算法的定义

聚类算法是一种无监督学习方法，通过划分数据集，将相似的数据点归为一簇（组），使得簇内数据点尽可能相似，而簇间数据点尽可能不同。由于聚类算法不依赖标签数据，而基于数据本身的分布特性划分，因此能够发现数据中的隐藏结构和模式。

聚类算法的核心要素涵盖数据对象、相似性度量、簇的数量和形状、聚类中心、算法类型和参数、迭代和收敛等方面。这些要素共同决定了聚类算法的性能和应用场景。

（1）数据对象。聚类算法处理的对象是数据集，其可以是数值型对象、文本型对象、图像等，具体取决于应用领域和数据类型。

（2）相似性度量。相似性度量是聚类算法划分簇的依据。常用的相似性度量方法有距离度量（如欧几里得距离、曼哈顿距离等）和相似度系数（如余弦相似度、皮尔逊相关系数等），用于评估数据对象之间的相似程度，从而指导聚类过程。

（3）簇的数量和形状。簇是聚类算法划分的数据对象集合。簇的数量和形状是聚类算法的重要参数，取决于数据的特性和应用需求。例如，在 k 均值算法中，需要预先指定簇的数量 k；在层次聚类算法中，簇的数量和形状通过合并或分裂数据点来动态确定。

（4）聚类中心。聚类中心是簇的代表点，可以是簇内数据对象的均值（如 k 均值算法中的质心）、中位数或其他统计量。聚类中心用于描述簇的特征和位置，也是评估聚类效果的重要指标。

（5）算法类型和参数。聚类算法有多种，如基于划分的 k 均值聚类、基于层次的凝聚和分裂层次聚类算法、具有噪声的基于密度的聚类（density-based spatial clustering of applications with noise，DBSCAN）算法及基于模型的高斯混合模型等。每种算法都有适用的场景和优缺点，需要根据数据特性和应用需求选择。此外，算法参数（如 k 均值聚类中的 k 值、DBSCAN 算法中的邻域半径和最小点数等）也对聚类效果有重要影响，需要根据实际情况进行调整和优化。

（6）迭代和收敛。许多聚类算法（如 k 均值聚类、DBSCAN 算法等）都涉及迭代过程。在迭代过程中，算法会不断调整簇的划分和聚类中心的位置，以优化聚类效果。迭代过程通常会持续到满足预定的终止条件（如达到最大迭代次数、聚类中心不再显著变化等）为止。

2. 聚类算法的类型

聚类算法是数据挖掘与机器学习中的重要工具。根据实现方式和应用场景的不同，聚类算法可分为划分聚类方法、层次聚类方法、密度聚类方法、网格聚类方法、模型聚类方法。

（1）划分聚类方法。划分聚类方法以数据集的全局划分为基础，将数据集分为 k 个簇，每个簇都由数据集中的部分数据点组成。其中，k 均值聚类是划分聚类方法的代表，它通过迭代调整每个簇的中心点，使得每个数据点到其所属簇中心点的距离平方和最小。该方法简单、高效，适用于处理大规模数据集，但 k 值的选择对聚类结果有较大影响。

（2）层次聚类方法。层次聚类方法的原理是通过创建层次聚类树（树状图）呈现数据集的聚类结构。该方法可分为凝聚型和分裂型两种，前者将每个数据点作为一个单独的簇开始，逐步合并最相似的簇；后者将整个数据集作为一个簇开始，逐步分裂成更小的簇。层次聚类方法能够灵活地生成任意形状的簇，但计算复杂度较高，且难以事先确定簇的数量。

（3）密度聚类方法。密度聚类方法基于数据点的密度进行聚类，通过连接密度较高的数据点形成簇。其中，DBSCAN 算法是密度聚类方法的代表，它根据数据点的局部密度划分簇，能够发现任意形状的簇，并对噪声数据有较强的鲁棒性。然而，DBSCAN 算法对参数的设置较敏感，且可能在高密度区域与低密度区域的边界效果不佳。

（4）网格聚类方法。网格聚类方法的原理是将数据集划分为有限数量的网格单元，然后基于网格单元聚类。该方法通过预处理数据集减小计算量，提高聚类效率，尤其适用于高维数据集。然而，网格聚类方法的聚类效果可能受到网格划分粒度的影响，若粒度过大则可能导致聚类结果不准确；若粒度过小则可能提高计算复杂度。

（5）模型聚类方法。模型聚类方法的原理是为每个簇假定一个特定的数学模型，并寻找满足该模型的数据集。其中，高斯混合模型是模型聚类方法的代表，它假设数据是由多个高斯分布混合而成的，并通过估计每个高斯分布的参数划分簇。模型聚类方法能够灵活处理分布复杂的数据集，但需要对模型参数进行估计和优化，计算复杂度较高。

3. 聚类算法的工作原理

(1) 初始化。根据算法的具体类型，可能需要设定簇的初始位置、数量或形状，例如采用 k 均值聚类算法时需要预先指定簇的数量 k。

(2) 距离度量。计算数据点之间的距离或相似度，这是聚类过程中划分簇的依据。常用的距离度量方法有欧几里得距离、曼哈顿距离、余弦相似度等。

(3) 迭代更新。基于距离度量，聚类算法不断调整簇的划分，使得簇内的数据点更加紧密，簇间的数据点更加疏远。这通常涉及数据点的重新分配、簇中心的更新等。

(4) 终止条件。当达到预定的迭代次数、簇的划分不再发生变化或某个收敛准则被满足时，聚类算法终止。

4. 聚类算法的特点

(1) 自动化模式识别。聚类算法能自动从海量数据中识别潜在模式和结构，无须人工干预即可分组数据，揭示内在联系。这为数据科学家提供了深入理解数据的工具，助力深入分析和挖掘。

(2) 高度灵活性。聚类算法适用于多种类型和规模的数据集，如高维、非线性、稀疏数据等。可根据数据特点选择 k 均值聚类、层次聚类等算法。聚类算法广泛应用于市场细分、生物信息等领域。

(3) 非监督学习特性。采用聚类算法无须预先定义标签，可在无标签信息的情况下对数据分组，发现潜在结构和模式，在探索性数据分析和数据挖掘领域具有重要价值。

(4) 可视化。聚类结果可通过散点图等展示，直观、易懂。可视化有助于识别数据模式和结构，聚类算法还能提供数据分布和簇特征的洞见，助力后续分析和决策。

然而，聚类算法也存在以下局限性。

(1) 难确定簇的数量。聚类算法的主要局限是难以预先确定簇的数量。尽管有自动确定方法，但其依赖数据特征和算法假设，选择适当簇数仍是挑战。

(2) 对初始条件和参数敏感。聚类算法受初始条件和参数设置的影响，如 k 均值聚类对初始簇中心敏感，层次聚类对合并分裂顺序敏感，从而导致结果不稳定、不准确。

(3) 处理复杂数据的能力有限。聚类算法在处理高维、非线性或噪声数据时性能可能受影响，且处理大数据集时面临计算挑战，限制了其在某些场景中的应用。

5. 聚类算法应用示例

聚类算法在汽车领域的一个典型应用示例是汽车客户市场细分。汽车制造商或销售商通常收集潜在客户的信息（如年龄、性别、收入水平、购车预算、品牌偏好、车型需求等），然后利用聚类算法对这些消费者分组，形成不同的细分市场。例如，通过聚类分析，汽车制造商或销售商将客户分为年轻时尚型、家庭实用型、豪华享受型等细分市场，针对不同细分市场的客户制定更加精准的市场营销策略，提供符合其需求的车型和服务，从而提高市场占有率和客户满意度。

2.3.8 降维算法

1. 降维算法的定义

降维算法是机器学习中的一种重要预处理技术，旨在通过减小数据集的维度简化数据结构，提高数据处理效率，同时尽可能保留原始数据中的重要信息。降维算法主要通过数学变换或特征选择等方法，降低数据集中特征的数量或数据点在某个空间中表示的维度。

2. 降维算法的类型

降维算法主要分为特征选择和特征提取两类。

（1）特征选择。特征选择的原理是从原始特征集中选择最有代表性的特征子集，丢弃无关或冗余的特征。特征选择有以下方法。

① 过滤式特征选择：根据特征本身的统计特性选择，如方差选择法、互信息法。

② 包裹式特征选择：根据模型性能选择特征，如向前选择、向后选择、递归特征消除。

③ 嵌入式特征选择：在模型训练过程中自动选择特征，如正则化方法、决策树。

（2）特征提取。特征提取的原理是将原始特征组合成新的特征，这些新特征通常比原始特征维度低，并且能更好地反映数据的本质。特征提取有以下方法。

① 主成分分析：将数据投影到方差最大的方向，找到主成分，从而实现降维。

② 线性判别分析：根据类别的差异降维，找到能最大限度地区分不同类别的方向。

③ 独立成分分析：将观测数据分解成独立的非高斯信号，以找到使分量彼此统计独立的线性变换。

④ 局部线性嵌入：利用数据点之间的局部线性关系降维，保留数据的局部结构。

⑤ t 分布邻域嵌入：通过最小化高维数据与低维映射的概率分布差异，实现数据的低维表示，尤其擅长保留局部结构。

⑥ 统一流形近似与投影：通过建立高维数据空间中的局部邻域结构，构建低维空间中的相似结构，保留数据的全局特征和局部特征。

⑦ 奇异值分解：将数据矩阵分解为三个矩阵的乘积，其中一个矩阵包含特征的奇异值。选择最大的奇异值，可以实现降维。

⑧ 非负矩阵分解：将一个非负矩阵分解为两个非负矩阵的乘积，结果矩阵通常代表某种形式的特征组合。

3. 降维算法的工作原理

不同的降维算法有不同的工作原理，但总体目标都是通过数学变换或特征选择简化数据结构，提高数据处理效率。

降维算法中的主成分分析是一种广泛使用的技术，旨在通过线性变换将高维数据投影到较低维的空间中，同时尽可能保留数据的主要特征。

（1）数据标准化。主成分分析的第一步通常是对原始数据进行标准化处理。主成分分析对数据的尺度非常敏感，如果不同特征的量级差异很大，那么量级较大的特征可能会在主成分分析结果中占主导地位。标准化处理使得每个特征的均值都为 0、方差都为 1，从而消除不同特征之间的量级差异。

（2）计算协方差矩阵。协方差矩阵是一个对称矩阵，其元素表示不同特征之间的协方差（或相关性）。协方差矩阵的对角线元素是特征的方差，而非对角线元素是特征之间的协方差。

（3）特征值分解协方差矩阵。主成分分析的核心步骤是对协方差矩阵进行特征值分解。特征值分解结果包括一组特征值和对应的特征向量。特征值表示数据在不同方向上的方差，而特征向量指示这些方向。

（4）选择主成分。根据特征值对特征向量排序。特征值越大的特征向量对应的数据方向上的方差越大，即数据在这个方向上的变化越显著。因此，选择前 k 个特征值最大的特征向量作为新的坐标系的基向量，这些基向量就是主成分。

（5）数据投影。将原始数据投影到由主成分构成的新坐标系中，可以通过计算原始数据与每个主成分的点积实现。投影后的数据就是降维后的数据，它保留了原始数据中的主要特征，但维度降低。

4. 降维算法的特点

（1）数据压缩。降维算法能够减少数据集中的特征，从而降低存储和计算资源的需求。

（2）噪声去除。通过去除不重要的特征，降维有助于减少数据中的噪声，提高数据质量。

（3）可视化。降维到二维空间或三维空间使数据可视化成为可能，有助于直观理解数据结构。

（4）加速学习。减少特征可以提高机器学习模型的训练速度。

（5）提升性能。在某些情况下，降维可以提高机器学习模型的性能。

然而，降维算法也存在以下局限性。

（1）信息损失。在降维过程中可能会丢失一些重要信息，尤其是当使用线性方法时。

（2）解释性降低。因为原始特征的含义可能不再明显，所以降维后的数据可能难以解释。

（3）过度拟合风险。在某些情况下，降维可能会导致过拟合，特别是当降维后的特征仍然较多时。

（4）计算复杂度。尽管降维减少了特征，但某些降维算法的计算复杂度可能仍然很高。

5. 降维算法应用示例

降维算法在汽车领域的一个典型应用示例是处理与分析车联网数据。采用车联网技术能够采集大量关于汽车行驶、发动机状态、周围环境等数据。然而，这些数据往往存在冗余和相关性，直接分析会增大模型的复杂度，甚至导致结果不准确。因此，采用降维算法（如主成分分析等）处理车联网数据，可以有效降低数据维度，去除冗余信息，同时保留大部分有效信息。降维不仅简化了分析过程，还提高了数据处理的效率和准确性，为交通智能化和车辆安全监控提供了有力支持。例如，通过对降维后的数据进行聚类分析，可以实现对驾驶行为特点的分类辨识，为智能驾驶系统优化提供数据支持。

2.3.9 关联规则算法

1. 关联规则算法的定义

关联规则算法是一种在数据挖掘领域用于发现大量事务或对象之间有趣关系的算法。这些关系通常表现为"如果……那么……"的形式，即如果某些项（或事件）一起出现，那么可能另一个项（或事件）也会出现。关联规则算法的核心目标是找出具有足够高支持度和置信度的规则，这些规则可以揭示数据中的隐藏模式和关系。

关联规则算法的定义包括以下要素。

（1）事务数据库。事务数据库包含多个事务的集合，每个事务都是一个项的集合。事务数据库是关联规则挖掘的基础。

（2）项集。项集是项的集合，项可以是商品、事件、属性等。项集的大小（包含的项数）可以不同。例如，单个项构成的项集称为 1 项集，两个项构成的项集称为 2 项集，依此类推。

（3）支持度。支持度是一个项集（或规则）在事务数据库中出现的频率。它是衡量项集或规则重要性的一个指标，通常通过计算包含该项集的事务数与总事务数的比值得到。

（4）置信度。在包含规则前提项集的事务里，同时包含规则结果项集的事务在其中的占比就是置信度。置信度反映规则的可信度或强度。

（5）频繁项集。频繁项集是支持度大于或等于用户指定最小支持度阈值的项集。因为关联规则通常是从频繁项集中生成的，所以它是关联规则挖掘的基础。

（6）关联规则。关联规则是形如"$X \rightarrow Y$"的规则，其中 X 和 Y 是项集，且 $X \cap Y = \varnothing$，即项集 X 与项集 Y 的交集为空集。关联规则描述了项集 X 与项集 Y 的关联关系。

2. 关联规则算法的工作原理

关联规则算法的目的是找出数据库中所有满足最小支持度和最小置信度的关联规则。关联规则算法通常分为频繁项集挖掘和关联规则生成两个阶段。

（1）频繁项集挖掘。通过迭代方式找出所有满足最小支持度阈值的频繁项集，从单个项开始，逐步组成更大项集，并计算每个项集的支持度。如果某个项集的支持度大于或等于最小支持度阈值，就将其视为频繁项集。

（2）关联规则生成。挖掘出频繁项集后，利用这些频繁项集生成关联规则。对于每个频繁项集，尝试将其划分为两个非空子集 X 和 Y，并计算关联规则 $X \rightarrow Y$ 的置信度。如果置信度大于或等于最小置信度阈值，就将该规则视为强关联规则。

筛选出强关联规则后，通常使用提升度进一步评估规则的有效性。提升度表示在规则前提项集出现的条件下，结果项集出现的概率与结果项集在整体事务数据库中出现的概率之比。如果提升度大于 1，就说明规则前提项集对结果项集的出现有正向提升作用；如果提升度等于 1，就说明规则前提项集与结果项集的出现是独立的；如果提升度小于 1，就说明规则前提项集对结果项集的出现有负向影响。

Apriori 算法和 FP-Growth 算法是关联规则挖掘中常用的两种算法。

(1) Apriori 算法。Apriori 算法是关联规则挖掘中的经典算法。它采用迭代搜索的方式，首先找到频繁 1 项集，然后基于这些频繁项集生成频繁 2 项集，依此类推，直到无法生成新的频繁 k 项集。Apriori 算法的核心思想是通过候选集生成和情节的向下封闭检测两个阶段挖掘频繁项集。然而，随着数据集的增大，Apriori 算法的计算量显著增大，导致性能下降。

(2) FP-Growth 算法。FP-Growth 算法是一种基于频繁模式树的关联规则挖掘算法。它通过构建一个称为 FP 树的压缩数据结构来避免生成候选集，提高了挖掘效率。FP-Growth 算法首先创建一棵 FP 树来存储频繁项集，然后直接在 FP 树上挖掘关联规则，避免了 Apriori 算法中大量的候选集生成和剪枝过程，算法性能提高。

3. 关联规则算法的特点

(1) 揭示数据中的隐藏模式。关联规则能够发现数据项之间的有趣联系，这些联系可能不是显而易见的。

(2) 应用广泛。关联规则算法在零售、医疗、网络安全等领域都有广泛应用。

(3) 易理解、易实现。关联规则算法的原理相对简单，易理解、易实现。

(4) 可扩展性。随着数据的增加，关联规则算法仍然可以有效运行。

然而，关联规则算法也存在以下局限性。

(1) 规则可能过多。在大型数据集中可能会产生大量规则，其中很多规则可能是不重要的。

(2) 可解释性问题。生成的规则可能难以解释，特别是在涉及大量变量和复杂关系时。

(3) 高度依赖支持度和置信度阈值。支持度和置信度阈值对结果有很大影响，但没有统一的标准确定最佳阈值。

4. 关联规则算法应用示例

关联规则算法在汽车领域的一个典型应用示例是分析汽车配件销售数据，以发现配件之间的关联性和销售模式。例如，汽车制造商或销售商通常收集汽车配件的销售数据，如配件类型、销售数量、销售时间等。通过关联规则算法，可以发现哪些配件经常一起被购买，或者某个配件的销售与其他配件的销售存在关联。这种分析有助于汽车制造商或销售商优化库存管理、制定更精准的营销策略、提高客户满意度。例如，如果发现某个车型的制动片和轮胎经常一起被更换，那么可以在销售制动片时推荐相应的轮胎，从而提高销售额和客户满意度。

2.3.10 人工神经网络

1. 人工神经网络的定义

人工神经网络是一种运算模型，由大量节点（或称神经元）和节点之间的连接构成。每个节点都代表一种特定的输出函数，称为激活函数。每两个节点间的连接都代表一个对通过该连接信号的加权值，称为权重值，相当于人工神经网络的记忆。网络的输出取决于网络的连接方式、权重值和激活函数。图 2.7 所示为人工神经网络的神经元。

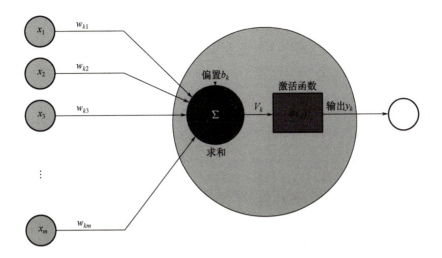

图 2.7 人工神经网络的神经元

2. 人工神经网络的组成

人工神经网络主要由输入层、隐藏层和输出层组成，如图 2.8 所示。

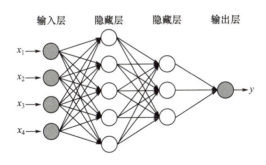

图 2.8 人工神经网络的组成

（1）输入层。输入层只从外部环境接收信息，由输入单元组成，这些输入单元可接收样本中不同的特征信息。该层的每个神经元都相当于自变量，不完成任何计算，只为下一层传递信息。

（2）隐藏层。隐藏层在输入层和输出层之间，完全用于分析，其函数联系输入层变量和输出层变量，使其更配适数据。

（3）输出层。输出层负责生成最终结果，其中每个输出单元都对应一种特定分类，作为神经网络传递给外部系统的输出值。

3. 人工神经网络的工作原理

人工神经网络的工作原理是模拟生物神经网络的结构和功能，通过一组相互连接的节点（人工神经元）处理和传递信息。这些节点之间的连接具有不同的权重，可以根据网络的学习过程调整这些权重。

（1）信号传递。每个神经元都接收其他神经元的输入信号，对这些信号进行加权求和，并通过一个激活函数产生输出信号。神经元的输出可以传递给其他神经元，形成网络结构。

（2）权重调整。权重和激活函数决定了神经元响应输入并产生输出的方式。在学习过程中，网络会调整连接的权重以优化性能。权重调整是通过比较网络输出与实际结果的误差实现的，并通过反向传播算法更新权重。

4. 人工神经网络的特点

（1）非线性。非线性关系是自然界的普遍特性。大脑的智慧就是一种非线性现象。人工神经元处于激活或抑制状态，这种行为在数学上表现为一种非线性关系。由具有阈值的神经元构成的网络具有更好的性能，可以提高容错性和存储容量。

（2）非局限性。一个神经网络通常由多个神经元广泛连接而成。一个系统的整体行为不仅取决于单个神经元的特征，而且可能主要由单元之间的相互作用、相互连接决定。单元之间的大量连接可以模拟大脑的非局限性。联想记忆是非局限性的典型示例。

（3）非常定性。人工神经网络具有自适应、自组织、自学习能力，不但处理的信息可以有各种变化，而且在处理信息的同时，非线性动力系统不断变化。经常采用迭代过程描写动力系统的演化过程。

（4）非凸性。一个系统的演化方向在一定条件下将取决于某个特定的状态函数。例如，能量函数的极值对应于系统比较稳定的状态。非凸性意味着函数存在多个极值，使系统具有多个较稳定的平衡态，从而使系统演化具有多样性。

5. 人工神经网络应用示例

人工神经网络在汽车领域的一个典型应用是汽车故障诊断。在汽车系统中，各部件之间的相互作用和影响往往难以用传统的线性模型描述。由于人工神经网络具有强大的非线性映射能力和自学习能力，因此可以准确诊断汽车故障。具体来说，将汽车的运行数据（如发动机转速、油压、冷却液温度等）输入训练好的神经网络模型，该模型可以自动分析这些数据，并与已知的故障模式进行匹配，从而快速、准确地判断汽车故障，不仅提高了故障诊断的准确性和效率，还降低了对维修人员专业技能的依赖。

2.4 机器学习的应用

2.4.1 机器学习的应用领域

【拓展视频】

机器学习应用领域广泛，包括但不限于以下领域。

1. 金融领域

（1）风险评估与预测。机器学习可处理大量金融数据，如信用、交易、财务报表等；构建模型以预测客户信用风险，指导贷款政策，降低贷款不良率；

分析金融市场数据，预测股票、汇率等波动，帮助投资者提前决策，有效规避风险，保障金融稳定。

（2）欺诈检测。机器学习可以实时监控交易行为，综合金额、时间、地点等信息。无论是信用卡支付还是保险理赔，都能快速识别异常模式（如捕捉盗刷、欺诈行为），及时警报，保证交易安全。

2. 医疗保健行业

（1）疾病诊断与预测。机器学习在医疗诊断与预测方面作用大。在医学影像领域，经大量数据训练的模型可精准识别疾病特征，如肺部结节。医生根据患者的电子病历数据，能预测疾病风险，从而制定个性化治疗方案，提高诊断效率和治疗效果。

（2）药物研发。在药物研发领域，机器学习意义非凡。在药物发现阶段，采用机器学习方法分析基因序列、蛋白质结构等生物分子数据，筛选有潜力的化合物。临床试验时，采用机器学习方法分析患者数据优化剂量和方案，缩短研发周期，提高药物研发成功率，推动医学进步。

3. 零售与电子商务

（1）客户细分与个性化推荐。机器学习是零售与电商个性化推荐的核心。采用机器学习方法分析购买历史、浏览行为等数据，用聚类算法细分客户；针对不同群体推荐产品和优惠，并根据实时行为动态调整推荐，提高客户购买的可能性，提高转化率和忠诚度，促进销售。

（2）库存管理与供应链优化。在库存管理与供应链优化领域，采用机器学习方法分析销售数据、季节因素等，以预测商品销量，合理规划库存，避免积压或缺货；同时考虑交通、仓库、订单等因素优化物流配送路线，降低成本、提高效率，保证供应链顺畅，提升企业效益。

4. 交通运输领域

（1）交通流量预测与优化。采用机器学习方法分析交通流量数据（如车辆数量、车辆速度、路口情况等），预测不同时段和路段流量。城市交通管理部门据此调整交通信号灯的时间和控制策略，缓解交通拥堵。长途运输时可据此规划，规避拥堵，提升交通效率，方便出行。

（2）自动驾驶技术。在自动驾驶中，车辆传感器收集环境数据。采用机器学习方法处理数据，识别道路、行人、车辆和交通标志等，根据环境和规则作出驾驶决策（如加速、减速、转向），以保障自动驾驶安全、可靠。

5. 能源行业

（1）能源需求预测。机器学习对能源行业的需求预测至关重要。电力公司通过分析历史用电、天气、经济数据，预测不同地区和时段电力需求，合理安排发电。机器学习在石油、天然气等能源领域可以优化生产和供应计划，确保能源稳定供应，满足市场需求。

（2）能源设备故障预测与维护。在能源设备管理中，采用机器学习方法分析设备运行参数（如温度、压力、振动等），预测故障，提前安排维护，减少设备停机时间，以保证能源生产和供应的可靠性，降低维修成本，提高能源行业的运营效率。

6. 制造业

（1）质量控制与缺陷检测。在制造业质量控制中，机器学习的作用显著。采用机器学习方法实时监控生产线传感器数据（如产品尺寸、质量、外观特征等），及时发现质量问题。在电子产品制造中，采用机器学习方法检测元件安装和焊接缺陷，可以快速识别外观问题，保证产品质量稳定。

（2）生产过程优化。采用机器学习方法分析生产效率、设备利用率、原材料消耗等数据，可以找出生产瓶颈。企业据此优化流程、调整参数，提高生产效率，降低成本。例如，在钢铁生产中优化高炉炼铁工艺，增大产量、提高产品质量，增强企业竞争力。

7. 电信行业

（1）网络优化与故障预测。在电信网络优化与故障预测方面，采用机器学习方法分析信号强度、带宽利用率、网络延迟等数据，预测故障，运营商可提前维护，减少中断时间。同时，根据客户需求和位置分配网络资源，优化网络，保证通信质量，提升客户体验。

（2）客户流失预测与客户价值评估。采用机器学习方法分析客户通话行为、套餐使用、投诉记录等数据，预测客户流失。运营商据此挽留高价值客户，如提供优惠套餐、提高服务质量；评估客户价值，提供差异化服务，以提高客户的满意度和忠诚度，稳定客户群体。

8. 教育领域

（1）智能教学系统。在教育的智能教学系统中，采用机器学习方法，依据学生考试成绩、作业、课堂表现等数据构建学习模型，分析学生的学习进度和知识掌握程度，提供个性化学习建议，如推荐资料、规划路径。此外，在线教育平台为学生提供有针对性的辅导，提高学生的学习效果。

（2）教育资源推荐与课程设计。采用机器学习方法，根据学生兴趣、目标、学科优势推荐教育资源，如书籍、课程、软件等；同时协助教育机构设计课程，依据学生特点和需求优化课程结构及教学方法，提高教育质量，促进学生全面发展。

9. 市场营销与广告领域

（1）广告投放优化。在广告投放优化中，采用机器学习方法分析客户的浏览、购买、社交活动等行为数据，预测其对广告的兴趣，企业据此精准投放广告，提高点击率和转化率；同时分析渠道效果和客户活跃度，优化投放渠道和投放时间，降低成本，提高回报率。

（2）市场细分与目标客户定位。采用机器学习方法分析市场数据，细分市场，每个子市场都有相似的需求、行为和心理特征，企业据此精准定位目标客户，制定有针对性的营销策略，满足客户需求，扩大市场份额，提升品牌影响力，促进业务发展。

10. 农业领域

（1）农业作物产量预测。在农业作物产量预测方面，采用机器学习方法综合分析土壤、气象、作物生长数据，构建模型以预测不同条件下的作物产量（如小麦产量），为农民安排收割和销售计划，评估农业措施对产量的影响，优化种植方案，提高产量。

（2）病虫害预测与防治。采用机器学习方法分析病虫害历史数据、气象数据、作物生长阶段等，预测病虫害情况，提前向农民预警，让他们有时间采取防治措施（如喷洒农药、调整种植结构等），减少农作物损害，保证农业收成和农民利益。

2.4.2 机器学习在汽车领域的应用

1. 机器学习在汽车设计中的应用

（1）机器学习在汽车设计初期的应用。

① 消费者需求预测。在汽车设计的初期阶段，准确理解并预测消费者需求至关重要。采用机器学习方法收集和分析市场趋势、消费者行为数据、社交媒体反馈等，能够识别潜在的市场需求，为设计师提供有价值的信息。例如，通过分析消费者对汽车外观、内饰颜色、动力性能等方面的偏好，采用机器学习方法可以帮助设计师设计出更符合市场预期的产品。

② 概念设计优化。在概念设计阶段，采用机器学习方法能够快速生成多种设计方案，并通过模拟评估每种方案的可行性、成本效益及市场接受度。通过不断迭代优化，设计师可以筛选出最佳设计，缩短了设计周期，提高了设计效率。此外，机器学习还能辅助设计师进行创意碰撞，激发新的设计灵感。

（2）机器学习在汽车设计深化阶段的作用。

① 结构与性能优化。在汽车设计的深化阶段，机器学习广泛用于车辆的结构优化和性能提升。通过学习大量车辆结构数据，采用机器学习方法能够预测不同设计参数对车辆安全、舒适性、燃油效率等关键性能的影响，从而指导设计师精确调整。此外，在碰撞测试模拟中，采用机器学习方法能够高效地分析不同碰撞场景下的车辆反应，为车身结构设计和安全系统优化提供科学依据。

② 材料选择与轻量化设计。轻量化是提升汽车能效和减少碳排放量的关键途径。采用机器学习方法分析材料的物理性质和化学性质以及其在汽车部件中的应用效果，设计师可以快速筛选出最佳轻量化材料组合。同时，采用机器学习方法能指导设计师优化材料分布和部件结构，以达到最佳轻量化效果，并保证车辆的结构完整性和安全性。

（3）机器学习在汽车设计后期验证与评估中的作用。

① 虚拟仿真与测试。在汽车设计的后期验证与评估阶段，采用机器学习方法可以增强虚拟仿真的能力。采用机器学习方法可以高精度模拟复杂的物理现象（如车辆动力学、热力学分析等），从而替代或减少对物理原型的需求，不仅降低了设计成本，还提高了产品开发速度。此外，机器学习还能在仿真中预测车辆在极端条件（如高温、低温或高海拔环境）下的表现，为车辆适应全球多样化市场提供有力支持。

② 用户体验评估。用户体验是汽车设计成功的关键因素。采用机器学习方法分析用户与汽车交互的数据（如驾驶习惯、乘坐舒适性反馈等），能够评估和优化汽车的驾驶界面、信息娱乐系统、座椅设计等，保证产品满足用户的期望。这种基于数据的设计反馈循环使得汽车设计更加贴近用户实际需求，提升了产品的市场竞争力。

机器学习在汽车设计中的应用不仅提高了设计效率和设计质量，还促进了汽车产品的创新和个性化发展。随着技术的不断进步，机器学习将在未来汽车设计中扮演更重要的角色，从智能辅助设计到自主设计，推动汽车行业向更智能化、可持续化的方向发展。

2. 机器学习在汽车制造中的应用

（1）生产流程优化与效率提升。

① 预测性维护与故障预警。在汽车制造中，设备的稳定运行是保证生产效率和产品质量的基础。采用机器学习方法分析设备运行数据，能够预测设备可能出现的故障，并发出预警，从而避免生产中断，降低维修成本。此外，机器学习还能根据设备的维护历史记录和使用情况优化维护计划，实现精准维护，延长设备的使用寿命。

② 生产计划与调度优化。利用机器学习方法对市场需求、生产能力和供应链状态进行实时分析，汽车制造商可以更准确地预测未来的生产需求，制订更加合理的生产计划。同时，机器学习还能根据生产线的实时情况动态调整生产调度，保证生产资源的优化配置，提高生产效率。

（2）质量控制与缺陷检测。

① 视觉检测与智能识别。在汽车制造中，质量控制是重要环节。采用机器学习特别是计算机视觉技术能够实现对生产线上产品的高精度视觉检测。通过训练深度学习模型，机器能够自动识别出产品表面的缺陷（如划痕、裂纹、颜色不均匀等）提高质量检测的准确性和效率。

② 数据分析与异常检测。采用机器学习方法处理和分析海量生产数据，发现生产过程中隐藏的异常模式和趋势，分析这些异常数据，企业可以及时发现潜在的质量问题，采取预防措施，避免有缺陷的产品流入市场，提高客户满意度。

（3）智能制造与个性化生产。

① 自动化与柔性生产。机器学习在自动化生产线上的应用使得汽车制造过程更灵活、更高效。训练机器人和自动化设备，使其学习并执行复杂的制造任务（如精确装配、焊接、喷涂等），可以减少人工干预，提高生产精度和生产效率。同时，机器学习支持柔性生产，能够根据客户需求快速调整生产流程，实现个性化生产。

② 数据分析驱动的生产优化。在汽车制造中，采用机器学习方法实时收集和分析生产数据（如设备性能、能耗、员工效率等），为生产优化提供数据支持。通过分析这些数据，企业可以识别生产过程中的瓶颈和问题，制定改进措施，不断提高生产效率和产品质量。

（4）供应链管理与优化。

① 需求预测与库存管理。采用机器学习方法分析历史销售数据、市场趋势和消费者行为，预测未来的市场需求，指导企业制定合理的库存策略。通过优化库存管理，企业可以减少库存积压和缺货风险，提高库存周转率，降低运营成本。

② 供应商关系管理与风险评估。在汽车制造供应链中，采用机器学习方法分析供应商的历史表现、财务状况、市场地位等信息，企业可以评估供应商的可靠性和风险水平。通过对供应商关系进行智能管理，企业可以建立更稳定、更高效的供应链体系，保证生产过程顺利。

机器学习在汽车制造中的应用推动了汽车制造业向智能制造转型。通过优化生产流程、提升质量控制、实现个性化生产、优化供应链管理，机器学习为汽车制造企业带来了显著的经济效益和竞争优势。随着技术的不断进步和应用领域的拓展，机器学习将在汽车制造领域发挥更加重要的作用，引领汽车行业向更智能化、更高效化、更个性化的方向发展。

3. 机器学习在汽车产品中的应用

（1）智能驾驶辅助系统的智能化升级。

① 高级感知与决策。机器学习在图像处理、自然语言处理等领域的应用为智能驾驶辅助系统带来了革命性变化，使汽车能够实时、准确地感知周围环境（包括车辆、行人、交通标志等），从而作出智能决策。例如，通过深度学习模型，汽车能够精准识别道路标线、交通信号灯状态、前车行驶轨迹，为自适应巡航控制、车道保持辅助、自动紧急制动等系统提供有力支持，提高了驾驶的安全性和舒适度。

② 个性化驾驶体验。除高级感知与决策外，采用机器学习方法分析驾驶人的驾驶习惯、个人偏好等数据，可为驾驶人提供个性化的驾驶体验。智能座椅能根据驾驶人的身体特征自动调节坐姿，智能音响系统能根据驾驶人的喜好推荐音乐。此外，车辆的动力响应、转向灵敏度等也可以根据个人偏好调整，使驾驶过程更贴心、更舒适。这种个性化的驾驶体验不仅提升了驾驶乐趣，还增强了驾驶人对车辆的满意度。

③ 智能座舱的应用。智能座舱是智能驾驶辅助系统的重要组成部分，它集成先进的传感器、显示屏、语音识别等技术，为驾乘人员提供更便捷、更舒适的车内环境。通过机器学习，智能座舱能够识别驾驶人的情绪和疲劳程度并自动调整车内环境（如音乐、灯光等），缓解驾驶人的疲劳和压力。同时，智能座舱能提供丰富的娱乐和信息服务（如在线电影、游戏、新闻等），满足驾乘人员的多样化需求。

（2）车联网与智能互联。

① 实时交通信息与服务。车联网技术的发展使得汽车能够与云端、其他车辆及基础设施实时通信，以获取最新的交通信息（如路况、天气、事故预警等），对规划最佳行驶路径、避免交通拥堵、提高出行效率有重要意义。此外，车联网还能提供丰富的在线服务（如在线导航、音乐播放、语音助手等），进一步提升用户的出行体验。

② 预测性维护与故障诊断。通过车联网技术，采用机器学习方法能够分析车辆运行数据，预测车辆可能发生的故障，并提前通知车主维修。这种预测性维护策略不仅避免了意外停车带来的不便，还降低了维修成本。例如，通过分析发动机的运行数据，采用机器学习方法能够预测更换发动机润滑油、火花塞等零部件的时间，从而确保车辆始终处于最佳状态。

（3）自动驾驶技术的突破。

① 环境感知与决策优化。自动驾驶汽车是机器学习在汽车产品中应用的"巅峰之作"。通过深度学习、计算机视觉等技术，自动驾驶汽车能够实时感知复杂的道路环境，并作出智能决策。这些决策不仅基于实时的交通信息，还考虑道路网络、交通流量、交通规则等因素。随着机器学习算法的不断优化，自动驾驶汽车的驾驶安全性和舒适性将进一步提升。

②路径规划与避障策略。在自动驾驶过程中，路径规划和避障策略至关重要。采用机器学习方法分析道路网络、交通流量等信息，为自动驾驶汽车规划最佳行驶路径。此外，遇到障碍物时，采用机器学习方法能够迅速计算最佳避障策略，确保汽车安全通过。这种高效的路径规划和避障策略为自动驾驶汽车的安全行驶提供有力保障。

机器学习在汽车产品中的应用深刻改变着汽车行业的未来。随着智能驾驶辅助系统的智能化升级、车联网与智能互联的实现、自动驾驶技术的突破，机器学习为汽车产品注入新的活力，提升了用户体验，增强了产品竞争力。随着技术的不断进步和应用场景的拓展，机器学习将在汽车产品中发挥更加重要的作用，推动汽车行业向更智能化、更个性化、更安全化的方向发展。

4. 机器学习在汽车后市场中的应用

(1) 预测性维护与故障诊断。采用机器学习方法分析汽车行驶数据、维修记录等信息，预测汽车可能发生的故障，提前通知车主维修，从而避免意外停车和降低维修成本。这种预测性维护不仅提高了汽车的可靠性，还延长了汽车的使用寿命。此外，机器学习还能辅助技师快速定位故障，提高维修效率。

(2) 个性化服务推荐。采用机器学习方法分析车主的驾驶习惯、汽车使用状况等数据，为车主提供个性化的服务推荐，如保养项目、配件更换周期等。这种基于数据的个性化服务不仅提升了客户体验，还增加了汽车服务机构的收益。

(3) 保险定价与风险评估。在汽车保险领域，采用机器学习方法分析车主的驾驶行为、汽车历史记录等信息，更准确地评估风险，为车主提供个性化的保险报价，不仅提高了保险公司的定价效率，还降低了欺诈风险。

(4) 二手车估值与定价。二手车市场是汽车后市场的重要组成部分。采用机器学习方法分析汽车的品牌、型号、出厂时间、续驶里程、维修记录等信息，能够更准确地评估二手车的价值，为买卖双方提供公平的定价依据。

(5) 库存管理优化。对于汽车配件销售商而言，库存管理是一个巨大的挑战。采用机器学习方法分析历史销售数据、市场需求预测等信息，能够优化库存结构，减少库存积压和缺货现象，提高库存周转率。

机器学习作为新一代信息技术的代表，深刻改变着汽车后市场的格局。通过数据分析、预测模型等手段，机器学习为汽车后市场带来了前所未有的发展机遇。然而，要充分发挥机器学习的潜力，还需要克服诸多挑战（如数据质量、算法优化等）。因此，汽车后市场相关企业应积极推广新技术，加强技术研发和人才培养，以应对未来的市场挑战和机遇。

2.4.3 机器学习的应用案例分析

【案例 2-1】某品牌新款 SUV 应用机器学习优化设计实践。

(1) 数据收集与预处理。在设计新款 SUV 之初，首先汽车制造商从历史车型、用户反馈及市场数据中收集信息，涵盖车身尺寸、发动机参数、用户驾驶习惯、市场趋势等数据。然后对这些数据进行清洗、归一化处理，并将其划分为训练集和测试集，为后续机器学习模型的训练与验证奠定坚实的基础。

(2)特征选择与提取。基于设计目标和用户需求分析,选取对汽车性能影响显著的特征(如车身质量、发动机功率等),并结合用户反馈特征(如驾驶习惯、应用场景等)构建特征集。采用主成分分析等技术对特征进行降维处理,提高模型训练效率,确保特征集既全面又精简。

(3)模型训练与优化。以神经网络为核心机器学习模型,利用训练集数据对模型进行训练,不断调整模型参数以使预测误差最小。采用交叉验证、网格搜索等技术对模型进行细致优化,保证模型在汽车性能预测上的准确性和泛化能力,有效避免过拟合和欠拟合问题。

(4)智能设计应用。基于训练好的机器学习模型,精准预测新款SUV的性能(包括加速性能、制动性能、燃油经济性等)。根据预测结果,动态调整车辆设计参数,同时结合用户个性化需求提供定制化的车辆配置建议,实现智能设计与用户需求的精准匹配。

(5)设计优化与迭代。在车辆设计过程中,持续收集用户反馈和市场数据,利用机器学习模型对设计进行迭代优化,不断提升车辆性能、降低成本并增强市场竞争力。通过更新和改进模型,保证设计始终符合市场变化和用户需求的变化,推动新款SUV不断优化。

(6)案例效果与评估。通过采用机器学习技术,新款SUV在车辆性能、设计效率及用户满意度方面均显著提升。车辆加速更快、制动更稳、燃油经济性更优,设计周期大幅度缩短,用户反馈积极,为汽车制造商赢得了良好的市场口碑和品牌价值。

【案例2-2】基于机器学习的汽车生产线智能调度优化。

(1)生产挑战与需求背景。在汽车制造过程中,生产线调度是保证生产效率、资源优化和准时交付的关键环节。然而,随着车型多样化、订单波动及设备状态的复杂变化,传统的人工调度方法难以满足高效、灵活的生产需求。因此,汽车制造商引入机器学习技术,以实现生产线的智能调度优化,提高生产效率、降低成本并提升客户满意度。

(2)数据收集与整合。为实现智能调度,首先汽车制造商收集大量生产数据(包括订单信息、设备状态、人员配置、物料供应等),这些数据来自不同的信息系统(如企业资源计划、制造执行系统、仓库管理系统等)。通过数据整合与数据清洗,保证数据的准确性、完整性和一致性,为后续机器学习模型训练提供可靠的数据基础。

(3)特征提取与模型构建。基于收集的数据,汽车制造商与数据分析团队合作,提取与生产线调度相关的关键特征(如订单优先级、设备利用率、人员技能水平等)。然后选择合适的机器学习算法(如强化学习、决策树、随机森林等),构建生产线调度优化模型,不断优化该模型,逐渐掌握生产线的调度规律,并在复杂多变的生产环境中作出最优决策。

(4)智能调度系统的实现与部署。基于构建的机器学习模型,汽车制造商开发了一套智能调度系统。该系统能够实时接收生产数据,并根据模型预测结果自动调整生产计划、设备分配和人员配置;同时具备可视化界面,方便操作人员监控生产进度、设备状态和人员动态,保证生产过程的透明化和可控性。

(5)效果评估与持续优化。智能调度系统上线后,汽车制造商可持续监测和评估生产效率、成本节约、用户满意度等指标。通过对比分析,发现该系统能够显著提高生产效率、降低生产成本、提升用户满意度;同时能够及时发现生产过程中的潜在问题(如设备故障、物料短缺等),并提前采取措施进行干预,保证生产的连续性和稳定性。根据评估结果,汽车制造商对智能调度系统进行优化,提高了其实用性和可靠性。

(6)案例总结与未来展望。通过引入机器学习技术,汽车制造商成功实现了汽车生产线的智能调度优化,提高了生产效率、降低了成本并提升了用户满意度。随着机器学习技术的不断发展,汽车制造商继续探索其在汽车制造中的新应用(如智能质量控制、预测性维护等),以推动汽车制造业的智能化和自动化发展。同时,汽车制造商将加强与数据分析、人工智能等领域的合作,共同推动汽车制造业的创新与升级。

【案例2-3】基于机器学习的自动驾驶汽车路径规划优化。

(1)自动驾驶挑战与需求明确。随着自动驾驶技术的快速发展,对汽车路径规划提出高精度、实时性和安全性的要求。面对复杂多变的交通环境时,采用传统路径规划方法往往难以作出最优决策。因此,汽车制造商与科技公司合作,引入机器学习技术,旨在提升自动驾驶汽车的路径规划能力,保证汽车在不同路况下安全、高效行驶。

(2)数据收集与场景构建。为实现自动驾驶汽车的路径规划优化,首先需要收集大量道路数据(包括道路结构、交通信号灯、障碍物位置等)。同时,模拟构建多种驾驶场景(如高速公路、城市街道、复杂交叉口等),以覆盖自动驾驶汽车可能遇到的情况。对这些数据进行预处理,形成可用于机器学习模型训练的数据集。

(3)模型选择与训练策略。基于收集的数据和构建的驾驶场景,选择合适的机器学习算法(如强化学习、深度学习等)对自动驾驶汽车的路径规划进行建模。通过模拟训练,让模型学习在不同场景下选择最优路径。在训练过程中,采用逐步增大难度的方式,使模型逐渐适应更复杂的交通环境,提高路径规划的准确性和鲁棒性。

(4)路径规划系统的集成与测试。将训练好的机器学习模型集成到自动驾驶汽车的路径规划系统。该系统能够实时接收汽车传感器(如摄像头、毫米波雷达、激光雷达等)的数据,并根据模型预测结果动态调整汽车行驶路径。在集成过程中进行严格的系统测试和验证,以保证路径规划系统的安全性、稳定性和可靠性。

(5)实际道路测试与效果评估。在封闭的测试场地和实际道路上对自动驾驶汽车的路径规划系统进行测试。通过对比分析,评估该系统在不同路况下的表现,如路径选择的合理性、行驶效率、安全性等。同时,收集测试过程中的数据以优化模型,提高路径规划系统的性能。

(6)案例总结与未来展望。通过引入机器学习技术,汽车制造商与科技公司成功实现自动驾驶汽车路径规划的优化,提升了汽车的行驶效率和安全性。随着机器学习技术的不断发展,自动驾驶汽车的路径规划系统将更智能、更灵活、更可靠。汽车制造商将继续深化与科技公司的合作,探索更多机器学习在自动驾驶领域的应用,推动自动驾驶技术快速发展和普及。

【案例2-4】基于机器学习的汽车故障诊断与预测性维护。

(1)汽车后市场挑战与需求洞察。在汽车后市场,故障诊断与维护是保证汽车安全、延长使用寿命和提高用户满意度的重要环节。然而,传统故障诊断方法往往依赖人工经验,存在诊断效率低、误诊率高的问题。同时,随着汽车智能化程度的提高,故障诊断与维护更复杂。因此,汽车后市场服务商引入机器学习技术,以实现汽车故障的精准诊断与预测性维护,提高服务效率和服务质量。

(2)数据收集与预处理。为实现汽车故障诊断与预测性维护,汽车后市场服务商从多个渠道收集数据（包括车辆维修记录、传感器数据、用户反馈等）。对这些数据进行清洗、去噪和标准化处理，形成可用于机器学习模型训练的高质量数据集。同时，选择和提取特征，保证模型准确反映故障与不同影响因素的关系。

（3）模型选择与训练优化。基于收集的数据，选择合适的机器学习算法（如分类算法、回归算法或深度学习模型等）对汽车故障进行建模。利用预处理后的数据集对模型进行训练，不断调整模型参数，以提高故障诊断的准确性和预测性维护的有效性。采用交叉验证、特征重要性分析等技术对模型进行优化，保证其在不同车型和故障类型下的稳定性及可靠性。

（4）故障诊断与预测性维护系统的实现。基于训练好的机器学习模型，开发一套汽车故障诊断与预测性维护系统。该系统能够实时接收汽车传感器数据和维修记录，并根据模型预测结果提供故障诊断建议（如故障类型、可能原因、维修建议等）和维护计划，以帮助汽车服务商快速、准确地定位故障，提前安排维护工作，降低维修成本，提高用户满意度。

（5）系统测试与效果评估。在多个汽车后市场服务商的测试场地和实际运营环境中，对故障诊断与预测性维护系统进行测试。通过对比分析，评估该系统在故障诊断准确性、预测性维护有效性、服务效率等；同时，收集测试过程中的数据，以优化该模型，提高系统性能。

（6）案例总结与未来规划。通过引入机器学习技术，汽车后市场服务商成功实现汽车故障的精准诊断与预测性维护，提高了服务效率和服务质量，降低了维修成本。未来，汽车后市场服务商将继续深化机器学习技术的应用，探索更多故障类型和车型的故障诊断模型，提高系统的泛化能力；同时，加强与汽车制造商和科技公司的合作，共同推动汽车后市场的智能化和数字化转型，为用户提供更高效、更便捷、更优质的汽车后市场服务。

1. 简述机器学习的定义及其与人类学习的异同点。
2. 监督学习和非监督学习的主要区别是什么？分别举例说明它们的应用场景。
3. 决策树的基本原理是什么？它在汽车故障诊断中有哪些优势？
4. 聚类算法的目的是什么？其在汽车消费者市场细分中有什么应用？
5. 机器学习在汽车产品中的智能驾驶辅助系统智能化升级方面有哪些体现？
6. 以汽车生产线智能调度优化为例，说明机器学习的应用过程及带来的效果。

【在线答题】

第3章 深度学习及应用

教学目标

通过本章的学习，读者能够全面理解深度学习的定义、原理及特点；掌握深度学习的常用模型（深度神经网络、卷积神经网络、循环神经网络、生成对抗网络、Transformer模型）的基本概念；了解深度学习在不同领域的应用场景；重点分析深度学习在汽车领域的应用案例，以提升解决实际问题的能力。

教学要求

知识要点	能力要求	参考学时
深度学习概述	能够准确阐述深度学习的定义，掌握深度学习的原理	2
深度学习的常用模型	掌握深度神经网络、卷积神经网络、循环神经网络、生成对抗网络和Transformer模型的工作原理和架构，理解其应用场景和优势	2
深度学习的应用	了解深度学习的应用领域、深度学习在汽车领域的应用，并能通过分析深度学习应用案例，理解通过深度学习解决实际问题的过程和效果	2

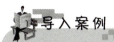

> 随着科技的飞速发展，自动驾驶汽车已经实现。在自动驾驶系统中，深度学习发挥至关重要的作用。以一辆行驶中的自动驾驶汽车为例，它需要通过摄像头、毫米波雷达、激光雷达等实时感知周围环境。此时，深度学习模型，特别是卷积神经网络能够高效地处理和分析这些数据，实现高精度的物体识别、道路检测和车辆跟踪。此外，为了作出合理的驾驶决策，自动驾驶汽车还需要预测其他车辆和行人的行为，此时循环神经网络和Transformer模型等深度学习技术就派上了用场。它们能够捕捉时间序列数据中的依赖关系，预测交通状况，从而帮助自动驾驶汽车作出更安全的驾驶决策。本章将深入探讨深度学习的定义、原理、特点、常用模型及其在汽车领域的应用，并通过案例分析展示通过深度学习解决实际问题的方法。

3.1 深度学习概述

3.1.1 深度学习的定义

深度学习是机器学习的子领域，特指利用深度神经网络解决复杂问题的技术。深度学习的原理是模仿人脑神经元的工作方式构建多层神经网络模型，对数据进行从低级到高级的特征抽象和表示，从而实现对数据的高效处理、模式识别、预测及决策。深度学习的核心在于通过学习大量数据，自动提取特征，而无须人工提取，提高了模型的泛化能力和解决问题的能力。

【拓展视频】

神经网络架构、大规模数据、优化算法及计算能力是深度学习的核心要素。这些要素相互关联、相互影响，共同推动深度学习发展。在实际应用中，需要根据具体任务和数据特点选择合适的神经网络架构、优化算法、计算设备，以获得最佳性能。

（1）神经网络架构。神经网络架构是深度学习的基石，它定义了信息在网络中流动和处理的方式。通过精心设计层数和节点连接方式，神经网络能够捕捉数据中的复杂模式，这也是实现高效学习和准确预测的关键。

（2）大规模数据。深度学习依赖大规模数据集进行训练，这些数据是深度学习模型学习的基础。数据的多样性和丰富性直接影响深度学习模型的泛化能力，高质量的数据集能够帮助深度学习模型学习更广泛的特征和规律。

（3）优化算法。优化算法在深度学习中起至关重要的作用，它决定了根据训练数据调整深度学习模型参数的方法。有效的优化算法能够加速训练过程、减少过拟合现象、提高模型性能。

（4）计算能力。深度学习模型的训练和推理需要强大的计算能力做支撑。高性能的图形处理单元和分布式计算框架能够显著提高深度学习模型的计算能力。

深度学习与机器学习的比较见表3-1。

表 3-1　深度学习与机器学习的比较

项目	机器学习	深度学习
定义	通过数据驱动方法，使计算机系统自动从数据中学习并提高性能的技术	机器学习的子领域，特指利用深度神经网络解决复杂问题和技术
模型结果	多种算法，如线性回归、逻辑回归、决策树、随机森林、支持向量机等	多层神经网络模型，包括输入层、隐藏层和输出层
特征工程	依赖人工特征工程，需要手动提取对模型有用的特征	自动特征学习，从原始数据中提取有用的特征，尤其适用于高维非结构化数据
数据需求	在中、小规模的数据集上表现良好，对大规模数据的需求较低	依赖大规模数据集，神经网络需要大量地标记数据来学习准确的特征
计算资源	计算复杂度较低，可以在普通计算设备上运行	对计算资源的要求高，特别依赖图形处理单元或张量处理单元来加速训练过程
模型复杂度	模型结构相对简单	模型复杂，由多个层组成，形成深度神经网络
可解释性	大多数机器学习模型的结果具有较高的可解释性	深度学习模型往往被视为黑箱，难以解释某个输入特征影响最终输出的方式
应用场景	在结构化数据任务中表现出色，如信用评分、智能推荐系统、客户分类等	擅长处理非结构化数据，如图像、音频、文本等，在计算机视觉、自然语言处理等领域应用广泛

3.1.2　深度学习的原理

采用深度学习技术构建和训练深层神经网络模型，从大量数据中学习和提取特征，可以实现复杂任务的自动化处理和决策。深度学习包括数据准备、模型架构设计、模型训练、模型验证与调整、模型测试与部署等步骤，每一步都至关重要。

（1）数据准备。深度学习的第一步是数据准备，包括获取用于训练和测试的原始数据，可以通过公共数据集、内部数据库或网络爬取等途径获得。然后对数据进行清理、去除噪声和异常值、处理缺失值、归一化处理或标准化处理。为了提高数据的多样性，还会进行数据增强（如图像翻转、图像旋转、图像缩放等）。将数据划分为训练集、验证集和测试集，常见的划分方式是 70% 训练集、20% 验证集和 10% 测试集。

（2）模型架构设计。准备好数据后，需要根据问题的类型选择合适的模型架构，如卷积神经网络、循环神经网络等。使用深度学习框架定义模型结构，包括各层的类型、层数、激活函数等。该步骤的关键是构建多层非线性处理单元（神经元）的网络结构，这些网络能够从原始数据中自动提取特征。

（3）模型训练。模型训练是深度学习的核心步骤。在该阶段，将数据按批次输入模型，采用前向传播算法计算后输出。然后使用损失函数计算预测输出与真实标签的误差。采用反向传播算法计算各层参数的梯度，并使用优化器根据梯度更新模型参数。这个过程会重复多次，直到完成所有迭代周期或者达到早停条件。

（4）模型验证与调整。在训练过程中，需要定期在验证集上评估模型性能，监控评估指标（如准确率、精度、召回率等），以确定是否出现过拟合或欠拟合现象。如果发现模型性能不佳，就可以调整模型的超参数（如学习率、批量、网络层数等）。当验证集上的性能不再提高时，采用早停策略终止训练，以防止出现过拟合现象。

（5）模型测试与部署。模型训练完成后，需要在测试集上评估模型的最终性能，并报告各项评估指标。将训练好的模型保存为文件，以便后续加载和使用。在实际应用中，将模型部署到生产环境（如服务器、移动设备或嵌入式系统）中并监控其性能，以保证模型持续有效。

3.1.3 深度学习的特点

由于深度学习具有特征学习能力、非线性处理能力、大规模数据处理能力、端到端的解决方案、可扩展性和灵活性、自适应性、并行化和分布式计算等，因此成为人工智能领域的重要技术。随着技术的不断进步，深度学习将发挥更重要的作用。

1. 特征学习能力

采用深度学习技术构建多层神经网络结构，能够自动从原始数据中提取和学习高层次的特征表示，省去传统机器学习手动设计特征的烦琐过程，故其在处理复杂、非线性关系的数据时有显著优势。

以自然语言处理中的情感分析为例，深度学习模型（如长短期记忆网络或 Transformer 模型）能够自动从文本数据中提取和学习词汇、短语、句子甚至篇章级别的情感特征，而无须人工标注或设计情感词典，从而在情感分析方面取得远超传统机器学习方法的准确率。

2. 非线性处理能力

由于深度学习模型，特别是深度神经网络引入非线性激活函数，能够捕捉数据中的非线性关系，因此其在处理非线性问题方面比线性模型有效，能够更准确地拟合和预测复杂的数据分布。

以金融市场预测为例，股票价格变化往往受多种非线性因素（如宏观经济指标、市场情绪、政策变动等）的影响。传统线性回归模型难以准确捕捉复杂、多变的非线性关系，而深度学习模型引入非线性激活函数，能够更准确地拟合股票价格的变化趋势，从而提高预测的准确性和可靠性。

3. 大规模数据处理能力

深度学习模型通常需要大量数据进行训练，以学习数据中的潜在规律和模式。随着大数据时代的到来，深度学习可以充分利用该优势，通过处理和分析海量数据提升模型性能。同时，深度学习模型能够有效地处理高维数据（如图像、视频和文本等）。

以人脸识别为例，深度学习模型（如深度卷积神经网络）在处理大规模人脸数据集方面表现出色，其通过训练数百万张人脸图像，能够学习人脸的细微特征和变化规律，从而实现对人脸的高精度识别。深度学习因具有大规模数据处理能力而在人脸识别领域取得显著进展，广泛应用于安防监控、移动支付等场景。

4. 端到端的解决方案

深度学习提供一种端到端的解决方案，可直接基于原始数据预测或分类，得出输出结果，在整个过程中无须手动干预中间步骤。这种端到端的训练方式简化了模型的构建和优化过程，提高了模型的性能。

以语音识别为例，深度学习模型（如循环神经网络及其变体长短期记忆网络或门控循环单元）提供一种端到端的解决方案，可以直接从原始音频信号中学习数据并将其转换为文本输出，而无需音频特征提取、声学模型构建、语言模型拼接等中间步骤。深度学习因具有端到端的训练方式而显著提升了语音识别的准确性和效率，使得语音识别技术在智能家居、智能客服等领域得到广泛应用。

5. 可扩展性和灵活性

深度学习模型具有很强的可扩展性和灵活性，其可以通过增加网络层、调整网络结构或改变超参数调整模型的复杂度和性能。此外，深度学习还可以与其他机器学习技术结合，形成混合模型，以应对不同的应用场景和需求。

以图像分割为例，深度学习模型［如 U－Net（一种卷积神经网络架构）］在医学图像分割方面展现出强大的可扩展性和灵活性。其通过调整 U－Net 的网络层数、卷积核、通道数等超参数提高了在特定数据集上的性能。此外，U－Net 还可以与其他技术（如条件随机场或注意力机制）结合，进一步提升分割的精度和鲁棒性。深度学习因具有可扩展性和灵活性而在医学影像分析、自动驾驶等领域有广阔的应用前景。

6. 自适应性

深度学习模型在训练过程中能够自适应地调整参数，以最小化损失函数并提高模型性能。深度学习因具有自适应性而能够应对复杂的数据分布和任务需求，同时提高鲁棒性和泛化能力。

以自动驾驶中的道路识别为例，深度学习模型（如卷积神经网络）在训练过程中可以自适应地学习道路特征，如车道线、交通标志、障碍物等。面对不同的道路条件、天气状况和交通流量，该模型能够动态地调整参数，以准确识别道路并作出安全驾驶决策。深度学习因具有自适应性而使自动驾驶系统的准确性和可靠性提高，并增强了其应对复杂环境的能力，为自动驾驶技术的广泛应用奠定坚实基础。

7. 并行化和分布式计算

深度学习模型通常具有大量参数和较大计算量，需要计算资源支持。得益于现代计算机硬件和并行计算技术的发展，深度学习模型可以利用图形处理单元、张量处理单元等高性能计算设备以及分布式计算框架，实现高效的训练和推理。

在深度学习领域，尤其是训练大型语言模型时，并行化和分布式计算的优势尤为明显。以 BERT（基于 Transformer 的双向编码器表示）模型的训练为例，该模型拥有数亿个参数，若仅依靠中央处理单元训练则需耗费大量时间。然而，借助分布式计算框架，训练任务可以被拆分成多个子任务，并分发到多个图形处理单元或张量处理单元并行处理。每个计算单元都独立处理部分数据、计算梯度，并通过网络同步参数。深度学习因具有高效的并行计算方式而缩短了训练时间，使得大规模模型训练成为可能。

3.2 深度学习的常用模型

3.2.1 深度神经网络

1. 深度神经网络的定义

深度神经网络是一种由多层神经元连接成的复杂网络结构。每层神经元都接收前一层神经元的输入，并通过加权求和及非线性激活函数处理将输出传递给下一层神经元。因此，深度神经网络能够学习并表示数据的抽象特征，从而解决复杂的非线性问题。

2. 深度神经网络的组成

深度神经网络主要由输入层、隐藏层和输出层组成，如图 3.1 所示。

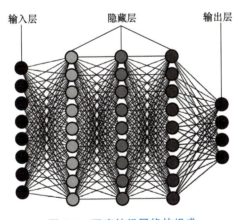

【拓展视频】

图 3.1 深度神经网络的组成

（1）输入层。输入层负责接收原始数据（如图像、音频、文本等），并将其转换为神经网络可以处理的形式。

（2）隐藏层。隐藏层在输入层和输出层之间，由多层神经元（或称节点）组成。每层神经元都接收前一层神经元的输入，并通过加权求和及非线性激活函数处理将输出传递给下一层神经元。隐藏层的数量和每层的神经元数量决定了网络的深度及宽度，从而影响其学习能力和复杂度。

（3）输出层。根据任务类型（如分类、回归等），输出层将隐藏层提取的特征转换为最终预测结果。输出层通常包含与任务目标对应的神经元，并通过激活函数（如 Softmax 函数、S 型函数等）将输出值映射到目标空间。

3. 深度神经网络的工作原理

深度神经网络的工作原理基于以下核心原则。

（1）非线性变换。每层神经元都通过非线性激活函数对输入进行非线性变换，从而捕捉数据中的复杂非线性关系。

（2）反向传播算法。在训练过程中，深度神经网络使用反向传播算法计算损失函数关于网络参数的梯度，并利用梯度下降等优化算法不断调整网络参数，以最小化损失函数并提高模型性能。

（3）权重更新。通过反向传播算法计算得到的梯度信息，不断调整网络中的权重和偏置参数，直至达到收敛状态或预设的训练轮次。

（4）特征提取与表示。随着层数的增加，深度神经网络能够逐渐学习更高级、更抽象的特征表示，这些特征对解决复杂任务至关重要。

4. 深度神经网络的特点

（1）强大的特征学习能力。深度神经网络通过多层非线性变换自动学习并提取数据的复杂特征，无须人工设计特征工程。

（2）大规模数据处理能力。得益于现代计算技术和分布式计算框架的发展，深度神经网络能够高效地处理大规模数据集，模型的泛化能力提高。

（3）端到端的解决方案。深度神经网络可以作为一种端到端的解决方案，直接根据输入数据预测最终输出，无须中间步骤干预。

（4）灵活性和可扩展性。深度神经网络的架构和参数可以根据具体任务及数据集调整、优化，以适应不同的应用场景和需求。

5. 深度神经网络的应用示例

深度神经网络在汽车领域的一个典型应用示例是自动驾驶技术中的图像识别与决策。自动驾驶汽车通过摄像头等传感器收集周围环境的图像数据，然后利用深度神经网络对这些图像数据进行处理和分析。深度神经网络能够准确识别交通标志、交通信号灯、行人、车辆，并理解其相对位置和动态变化。在此基础上，深度神经网络理解和预测驾驶场景，为自动驾驶汽车提供精准的决策支持。例如，它可以帮助汽车判断变道、加速、减速的时机以及处理突发情况的方式等。深度神经网络可以使自动驾驶汽车更安全、更高效地行驶。

3.2.2 卷积神经网络

1. 卷积神经网络的定义

卷积神经网络是一种包含卷积计算且具有深度结构的前馈神经网络，是近年发展起来并引起广泛重视的高效识别方法。其核心思想是通过卷积、池化等操作提取特征，将输入数据映射到一个高维特征空间，通过全连接层对特征进行分类或回归。卷积神经网络通常用于图像、视频、语音等信号数据的分类和识别。

卷积神经网络通过局部连接、权值共享、卷积操作、池化操作、全连接层、激活函数等，实现对图像、视频、语音等信号数据的高效分类和识别。

（1）局部连接。卷积层的卷积核只与图像的局部区域连接，降低了计算复杂度，并且能够捕捉局部空间关系，使卷积神经网络关注图像中的局部特征（如边缘、纹理等）。

（2）权值共享。卷积层的卷积核在整幅图像上共享参数，使得模型具有平移不变性，减少了参数，提高了计算效率。权值共享意味着同一个卷积核在图像的不同位置进行卷积操作，从而提取相同的特征。

（3）卷积操作。卷积操作是卷积神经网络的核心，卷积核在图像上滑动，计算卷积核与图像局部区域的点积，并生成特征图。这些特征图包含图像中的局部特征信息，可以用于后续的分类或识别任务。

（4）池化操作。池化层用于降低特征图的维度，同时保留重要信息，降低计算复杂度和防止出现过拟合现象。常见的池化操作有最大池化和平均池化。池化操作的原理是在特征图上滑动窗口，并取窗口内元素的最大值或平均值，生成池化后的特征图。

（5）全连接层。全连接层通常位于卷积神经网络的最后几层，用于将卷积层和池化层提取的特征映射到输出空间。全连接层的每个神经元都与上一层的所有神经元连接，通过权重和偏置进行线性变换，然后通过激活函数进行非线性变换，生成最终输出。

（6）激活函数。激活函数为神经网络引入非线性因素，使神经网络能够表示复杂的函数关系。常见的激活函数有 ReLU 函数、S 型函数和 tanh 函数等。ReLU 函数是常用的激活函数，其优点是计算简单、能够有效缓解梯度消失问题。

2. 卷积神经网络的组成

卷积神经网络主要由输入层、卷积层、池化层、全连接层、输出层组成，如图 3.2 所示。各层相互协作，共同实现处理复杂数据和特征提取。

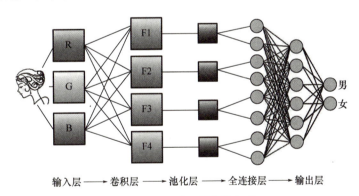

图 3.2　卷积神经网络的组成

（1）输入层。输入层是卷积神经网络的起点，负责接收原始图像数据，并将其转换为网络可处理的形式。输入数据通常包括图像的宽度、高度和颜色通道数。在输入层不进行计算，但数据预处理（如归一化处理等）对后续层的处理和模型性能至关重要。

（2）卷积层。卷积层是卷积神经网络的核心，通过多个卷积核在输入数据上进行滑动卷积运算，提取局部特征。每个卷积核都学习不同的特征模式，如边缘、纹理等。卷积层的局部连接和权值共享机制减少了网络参数，提高了计算效率，并允许网络学习更深层次的特征表示。

（3）池化层。池化层在卷积层后面，负责对卷积层的输出进行下采样处理，以减小数据的空间尺寸和计算量。常见的池化操作有最大池化和平均池化，它们分别选取每个池化窗口内的最大值和平均值作为输出。池化层不仅降低了数据的维度，还引入了平移不变性和鲁棒性，增强了模型对输入数据微小变化的适应性。

（4）全连接层。全连接层在卷积神经网络的后部，其将卷积层和池化层提取的特征展平，并通过全连接的方式整合特征。每个神经元都与前一层的所有神经元相连，学习特征之间的非线性关系。全连接层通常用于分类或回归任务，将特征向量映射到目标类别或回归值。堆叠多层全连接层可以增强网络的表达能力和分类性能。

（5）输出层。输出层是卷积神经网络的最后一层，负责输出结果。根据任务的不同，输出层可以采用不同的激活函数和损失函数。在分类任务中，输出层通常使用 Softmax 函数，将特征向量映射到概率分布上，输出每个类别的预测概率。在回归任务中，输出层可能使用线性激活函数直接输出结果。通过计算损失函数比较输出结果与真实值，评估模型性能，并通过反向传播算法更新网络参数。

3. 卷积神经网络的工作原理

卷积神经网络的工作原理主要依赖卷积运算、池化操作、特征提取与分类。

（1）卷积运算。通过多个卷积核对输入数据的局部区域进行滑动卷积，提取局部特征，并生成特征图。特征图中的每个像素值都代表输入数据中某个局部区域的特征响应。

（2）池化操作。对卷积层生成的特征图进行下采样处理，以减小数据的空间尺寸和计算量。通过池化操作选取每个池化窗口内的最大值或平均值来简化特征图，并引入平移不变性。

（3）特征提取与分类。处理多个卷积层和池化层后，将特征图展平并送入全连接层进行分类或回归。全连接层以全连接的方式整合特征图中的信息，并输出分类结果或回归值。

4. 卷积神经网络的特点

（1）局部连接。卷积层的每个神经元都只与输入数据的一个局部区域连接，减少了网络参数和计算量。

（2）权值共享。每个卷积核在卷积运算中都重复使用相同的参数，减少了网络参数。

（3）平移不变性。向池化操作引入平移不变性，使模型对输入数据的微小变化具有一定的鲁棒性。

（4）特征学习能力。卷积神经网络能够自动学习并提取输入数据中的复杂特征，无须人工设计特征工程。

（5）大规模数据处理能力。得益于高效的计算架构和硬件加速技术（如图形处理单元），卷积神经网络能够高效地处理大规模数据集。

5. 卷积神经网络的应用示例

卷积神经网络在汽车领域的一个典型应用示例是自动驾驶中的物体识别与检测。在自动驾驶系统中，卷积神经网络能够处理摄像头捕捉的图像数据，从而准确识别行人、车辆、交通标志等。例如,在自动驾驶汽车行驶过程中,卷积神经网络可以实时监测前方的行人并用长方形的框标注,从而避免汽车与行人碰撞。此外,卷积神经网络还可以识别交通信号灯的颜色及交通标志(如直行、转向、停车等),为自动驾驶汽车的智能导航和避障提供技术支持。

3.2.3 循环神经网络

1. 循环神经网络的定义

循环神经网络是一种专门用于处理序列数据的神经网络结构。循环神经网络与传统的前馈神经网络不同,其隐藏层之间引入循环连接,能够保存上一时间步的信息,并用于当前时间步的计算。循环神经网络能够处理任意长度的序列数据,并广泛应用于自然语言处理、时间序列预测、智能推荐系统等。

2. 循环神经网络的组成

循环神经网络主要由输入层、隐藏层和输出层组成,如图3.3所示。

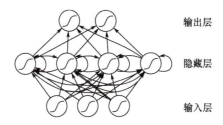

图 3.3　循环神经网络的组成

(1) 输入层。输入层用于接收数据。处理序列数据时,输入层按顺序接收序列中的元素(如文本中的词语、语音信号中的一帧等)。元素通常被转换为一个固定大小的向量,此过程称为嵌入。嵌入有助于将离散的输入转换为网络能够处理的连续数值形式。输入层的输出直接被传递给隐藏层,成为序列处理的起始信号。

(2) 隐藏层。隐藏层是循环神经网络的核心组成部分,负责处理序列中的所有元素,并储存序列的历史信息。在循环神经网络中,隐藏层的状态具有循环性,即每个时间步的隐藏层状态不但取决于当前时间步的输入,而且与上一个时间步的隐藏层状态紧密相关。因此,循环神经网络能够捕捉序列数据中的时间依赖性。隐藏层中的每个神经元都接收输入层以及上一个时间步隐藏层的状态,并将其作为输入,通过非线性激活函数生成输出。输出一方面被传递给输出层进行进一步处理,另一方面作为下一个时间步隐藏层的部分输入,从而实现状态的传递。

(3) 输出层。输出层是循环神经网络的最后一个环节,负责根据隐藏层的输出得出最终预测或分类结果。与输入层类似,输出层中的每个神经元都接收一个固定大小的向量作为输入(通常是隐藏层在当前时间步的输出),并通过一个线性变换(可选择性地加一个非线性激活函数)生成输出。在不同的任务中,输出层的结构和处理方式可能会有所差异。例如,在序列到序列的任务中,输出层可能需要预测整个序列的下一个元素;在分类任务中,输出层可能输出一个概率分布,以表示每个类别的可能性。

3. 循环神经网络的工作原理

循环神经网络的工作原理主要依赖初始化状态、序列处理、信息传递、输出生成、序列结束。

（1）初始化状态。在处理序列数据的开始阶段，循环神经网络设定一个初始隐藏状态，其通常被初始化为一个零向量，或者通过某种特定的初始化方法（如随机初始化、预训练等）获得。初始隐藏状态是循环神经网络处理序列数据的起点，代表处理序列数据之前的网络状态，不包含任何输入信息。

（2）序列处理。随着序列数据的逐步输入，循环神经网络处理所有时间步的数据。当处理当前时间步的输入时，循环神经网络结合上一个时间步的隐藏状态计算当前时间步的隐藏状态。该计算过程通常涉及一个权重矩阵、输入数据、上一个时间步的隐藏状态及一个激活函数。激活函数的作用是将线性组合的结果转换为非线性输出，从而增强网络的表达能力。

（3）信息传递。循环神经网络的核心是循环连接，隐藏状态能够在时间步之间传递。计算当前时间步的隐藏状态后，循环神经网络将其保存，并在处理下一个时间步时将其作为部分输入。因此，循环神经网络能够保留并传递序列中的历史信息，处理每个时间步时都能考虑之前的信息。

（4）输出生成。在每个时间步，循环神经网络都可以生成一个输出（通常通过将当前时间步的隐藏状态通过一个额外的权重矩阵和一个激活函数计算）。输出可以表示当前时间步的预测结果，也可以用于生成序列的下一个元素。

（5）序列结束。当处理序列数据结束时，循环神经网络输出最终隐藏状态，或者通过一个额外的输出层生成预测结果。由于最终隐藏状态包含序列中所有时间步的信息，因此可以用于后续任务（如分类、回归等）。而最终预测结果取决于任务的具体要求，可能是序列中某个时间步的输出，也可能是对整个序列的总结或预测。

由于循环神经网络通过循环连接将上一个时间步的隐藏状态传递到下一个时间步，因此其能够记忆历史信息。处理序列数据时，循环神经网络能够考虑历史信息，从而更准确地理解当前时间步的输入，故其在自然语言处理、时间序列预测、智能推荐系统等领域取得显著成功。然而，循环神经网络面临梯度消失和梯度爆炸等挑战，处理长序列数据的能力降低。为了克服这些挑战，研究者提出多种循环神经网络的变体，如长短期记忆网络和门控循环单元等，其在保留循环神经网络核心特性的同时引入更复杂的结构和机制，以提高性能和稳定性。

4. 循环神经网络的特点

（1）记忆功能。由于循环神经网络能够记住序列中的信息，因此其在处理时间序列数据、自然语言处理等方面表现出色。

（2）参数共享。在循环神经网络中，无论序列的长度如何，使用的权重和参数都是共享的，有助于降低模型的复杂度和避免出现过拟合现象。

（3）处理变长序列。由于循环神经网络能够处理任意长度的序列数据，因此其在处理不同长度的文本、音频等序列数据方面具有很高的灵活性。

（4）梯度消失与梯度爆炸。循环神经网络在训练过程中易遇到梯度消失或梯度爆炸问题，处理长序列数据的能力降低。为了解决这一问题,研究者提出多种循环神经网络的变体，如长短期记忆网络和门控循环单元。

5. 长短期记忆网络

长短期记忆网络是一种特殊的循环神经网络结构，旨在解决传统循环神经网络处理长序列数据时遇到的梯度消失和梯度爆炸问题。长短期记忆网络引入门控机制（遗忘门、输入门和输出门）及一个细胞状态，如图 3.4 所示，能够更有效地捕捉序列数据中的长期依赖关系。

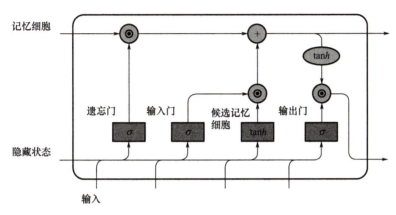

σ—S 型函数；tanh—双曲正切函数。

图 3.4 长短期记忆网络的组成

（1）细胞状态。细胞状态是长短期记忆网络中的一条贯穿整个序列的"传送带"，负责保存长期信息。在整个序列数据处理过程中，细胞状态只经过一些小的线性操作，信息在上面流动顺畅，不易丢失。

（2）遗忘门。遗忘门决定从前一个细胞状态中丢弃的信息。它通过一个 S 型函数决定需要保留的信息和需要遗忘的信息。

（3）输入门。输入门决定当前输入信息中需要被添加到细胞状态的信息。它首先通过一个 S 型函数决定需要更新的值，然后通过一个 tanh 函数生成一个新的候选向量，这个向量会被加入细胞状态。

（4）输出门。输出门决定当前细胞状态中需要输出的信息。它首先通过一个 S 型函数决定需要输出的信息；然后将细胞状态通过一个 tanh 函数缩放；最后与 S 型函数的输出相乘，得到输出值。

长短期记忆网络通过门控机制有选择地保留和更新信息，从而有效地处理长序列数据中的长期依赖关系。长短期记忆网络在自然语言处理、语音识别、时间序列预测等领域取得显著效果。

总的来说，长短期记忆网络通过引入门控机制和细胞状态，克服了传统循环神经网络处理长序列数据时遇到的困难，成为处理序列数据的有力工具。

6. 门控循环单元

门控循环单元是一种特殊的循环神经网络架构，旨在解决传统循环神经网络处理长序列数据时遇到的梯度消失和梯度爆炸问题。门控循环单元通过引入两个门控机制（更新门和重置门）控制信息流动。更新门决定前一时刻的状态信息被带入当前状态的程度，重置门控制前一时刻状态被写入当前时刻状态的信息数量。门控循环单元的组成如图 3.5 所示。门控循环单元具有结构简洁、参数较少、训练速度高等优势，广泛应用于语言建模、文本生成、时间序列预测等领域。

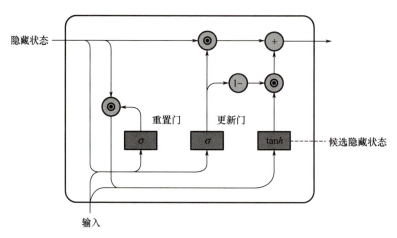

图 3.5　门控循环单元的组成

（1）重置门的作用。根据前一个时刻的隐藏状态和当前时刻的输入计算重置门的值，该值决定了前一个时刻的隐藏状态在生成候选隐藏状态时的权重。

（2）候选状态的生成。通过重置门调节的前一个时刻的隐藏状态和当前时刻的输入，结合一个 tanh 函数计算得到候选隐藏状态。

（3）更新门的作用。根据前一个时刻的隐藏状态和当前时刻的输入计算更新门的值，该值决定了前一个时刻的隐藏状态和候选隐藏状态在生成当前隐藏状态时的权重。

（4）当前隐藏状态的生成。结合更新门和候选隐藏状态，计算当前时刻的隐藏状态，该隐藏状态是前一个隐藏状态和当前候选隐藏状态的加权平均，权重由更新门决定。

7. 循环神经网络的应用示例

循环神经网络在汽车领域的一个典型应用示例是自动驾驶中的轨迹预测与驾驶行为识别。在自动驾驶场景中，循环神经网络能够处理时间序列数据，通过学习历史驾驶数据预测汽车的行驶轨迹，有助于自动驾驶汽车提前感知和应对潜在的交通风险，从而作出更安全的驾驶决策。此外，循环神经网络还能识别驾驶人的驾驶行为，如转向、加速、制动等。通过识别这些行为，循环神经网络可以调整自动驾驶汽车的控制策略，使其更符合驾驶人的驾驶习惯和驾驶意图，提升驾驶的舒适性和安全性。例如，当循环神经网络检测到驾驶人有加速意图时，自动驾驶汽车提前加速，以提供更流畅的驾驶体验。

3.2.4　生成对抗网络

1. 生成对抗网络的定义

生成对抗网络是一种强大的深度学习模型，由生成器和判别器两个神经网络组成。生成对抗网络的核心思想是让生成器和判别器进行对抗训练,使生成器生成逼真的数据样本,以尽可能欺骗判别器,同时判别器能够准确区分真实样本和生成样本。

生成对抗网络的核心要素有生成器、判别器和对抗训练。

(1) 生成器。生成器是一个神经网络,它接收随机噪声并将其作为输入,尝试生成与真实数据分布尽可能相似的虚假数据。生成器的目标是生成能够欺骗判别器的虚假数据。

(2) 判别器。判别器是另一个神经网络,它接收生成器或真实数据集的样本,并尝试判别这些样本是真实的还是由生成器生成的。判别器的目标是提高对数据的辨别能力,以准确区分真实数据和虚假数据。

(3) 对抗训练。对抗训练是生成对抗网络的核心过程,它涉及生成器与判别器的不断竞争和合作。在训练过程中,生成器试图生成越来越逼真的数据以欺骗判别器,判别器努力提高辨别能力以准确区分真实数据和虚假数据。这种竞争与合作的过程促使生成对抗网络的生成能力不断提高,直至达到平衡状态。

2. 生成对抗网络的组成

生成对抗网络主要由生成器和判别器组成,如图3.6所示。

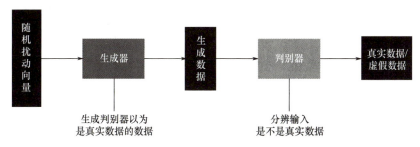

图3.6 生成对抗网络的组成

(1) 生成器。生成器是一个神经网络,负责从随机噪声中生成新的数据样本。它的目标是学习真实数据的分布,并生成与真实数据尽可能相似的虚假数据。生成器通过不断优化,生成能够欺骗判别器的虚假数据。

(2) 判别器。判别器是另一个神经网络,用于判别输入数据来自真实数据集还是由生成器生成的虚假数据。它接收数据样本作为输入,并输出一个概率值,表示该样本是真实数据的可能性。判别器的目标是提高辨别能力,以准确地区分真实数据和虚假数据。

在生成对抗网络的训练过程中,生成器和判别器相互竞争,通过不断迭代,优化各自参数。生成器试图生成越来越逼真的数据以欺骗判别器,而判别器努力提高辨别能力以应对生成器的挑战。这种竞争与合作的过程促使生成对抗网络的生成能力不断提高,直至达到平衡状态,此时生成器能够生成与真实数据非常相似的虚假数据,而判别器难以准确区分真实数据和虚假数据。

3. 生成对抗网络的工作原理

生成对抗网络的工作原理基于生成器与判别器的对抗训练。对抗训练旨在通过迭代优化,使生成器生成难以与真实数据区分的虚假数据,同时使判别器准确区分真实数据和虚假数据。生成对抗网络的训练步骤如下。

（1）初始化。随机初始化生成器和判别器的权重。

（2）生成假数据。生成器接收随机噪声，生成虚假数据样本。

（3）训练判别器。判别器接收真实数据和生成器生成的虚假数据，对其进行二分类训练，以区分真实数据和虚假数据。

（4）训练生成器。生成器生成虚假数据，希望判别器将其误认为真实数据，通过最小化判别器对生成器生成数据的输出，更新生成器的参数。

（5）对抗训练。循环迭代优化生成器和判别器的参数，直至达到平衡状态。在每次迭代过程中，首先固定生成器，通过最小化判别器损失来更新判别器的网络参数；然后固定判别器，通过最小化生成器损失来更新生成器的网络参数。

4. 生成对抗网络的特点

（1）无监督学习。生成对抗网络是一种无监督学习方法，不需要标记数据即可训练，节省了大量标记成本。

（2）生成逼真数据。生成器通过对抗训练生成逼真的数据样本而具有较高的生成能力，可以生成接近真实数据分布的样本。

（3）潜在空间控制。生成对抗网络具有对生成数据潜在空间的控制能力，可以通过调整输入向量控制生成数据的特征，实现图像风格转换等功能。

（4）多样性。生成器可以生成多样化的数据样本，不仅可以生成单一类别的数据，还可以生成具有多样性的数据集。

（5）创造性。生成对抗网络具有一定的创造性，能够生成新颖的、具有想象力的数据样本，推动数字艺术和创意领域的发展。

5. 生成对抗网络的应用示例

生成对抗网络在汽车领域的一个典型应用示例是自动驾驶中的仿真测试与数据增强。在自动驾驶技术的研发过程中，需要对大量真实驾驶场景数据进行训练和测试。然而，实际道路测试存在诸多风险和限制。生成对抗网络能够生成逼真的驾驶场景和图像，为自动驾驶汽车提供安全的仿真测试环境。此外，生成对抗网络还能实现图像到图像的翻译，如将白天场景转换为夜晚场景、将晴天场景转换为雨天场景，从而增强自动驾驶汽车对不同环境的适应能力和泛化能力，不仅提高了自动驾驶技术的安全性，还降低了研发成本、缩短了研发周期。

3.2.5　Transformer 模型

Transformer 模型是一种基于自注意力机制的神经网络模型，由编码器和解码器两部分组成，通过自注意力机制捕捉序列中的全局依赖关系，并实现并行计算，提高了计算效率。Transformer 模型在自然语言处理领域取得显著成果，广泛应用于机器翻译、文本生成、语言模型等任务中。

1. Transformer 模型产生的背景

在自然语言处理任务中，虽然传统循环神经网络及其变体取得了一定成果，但存在两个主要问题：一是难以并行计算，因为循环神经网络处理序列数据时，每个时间步的计算都依赖上一个时间步的输出；二是难以捕捉长距离依赖关系，因为循环神经网络处理长序列时，可能会因梯度消失或梯度爆炸问题而丢失长距离信息。为了解决这两个问题，Transformer模型应运而生。

2. Transformer模型的结构

Transformer模型的核心元素是编码器和解码器，它们都由多个相同的层堆叠而成。每个编码器层和解码器层都包含多个子层，每个子层都通过残差连接和层归一化的标准模块串联，形成编码器层和解码器层的核心结构，如图3.7所示。

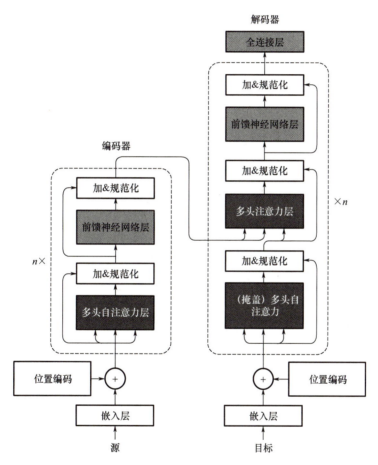

图 3.7 Transformer模型的核心结构

（1）编码器。编码器的主要功能是将输入序列转换为一个高维特征向量。编码器由多个编码器层堆叠而成，每个编码器层都包含两个子层：多头自注意力层和前馈神经网络层。多头自注意力层允许模型在为每个单词编码时关注序列中的其他单词，从而捕捉单词之间的依赖关系。前馈神经网络层对多头自注意力层的输出进行非线性变换。

（2）解码器。解码器负责根据编码器的输出生成目标序列。它由多个解码器层堆叠而成，每个解码器层都包含（掩盖）多头自注意力层、编码器-解码器注意力层和前馈神经网络层三个子层。多头自注意力层允许模型在生成每个输出单词的同时关注已经生成的单词。编码器-解码器注意力层帮助模型在生成目标序列时，参考输入序列的信息。前馈神经网络层对掩盖多头自注意力层的输出进行非线性变换。

3. 自注意力层

自注意力层是 Transformer 模型的核心组件，它允许模型在处理序列数据的同时关注序列中的所有位置，从而捕捉全局依赖关系。自注意力层的计算过程可以分为以下三个步骤。

（1）计算查询、键和值矩阵。将输入序列的嵌入表示转换为查询、键和值三个矩阵。这些矩阵是通过将输入嵌入与相应的权重矩阵相乘得到的。

（2）计算注意力权重。计算查询矩阵与键矩阵的点积，并通过缩放因子缩放，以防止由点积结果过大导致 Softmax 函数梯度消失。采用 Softmax 函数对缩放后的点积结果进行归一化处理，得到注意力权重。

（3）计算加权和。将注意力权重与值矩阵相乘，得到加权和向量。这个向量就是自注意力层的输出，它包含序列中的所有位置信息，并根据注意力权重加权。

4. 多头注意力层

多头注意力层是自注意力层的扩展，它允许模型同时从不同的表示子空间捕捉信息。具体来说，多头注意力层将输入序列的嵌入表示分割成多个头，每个头都独立地执行自注意力计算，从而每个头关注序列中的不同部分，并捕捉不同的依赖关系。最后，将每个头的输出拼接，并通过线性变换得到最终输出。

5. 位置编码

由于 Transformer 模型缺乏传统循环神经网络的固有序列处理能力，因此需要添加位置编码来提供序列中单词的位置信息。位置编码是通过正弦函数和余弦函数的不同频率计算的，以确保编码在不同维度上有不同的模式，Transformer 模型可以根据位置编码区分序列中不同位置的单词。

6. Transformer 模型的特点

（1）并行性能。Transformer 模型能够在所有位置同时计算，从而充分利用图形处理单元并行计算的优势，加速训练和推理过程。

（2）处理长序列。传统循环神经网络模型处理长序列数据时易出现梯度消失和梯度爆炸问题，而 Transformer 模型通过自注意力层同时考虑所有位置信息，从而更好地处理长序列数据。

（3）性能表现。Transformer 模型在自然语言处理领域取得了很多重要研究成果，比如在机器翻译、文本生成、语言模型等任务中取得了很好的效果。

（4）通用性和灵活性。Transformer 模型具有很强的通用性和灵活性，适用于不同的任务和应用场景。它不仅在自然语言处理领域表现出色，还被扩展应用到图像处理、语音识别等领域。

7. Transformer 模型的应用示例

Transformer 模型在汽车领域的一个典型应用示例是智能辅助驾驶系统中的多模态数据融合。在智能辅助驾驶系统中，Transformer 模型可以作为传感器融合框架的核心部分，提供强大的多模态数据处理能力。它能够整合毫米波雷达、激光雷达、摄像头等传感器的数据，全面理解周围环境。例如，在复杂的驾驶场景中，Transformer模型可以同时处理毫米波雷达探测的距离和速度信息、激光雷达提供的三维点云数据及摄像头捕捉的图像信息。通过融合这些数据，Transformer模型能够更准确地识别道路、车辆、行人等关键元素，为驾驶决策提供可靠的支持。Transformer模型提高了智能辅助驾驶系统的安全性和可靠性，为自动驾驶技术的发展注入新的活力。

5种深度学习模型的比较见表3-2。

表3-2 5种深度学习模型的比较

模型类型	结构特点	数据处理方式	优点	缺点	应用场景
深度神经网络	包含多个隐藏层，通常为全连接层	将数据输入网络，每层神经元都对输入进行加权求和及采用激活函数处理	能够自动学习数据的复杂特征表示，可用于不同数据类型	训练时间长，容易过拟合，对大量数据需求高，解释性差	图像识别、语音识别、自然语言处理等领域
卷积神经网络	包含卷积层、池化层和全连接层。卷积层利用卷积核提取局部特征	通过卷积核在数据（如图像、音频等）上滑动提取特征，在池化层进行下采样处理以降低数据维度	有效减少参数，具有一定的平移不变性，能够高效地处理具有网格结构的数据	对非网格结构数据的适应性差，模型结构相对复杂，构建合适的卷积核需要经验	主要用于图像识别、视频分析等领域，也可用于自然语言处理中的文本分类等领域
循环神经网络	具有循环连接，神经元的输出作为下一个时间步的输入	按顺序处理序列数据，每个时间步的输出不仅取决于当前输入，还取决于之前的状态	能够处理变长序列，对序列数据的顺序信息敏感	易出现梯度消失和梯度爆炸问题，长序列数据训练困难，并行计算能力差	自然语言处理（如机器翻译、文本生成）、语音识别、时间序列预测等领域
生成对抗网络	由生成器和判别器组成，采用对抗训练	生成器生成数据，判别器判断数据是真实数据还是生成器生成的数据，两者相互博弈优化	可以生成新数据样本、学习数据分布，在数据生成领域表现出色	训练过程不稳定，难以把握生成器和判别器的平衡	图像生成、数据增强、文本生成等领域
Transformer模型	基于自注意力层，没有循环结构或卷积结构	通过自注意力层计算每个位置与其他位置的关联程度，对输入序列进行编码和解码	并行计算效率高，能够有效处理长序列数据的长时依赖关系，自然语言处理效果好	模型复杂度高，计算资源消耗大，对数据量和硬件的要求高，可解释性差	主要用于自然语言处理（如机器翻译、语言模型）等领域，也可用于计算机视觉等领域

3.3 深度学习的应用

3.3.1 深度学习的应用领域

【拓展视频】

深度学习的应用领域非常广泛，包括但不限于以下领域。

1. 计算机视觉

（1）图像分类。深度学习可用于对图像进行准确分类（如识别动物、植物、交通工具等不同类别的图像），适用于图像搜索引擎、智能相册管理等场景。

（2）物体检测。深度学习可用于在图像或视频中检测特定物体，并确定其位置和边界，广泛应用于安防监控、自动驾驶等领域，以识别行人、车辆、交通标志等。

（3）图像生成。采用深度学习技术，利用生成对抗网络等生成逼真的图像（包括艺术创作、虚拟场景生成、图像修复等），为设计、娱乐等行业提供新的创作方式。

2. 自然语言处理

（1）机器翻译。深度学习可用于自动将一种语言的文本翻译成另一种语言，提高了翻译的效率和准确性，为跨语言交流提供了便利，应用于翻译软件、跨国公司的文档翻译等。

（2）文本分类。深度学习可用于对文本数据分类（如新闻、邮件、情感分析等），帮助企业快速处理大量文本信息，并提取有价值的信息。

（3）文本生成。深度学习可用于生成自然语言文本（如文章摘要、对话、故事等），应用于智能写作助手、新闻自动生成、聊天机器人等，以提高文本创作的效率。

3. 语音识别

（1）语音转文本。采用深度学习技术可将人的语音转换为文字，应用于语音输入法、语音记录、语音客服等，方便人们输入和记录信息，提高工作效率。

（2）语音合成。采用深度学习技术可根据文本生成自然流畅的语音，应用于智能语音助手、有声读物、导航系统等，提供更人性化的交互体验。

4. 医疗保健

（1）医学影像分析。采用深度学习技术可分析和诊断 X 射线、CT、核磁共振等医学影像，帮助医生更准确地检测疾病（如识别肿瘤、骨折、脑部病变等），提高诊断的准确性和效率。

（2）疾病预测和风险评估。采用深度学习技术分析大量医疗数据和患者信息，预测疾病的发生风险、治疗效果和预后情况，为医生制订治疗方案提供参考。

5. 自动驾驶

（1）环境感知。采用深度学习技术感知汽车周围环境（如识别道路、交通标志、行人、车辆等），为自动驾驶汽车提供准确的环境信息。

（2）决策与控制。采用深度学习技术可根据环境感知的结果和汽车状态作出决策，并控制汽车行驶（如加速、减速、转向等），保证自动驾驶的安全性和可靠性。

6. 金融领域

（1）信用风险评估。采用深度学习技术分析借款人的财务数据、消费行为等信息，评估其信用风险，为银行、金融机构的贷款审批提供决策依据。

（2）市场预测。采用深度学习技术，分析和预测金融市场的数据（如股票价格、汇率、利率等），帮助投资者制定投资策略，提高投资收益。

7. 游戏领域

（1）游戏智能体。采用深度学习技术开发具有智能行为的游戏角色，使游戏中的非玩家角色根据玩家的行为作出合理反应，提高游戏的趣味性和挑战性。

（2）游戏内容生成。采用深度学习技术生成游戏中的地图、关卡、道具等，提高游戏的多样性和趣味性，同时降低游戏开发的成本和时间。

8. 工业和制造业

（1）检测和质量控制。采用深度学习技术对生产过程中的产品进行检测，识别缺陷、瑕疵等，及时发现并处理不合格产品，提高产品质量和生产效率。

（2）预测维护。采用深度学习技术分析设备的运行数据，预测设备故障和维护需求，提前维护和保养，降低设备的故障率和维修成本。

9. 智能安防

（1）人脸识别。深度学习可用于身份识别和认证（如门禁系统、考勤系统、公安系统的人员识别等），以提高安全性和管理效率。

（2）异常行为检测。深度学习可用于分析监控视频中的行为，检测异常行为（如盗窃、打架、火灾等），及时发出警报，保障公共安全。

10. 教育领域

（1）智能辅导系统。采用深度学习技术可根据学生的学习情况和问题，提供个性化的学习建议和辅导，帮助学生提高学习效果。

（2）自动批改作业和考试。采用深度学习技术可对学生的作业和考试答案进行自动批改及分析，减轻教师的工作负担，提高教学效果。

3.3.2　深度学习在汽车领域的应用

1. 深度学习在汽车设计中的应用

深度学习在汽车设计阶段的应用主要依托大数据和先进的计算技术。通过收集和分析海量的汽车设计数据，采用深度学习技术识别设计中的关键要素和趋势，为设计师提供有力支持。同时，深度学习技术还可用于模拟和预测汽车在不同工况下的性能，帮助设计师优化设计方案，提高汽车性能。

（1）深度学习在汽车设计初期的应用。在汽车设计初期，深度学习技术主要用于概念设计和初步设计。通过收集和分析市场上的汽车设计案例及用户需求，采用深度学习技术提取受欢迎的设计元素和趋势，为设计师提供灵感。

① 概念设计。概念设计是汽车设计初期的重要阶段，它决定了汽车的基本形态和风格。采用深度学习技术分析市场上的汽车设计案例，提取流行的设计元素和趋势，为设计师提供灵感。例如，通过分析消费者的喜好和市场趋势，采用深度学习技术预测汽车设计的发展方向，如更智能化的内饰配置等。

② 初步设计。在初步设计阶段，深度学习技术可以用于初步评估汽车的结构和性能，模拟和分析汽车在不同工况下的性能表现，帮助设计师发现并解决潜在的设计问题。例如，采用深度学习技术对汽车的动力系统、悬架系统等进行模拟分析，预测汽车在行驶过程中的稳定性和舒适性，指导设计师调整设计方案。

（2）深度学习在汽车设计中期的应用。在汽车设计中期阶段，深度学习技术主要用于详细设计和优化设计，通过收集和分析大量的设计数据及实验数据对设计方案进行精细化调整，以提高汽车性能。

① 详细设计。详细设计是汽车设计中期的重要阶段，它决定了汽车的最终形状和性能。采用深度学习技术分析设计数据和实验数据，对设计方案进行精细化调整。例如，采用深度学习技术对汽车的空气动力学性能进行模拟分析，可以优化汽车的车身形状和底部结构，提高汽车的燃油效率和行驶稳定性。此外，深度学习技术还可以用于优化汽车内饰设计，提高驾乘人员的舒适性和便利性。

② 优化设计。优化设计是汽车设计中期的重要任务，旨在提高汽车性能。采用深度学习技术分析设计数据和实验数据，可以发现潜在的设计问题及其改进方向。例如，采用深度学习技术对汽车的碰撞安全性进行模拟分析，可以预测汽车在碰撞过程中的变形情况和驾乘人员的受伤程度，从而指导设计师对车身结构和安全装置进行优化设计。

（3）深度学习在汽车设计后期的应用。在汽车设计后期，深度学习技术主要用于验证设计和优化生产，通过收集和分析实际生产数据及用户反馈数据，对设计方案进行验证和优化，以保证汽车的质量和性能达到预期目标。

① 验证设计。验证设计是汽车设计后期的重要任务，旨在保证汽车的质量和性能符合预期目标。采用深度学习技术分析实际生产数据和用户反馈数据，验证设计方案的可行性和有效性。例如，采用深度学习技术对汽车的燃油经济性进行实际测试和分析，从而验证设计方案是否达到预期的燃油效率目标。深度学习技术还可以用于验证汽车安全性，保证汽车在行驶过程中具有良好的安全性。

② 优化生产。优化生产是汽车设计后期的重要任务，旨在提高生产效率和降低成本。采用深度学习技术分析实际生产数据，可以发现生产过程中的潜在问题及其改进方向。例如，采用深度学习技术对汽车的生产线进行模拟分析，可以预测生产线的产能和效率，从而指导汽车制造商对生产线进行优化和调整。此外，深度学习技术还可以用于对汽车生产成本进行预测和控制，帮助汽车制造商降低生产成本、提高盈利能力。

（4）深度学习在汽车设计阶段的挑战与前景。尽管深度学习技术在汽车设计阶段的应用具有广阔前景，但仍面临以下挑战和限制。

① 数据收集与处理。深度学习技术需要大量数据进行训练和学习。然而，在汽车设

计阶段，收集和处理大量的设计数据及实验数据是一项具有挑战性的任务。因此，需要建立有效的数据收集与处理机制，以保证数据的准确性和完整性。

② 算法优化与更新。深度学习算法需要不断优化和更新，以适应不断变化的汽车设计需求和市场环境。因此，需要投入大量的研发资源和技术力量，以持续优化和更新深度学习算法。

③ 人才培养与团队建设。深度学习技术在汽车设计阶段的应用需要一支具备专业技能和创新能力的人才队伍。因此，需要加强人才培养和团队建设，提高团队成员的专业素养和创新能力。

④ 政策法规和标准制定。随着深度学习技术在汽车设计阶段的广泛应用，需要制定相应的政策法规和标准，以保证技术的合法性和安全性；同时需要加强与国际社会的合作与交流，共同推动深度学习技术在汽车设计领域的创新与发展。

深度学习技术在汽车设计阶段的应用具有广阔的前景。随着技术的创新和优化，深度学习技术将为汽车设计提供更精准、更高效和更智能的支持，推动汽车产业向更智能化、更自动化和更个性化的方向发展；同时需要加强人才培养、团队建设、政策法规的制定与实施，为深度学习技术在汽车设计领域的广泛应用提供有力保障。

2. 深度学习在汽车制造中的应用

深度学习在汽车制造阶段的应用主要依托先进的计算技术和大量制造数据。采用深度学习技术处理和分析制造数据，可以实现对汽车制造过程的实时监控、质量控制、故障预警和生产优化等，不仅提高了汽车制造的效率和质量，还降低了生产成本和人力成本。

（1）深度学习在生产线监控与故障预警中的应用。在汽车制造过程中，生产线监控与故障预警是保证生产顺利进行和产品质量的关键环节。采用深度学习技术对生产线数据进行实时监控和分析，及时发现潜在故障并发出警报，可以避免出现生产中断和产品质量问题。

① 实时监控。采用深度学习技术实时监控生产线上的传感器数据（如温度、压力、振动等），通过对比历史数据和预设阈值判断生产线是否处于正常状态。一旦发现异常数据就立即发出警报，提醒操作人员及时采取措施。

② 故障预警。采用深度学习技术对生产线数据进行深度挖掘和分析，预测潜在故障。例如，通过学习机器设备的运行数据，识别设备故障前的特征信号，并在故障发生前发出预警，不仅可以避免生产中断，还可以减少设备损坏、降低维修成本。

（2）深度学习在质量控制与不良品检测中的应用。在汽车制造过程中，质量控制与不良品检测是保证产品质量和满足客户需求的重要环节。采用深度学习技术检测产品质量，提高检测的准确性和效率，从而降低不良品率和生产成本。

① 质量检测。采用深度学习技术检测产品质量（如尺寸测量、外观检查、功能测试等），通过对比预设标准和实际测量结果判断产品是否合格；同时，可以分析产生不合格产品的原因，为改进生产工艺提供数据支持。

② 不良品检测。在汽车制造过程中，不良品往往是由生产异常导致的。采用深度学习技术对生产数据和不良品数据进行深度挖掘及分析，识别不良品的特征和产生原因，不仅可以帮助操作人员及时发现和处理不良品，还可以为改进生产工艺，为预防产生不良品

提供数据支持。

（3）深度学习在生产流程优化中的应用。在汽车制造过程中，生产流程优化是提高生产效率和降低成本的重要手段。采用深度学习技术分析和学习生产流程数据，发现生产过程中的瓶颈及浪费环节，并提出优化建议。

① 生产流程分析。采用深度学习技术对生产流程数据（如生产时间、生产节拍、设备利用率等）进行深度挖掘和分析，通过对比不同生产批次和生产线的数据发现生产过程中的瓶颈及浪费环节。

② 优化建议。基于深度学习的分析结果，可以提出有针对性的优化建议。例如，调整生产节拍和工艺流程可以减少生产时间、提高生产效率；优化设备布局和操作流程可以防止设备损坏、降低维修成本；改进物料管理和配送方式可以防止物料浪费、降低生产成本。

（4）深度学习在物料资源管理中的应用。在汽车制造过程中，物料资源管理是保证生产顺利进行和降低成本的重要环节。采用深度学习技术分析和学习物料数据，可以实现对物料资源的精准管理和优化。

① 物料需求预测。采用深度学习技术对历史物料需求数据进行分析和学习，预测物料需求的变化趋势，帮助企业提前制订采购计划和生产计划，确保物料及时供应和降低库存成本。

② 物料库存管理。采用深度学习技术实时监控和分析物料库存数据（如库存数量、库存周转率等），通过对比预设标准和实际数据判断库存是否处于合理水平。一旦发现库存异常就立即发出警报，提醒管理人员采取措施。

（5）深度学习在智能制造中的应用。智能制造是汽车制造的重要发展方向。深度学习技术作为智能制造的核心技术，可以通过深度挖掘和分析制造数据实现汽车制造过程的智能化及高效化。

① 智能生产线。深度学习技术可以用于对生产线进行智能化控制和管理，通过实时监测生产线上的数据自动调整生产节拍和工艺流程，保证生产线的稳定运行和高效产出。

② 智能检测与装配。深度学习技术可以用于汽车制造过程中的检测和装配环节。训练深度学习模型可以实现对零部件的精准识别和定位、自动化装配和检测，不仅可以提高装配精度和检测效率，还可以降低人力成本和操作难度。

③ 智能维护与预测。深度学习技术可以用于智能维护和预测汽车制造设备，通过实时监测设备的运行状态和历史维修数据，预测设备的故障发生时间和维修需求，帮助企业提前制订维修计划和采购备件计划，确保及时维修设备和降低维修成本。

（6）深度学习在汽车制造阶段面临的挑战与前景。尽管深度学习技术在汽车制造阶段的应用具有广阔的发展前景，但仍面临以下挑战和限制。

① 数据质量和数量。深度学习算法需要大量高质量数据进行训练和学习。然而，在汽车制造过程中常会遇到数据缺失、异常和噪声等问题，导致影响深度学习算法的训练效果和准确性。因此，需要加强对数据质量和数据数量的管理及控制。

② 算法优化与更新。随着汽车制造技术的发展和更新，需要不断优化和更新深度学习算法，以适应新的制造环境和需求，这需要投入大量的研发资源和技术力量。

③ 人才培养与团队建设。将深度学习技术应用于汽车制造阶段需要一支具备专业技能和创新能力的人才队伍。因此，需要加强人才培养和团队建设，提高团队成员的专业素

养和创新能力。

④ 政策法规与标准制定。随着深度学习技术在汽车制造阶段的广泛应用，需要制定相应的政策法规和标准以保证技术的合法性和安全性；同时，需要加强与国际社会的合作与交流，共同推动深度学习技术在汽车制造领域的创新与发展。

深度学习技术在汽车制造阶段的应用具有广阔的发展前景。随着技术创新和优化、加强人才培养和团队建设、政策法规的制定与实施等，深度学习技术将为汽车制造提供更高效、更智能、可持续的解决方案。

3. 深度学习在汽车产品中的应用

深度学习作为人工智能领域的关键技术，以强大的数据处理和模式识别能力引领汽车行业智能化转型。从自动驾驶的尖端技术到车载智能系统的升级，再到汽车安全性的增强，深度学习在汽车产品中的应用不仅提升了用户体验，还为整个行业带来了革命性的变化。

（1）自动驾驶技术的核心驱动力。自动驾驶技术是深度学习在汽车产品中的重要应用。采用深度学习技术训练大规模数据，使自动驾驶系统精准感知与理解道路环境、交通信号灯、行人和其他车辆，从而作出合理的驾驶决策。

① 图像识别与环境感知。深度学习中的卷积神经网络因具有强大的图像处理能力而成为自动驾驶环境感知的核心。卷积神经网络模型可以高效地从车载摄像头捕捉的图像中提取关键特征（如车道线、交通标志、行人、车辆等），从而实现对周围环境的全面感知，不仅提高了自动驾驶汽车在复杂道路环境中的适应性，还降低了误报和漏报风险。

② 路径规划与决策。深度学习是实现自动驾驶路径规划与决策的关键技术。通过模拟实际驾驶场景，采用深度学习技术能够在大量尝试中学习根据当前路况和交通规则作出最优驾驶决策的方法，使得自动驾驶汽车在遇到未知或复杂路况时迅速作出合理的行驶决策，如超车、换道、避障等。

③ 车辆控制与稳定性。深度学习在车辆控制中的应用主要体现在对车辆动力学模型的精确建模和控制策略的优化上。通过深度学习技术，自动驾驶系统可以实时预测汽车在不同操作下的动态响应（如加速、制动、转向等），从而实现对汽车的精细控制。此外，采用深度学习技术分析历史数据，可以不断优化控制策略，提高汽车在复杂条件下的稳定性和安全性。

（2）车载智能系统的智能化升级。随着深度学习技术的不断发展，车载智能系统迎来了智能化的全面升级。深度学习不仅提升了车载智能系统的语音识别和自然语言处理能力，还实现了个性化服务和情感交互，为用户带来了更便捷、更舒适的驾驶体验。

① 语音识别与自然语言处理。深度学习技术使得车载智能系统准确理解用户的语音指令，实现语音控制；可以识别并理解用户的复杂语音输入（如长句、俚语、方言等），从而提供更加人性化的交互体验；还可以通过学习用户的语音习惯和偏好优化语音识别性能，提高识别准确率和响应速度。

② 个性化服务体验。采用深度学习技术分析用户历史数据，可以精准把握用户喜好和习惯。在此基础上，车载智能系统可以根据用户的个性化需求提供定制的音乐播放、导航建议、信息服务等，不仅提升了用户的驾驶体验，还增强了用户对车载系统的依赖和黏度。

③ 情感识别与交互。深度学习在情感识别领域的应用使得车载智能系统感知并理解用户的情感状态。通过分析用户的面部表情、语调、语气等情感信息，车载智能系统可以更加准确地判断用户的情绪状态，并调整交互策略，提供更贴心、更人性化的服务。例如，当用户感到疲惫或烦躁时，车载智能系统可以自动播放轻松的音乐或提供幽默的笑话，以缓解用户的负面情绪。

(3) 汽车安全性能的智能化提升。深度学习技术在汽车安全领域的应用不仅提高了汽车的主动安全性，还降低了交通事故风险。采用深度学习技术对道路环境和驾驶人状态进行实时监测与分析，汽车安全系统能够及时发现并预警潜在的安全隐患。

① 驾驶人状态监测。采用深度学习技术实时监测驾驶人的面部表情、眼球运动、头部姿态等生理信息，可以判断驾驶人的疲劳程度、注意力分散情况等。当检测到驾驶人存在疲劳驾驶或分心驾驶等危险行为时，汽车安全系统立即发出警报，提醒驾驶人注意安全，不仅提高了驾驶安全性，还减少了由驾驶人疲劳或分心导致的交通事故。

② 碰撞预警与避免。采用深度学习技术实时监测和分析道路环境，包括前方车辆、行人、自行车等移动障碍物，以及道路障碍物、交通标志等静态障碍物。通过深度学习模型对道路环境的准确感知和预测，汽车安全系统可以及时发现潜在的碰撞风险，并采取相应的避让措施（如紧急制动、换道避让等），不仅提高了汽车的主动安全性，还降低了发生交通事故的概率。

③ 智能辅助驾驶。深度学习技术在智能辅助驾驶方面的应用有车道保持、自适应巡航、自动泊车等。采用深度学习技术实时监测与分析道路环境和车辆状态，智能辅助驾驶系统可以精确控制汽车（如保持车道居中、与前车保持安全距离等），不仅提高了驾驶的便捷性和舒适性，还降低了由驾驶人操作失误导致的交通事故风险。

(4) 面临的挑战与未来发展前景。尽管深度学习在汽车产品中的应用已经取得显著成果，但仍面临一些挑战。首先，深度学习模型需要大量数据进行训练和优化，而数据的获取和标注成本较高。其次，深度学习模型的可解释性较低，难以解释模型在特定决策上的依据，在一定程度上限制了其在汽车安全领域的应用。最后，深度学习模型的鲁棒性和泛化能力仍有待提高，以应对复杂多变的道路环境和驾驶场景。

随着技术的不断进步和算法的持续优化，深度学习在汽车产品中的应用前景将更加广阔。一方面，随着数据的不断增加和标记技术的不断改进，深度学习模型的训练效率和性能将进一步提升；另一方面，随着深度学习算法的不断创新和优化，模型的可解释性、鲁棒性和泛化能力将显著提高，为深度学习在汽车产品中的广泛应用提供更加有力的技术支撑和保障。

未来，深度学习技术将更加注重与汽车技术的深度融合和创新发展。例如，深度学习可以与车联网技术结合，实现车辆与道路基础设施、车辆之间的实时通信和协同，从而提高交通效率和交通安全性。此外，深度学习还可以与传感器技术、机器视觉技术等结合，进一步提升汽车的感知能力和智能化水平。这些技术的发展和融合将为汽车行业带来更加广阔的想象空间与发展空间。

深度学习技术在汽车产品中的应用取得了显著成果，并在自动驾驶、车载智能系统和汽车安全领域发挥了重要作用。然而，面对挑战和机遇并存的未来，我们需要不断探索和创新，推动深度学习技术在汽车产品中的深入应用和发展。相信在不久的将来，深度学习将引领汽车行业走向更智能化、更便捷化和更安全化的未来。

4. 深度学习在汽车后市场中的应用

在汽车后市场中，应用深度学习技术逐步改变传统业务模式，以提升服务质量和服务效率。

（1）深度学习在故障诊断中的应用。汽车后市场中的故障诊断一直是一项复杂且烦琐的任务。传统故障诊断方法主要依赖维修人员的经验，但这种方法往往存在主观性强、准确性不高的问题。深度学习技术为故障诊断提供新的解决方案。

采用深度学习技术分析汽车传感器收集的大量数据，识别汽车故障的特征和模式。训练深度学习模型，可以使其学会从传感器数据中提取有用的信息，从而预测汽车故障，并给出具体的故障类型和故障原因，不仅提高了故障诊断的准确性，还缩短了诊断时间、降低了维修成本。

此外，深度学习还可以结合图像识别技术，对汽车外观和内部零部件进行故障诊断。通过分析汽车外观图像或内部零部件的图像，深度学习模型可以识别划痕、凹陷、漏油等故障，为维修人员提供更直观、更准确的诊断依据。

（2）深度学习在维修优化中的应用。深度学习技术在维修优化方面发挥重要作用。通过分析历史维修数据和汽车使用数据，深度学习模型可以预测汽车在未来一段时间内可能出现的故障，并提前制订维修计划，不仅减少了汽车因故障而停机的时间，还提高了维修效率和服务质量。

此外，深度学习还可以用于优化维修流程。通过分析维修人员的操作记录和时间消耗，深度学习模型可以识别维修过程中的瓶颈和冗余环节，从而提出优化建议，有助于企业优化资源配置，提高维修效率。

（3）深度学习在配件管理中的应用。配件管理是汽车后市场中的一个重要环节。采用深度学习技术分析历史销售数据和车辆维修数据，预测未来一段时间内配件的需求量，帮助企业提前制订采购计划，避免库存积压和缺货现象。

此外，深度学习还可以用于配件的自动识别和分类。通过分析配件的图像信息，深度学习模型可以识别配件的型号、规格等信息，从而实现配件的快速入库和快速出库，不仅提高了配件管理的效率，还减少了人为错误和误差。

（4）深度学习在客户体验提升中的应用。在汽车后市场中，客户体验是提升客户满意度和忠诚度的重要因素。采用深度学习技术分析客户的购车记录、维修记录、投诉记录等信息，可以识别客户的需求和偏好，有助于企业制订更加个性化的服务方案。

此外，深度学习还可以用于智能客服系统的开发。通过分析客户的咨询和投诉内容，深度学习模型可以自动解答客户的问题，并提供相应的解决方案，不仅提高了客服系统的响应速度和准确性，还减轻了客服人员的工作压力。

（5）深度学习在市场预测中的应用。市场预测是企业制订战略规划和经营决策的重要依据。采用深度学习技术分析历史销售数据、市场趋势等信息，可以预测未来一段时间内汽车后市场的发展趋势和市场规模，有助于企业提前制订市场策略，抢占市场先机。

同时，深度学习可以用于分析竞争对手的动向和市场环境的变化。通过分析竞争对手的产品和服务、市场份额等信息，深度学习模型可以预测竞争对手的未来策略和市场动向，有助于企业及时调整市场策略，保持竞争优势。

（6）面临的挑战与未来发展前景。尽管深度学习技术在汽车后市场中取得了显著成果，但仍面临以下挑战。

首先，数据质量和数量是影响深度学习模型效果的关键因素。汽车后市场中的数据往往存在不完整、不准确或不一致问题，从而影响模型的准确性和可靠性。因此，企业需要加强数据管理和质量控制，提高数据的质量和可用性。

其次，深度学习技术的应用需要专业技术人员开发和维护。对于汽车后市场企业来说，培养或引进具有深度学习技术背景的人才是一个难题。因此，企业需要加强人才培养和人才引进工作，以提高技术团队的专业水平和技术能力。

此外，深度学习技术的应用还面临一些法律和伦理问题。例如，企业需要认真考虑和解决保护用户的隐私及数据安全、避免算法歧视等问题。因此，企业需要加强法律法规学习工作，确保合法、合规应用技术。

展望未来，深度学习技术在汽车后市场中的应用前景广阔。随着技术的不断进步和应用领域的不断拓展，深度学习将在故障诊断、维修优化、配件管理、市场预测等方面发挥更重要的作用。同时，深度学习技术将与其他技术（如物联网、大数据等）深度融合和创新应用，为汽车后市场提供更智能化、更高效化和更个性化的解决方案。

深度学习技术在汽车后市场中的应用将逐步改变传统的业务模式和服务方式。面对挑战和机遇并存的局面，企业需要重视技术研发和人才培养工作，提高技术的创新能力和应用能力。同时，企业需要加强数据管理和质量控制工作，提高数据的质量和可用性，以在激烈的市场竞争中立于不败之地，实现可持续发展。

3.3.3　深度学习的应用案例分析

【案例3-1】基于深度学习的智能车型设计与优化实践。

（1）数据整合与预处理。该项目从多个权威渠道搜集大量汽车设计相关数据（包括历史车型图像、性能参数记录以及消费者偏好调研结果等），这些数据经过精细的清洗、标准化处理、归一化处理保证了一致性和高质量，为后续深度学习模型的训练奠定了坚实基础。

（2）深度学习模型构建与训练。基于预处理后的数据集，项目团队开发了深度学习模型体系，其中卷积神经网络用于图像特征的高效提取，循环神经网络用于捕捉设计趋势和消费者需求的动态变化，生成对抗网络用于生成既创新又符合市场需求的车型设计方案。这些模型经过长时间的迭代训练和优化，成功实现了对汽车设计关键要素的精准识别、对未来设计趋势的准确预测、具有市场竞争力的新车型设计的自动生成。

（3）设计效率与精度提升。深度学习模型使汽车设计效率显著提升。设计师能够快速从海量数据中汲取灵感，并利用模型预测的设计趋势指导设计方向。同时，生成对抗网络模型生成的车型设计不仅贴合市场偏好，而且创新性和实用性兼备，显著提高了设计的准确性和市场接受度，缩短了设计周期，降低了设计成本。

（4）实验验证与仿真模拟。为了保证新车型的性能和可行性，项目团队实施了详尽的实验测试和仿真模拟。借助深度学习技术，能够更加准确地预测和模拟车型在不同条件下的表现（包括碰撞安全测试、燃油经济性评估、噪声和振动分析等），帮助设计师及时发现并修正潜在问题，保证新车型在实际生产中的质量和安全性。

（5）成本降低与生产效率提高。深度学习技术在汽车设计阶段的应用使得成本降低与生产效率提高。通过降低物理模型制作和实验测试的频率降低了设计成本，缩短了产品上市周期。同时，深度学习模型能够优化车型设计，提升生产线的自动化水平，从而进一步提高生产效率和产品质量，增强了企业的市场竞争力。

（6）技术融合与创新实践。在智能车型设计与优化的探索中，项目团队积极尝试深度学习与其他前沿技术的融合应用。例如，结合增强现实技术，为消费者提供沉浸式的购车体验；利用虚拟现实技术，设计师能够在虚拟环境中初步验证和调整车型设计。这些技术融合的创新实践进一步拓宽了汽车设计的边界，提升了设计的灵活性和互动性。

基于深度学习的智能车型设计与优化实践案例充分展示了深度学习技术在汽车设计领域的巨大潜力和广阔应用前景。数据整合与预处理、深度学习模型构建与训练、设计效率与精度提升、实验验证与仿真模拟、成本节约与生产效率提高、技术融合与创新实践等环节的共同努力，成功推动了汽车设计的智能化和高效化发展。随着技术的持续进步和应用场景的不断拓展，深度学习将在汽车设计领域发挥更重要的作用。

【案例3-2】某汽车超级工厂的深度学习智能制造实践。

某汽车超级工厂位于国内某工业重镇，是一座集深度学习、人工智能、自动化与智能制造技术于一体的现代化汽车制造基地。该工厂深度融合这些先进技术，实现了汽车制造的高度智能化和高效化，引领了汽车行业的智能制造潮流。

（1）压铸车间的智能化升级。在压铸车间，某汽车超级工厂引入了先进的压铸工艺和智能控制系统。通过深度学习算法，该工厂能够实时监测和分析压铸过程中的参数（如温度、压力和时间等），确保每次压铸都能达到最佳状态，不仅提高了生产效率，还显著提升了压铸件的质量和稳定性。

（2）车身车间的自动化装配。车身车间是该汽车超级工厂智能制造的另一个典范。在车身车间，多台自动装配机器人协同作业，完成了车门安装、车身焊接等关键工序。采用深度学习算法精确规划和优化机器人运动轨迹，机器人能够实时调整运动姿态和力度，确保每次装配都达到极高的精度和稳定性，还使得车身间隙等关键指标的精度达到行业领先水平。

（3）质量检测与控制。在汽车制造过程中，质量检测是至关重要的环节。某汽车超级工厂引入深度学习算法进行质量检测与控制，提高了检测的准确性和效率。采用深度学习算法快速、准确地识别汽车零部件的缺陷（如裂纹、磨损和变形等），从而确保每个零部件都符合质量标准。此外，采用深度学习算法还能够对复合零部件进行全面检测，确保每个细微零件都不存在瑕疵。

（4）智能仓储与物流。某汽车超级工厂的智能仓储与物流系统是深度学习技术的重要应用。该工厂采用了先进的智能物流设备和配套的软件系统，通过深度学习算法的优化和调度，实现了24小时不间断的自动化作业。该技术不仅提高了物流效率和准确性，还降低了人力成本，为工厂的生产提供了有力支持。

（5）数字化转型与智能化升级。某汽车超级工厂的智能制造实践不仅体现在生产流程和技术应用上，还体现在整个工厂的数字化转型和智能化升级上。该工厂引入大量的传感器、摄像头和智能设备，采用深度学习算法实时分析和挖掘生产数据，为生产决策和优化提供有力支持。同时，该工厂还建立了完善的信息管理系统和数据分析平台，实现了生产过程的可视化和智能化管理。

某汽车超级工厂通过深度学习技术在汽车制造阶段的应用实践，实现了智能制造的高度发展和生产效率的大幅度提升，不仅展示了深度学习技术在汽车制造领域的巨大潜力，还为其他汽车制造企业提供了有益的借鉴和启示。随着深度学习技术的不断发展和应用场景的不断拓展，某汽车超级工厂的智能制造实践将为汽车行业带来更多创新和变革。

【案例3-3】特斯拉自动驾驶系统的深度学习应用。

特斯拉作为全球领先的电动汽车制造商，其自动驾驶系统的研发与应用一直是汽车行业的焦点。特斯拉自动驾驶系统的核心在于深度学习技术的应用，该技术不仅推动了自动驾驶技术的飞速发展，还重新定义了汽车产品的智能化水平。

（1）深度学习在自动驾驶感知层的应用。特斯拉自动驾驶系统的感知层主要依赖深度学习算法对车辆周围环境信息的理解和处理。通过深度学习算法，特斯拉自动驾驶系统能够实时识别道路标志、交通信号灯、行人、车辆等关键信息。该技术的实现主要得益于卷积神经网络的应用。卷积神经网络通过卷积层和池化层提取输入图像的特征，然后通过全连接层分类和识别。特斯拉汽车利用大量高质量的图像和视频数据对卷积神经网络进行训练，使其准确识别道路和交通元素，为自动驾驶提供可靠的感知基础。

（2）深度学习在自动驾驶决策层的应用。在自动驾驶的决策层，特斯拉汽车同样采用深度学习技术。通过循环神经网络等模型，特斯拉自动驾驶系统能够预测其他汽车的行驶路径和行驶速度，从而作出合理的驾驶决策。循环神经网络能够捕捉序列数据中的长距离依赖关系，对预测其他汽车的行驶轨迹至关重要。特斯拉汽车利用历史驾驶数据对循环神经网络进行训练，使其准确预测其他汽车的行驶路径，从而实现安全的自动驾驶。

（3）深度学习在自动驾驶控制层的应用。在自动驾驶的控制层，特斯拉汽车采用生成对抗网络等深度学习模型，以实现高精度的车辆控制。生成对抗网络由生成器和判别器两部分组成，生成器生成新的车辆控制指令，判别器判断生成的控制指令是否与真实数据相似。通过不断的迭代训练，生成对抗网络能够生成符合真实驾驶场景的控制指令，从而实现高精度的车辆控制。特斯拉汽车利用生成对抗网络对自动驾驶系统的控制模块进行训练，使其能够根据感知层和决策层的信息，作出精确的驾驶动作，确保自动驾驶的安全性和稳定性。

（4）深度学习在自动驾驶系统优化中的应用。特斯拉自动驾驶系统的优化离不开深度学习技术的支持。特斯拉汽车通过收集大量驾驶数据，持续优化和更新自动驾驶系统的各模块。深度学习算法能够自动从数据中学习并提取有用的特征，从而不断提高自动驾驶系统的性能。特斯拉汽车还利用深度学习算法评估和改进自动驾驶系统的安全性，保证系统在复杂场景下保持性能稳定。

（5）深度学习在特斯拉自动驾驶系统中的综合应用。特斯拉自动驾驶系统的成功离不开深度学习技术在感知层、决策层和控制层的综合应用。深度学习技术不仅提高了自动驾驶系统的准确性和稳定性，还推动了自动驾驶技术的发展和创新。特斯拉公司通过不断的技术研发和迭代更新,将深度学习技术应用于自动驾驶系统的各环节,实现了从感知到决策再到控制的全面智能化。

特斯拉自动驾驶系统的深度学习应用案例展示了深度学习技术在汽车产品中的巨大潜力和广阔应用前景。随着深度学习技术的不断发展和应用场景的不断拓展,特斯拉自动驾驶系统将继续引领汽车行业的智能化潮流,为消费者提供更安全、更便捷、更高效的驾驶体验。

【案例3-4】AI大模型驱动的汽车智能维修辅助系统。

在汽车制造与后市场服务领域,深度学习技术的应用正在引领一场深刻的变革。某知名汽车制造商与AI技术公司合作,共同开发了一款基于AI大模型的汽车智能维修辅助系统,旨在提升汽车维修的效率、准确性和用户体验。该系统的成功应用不仅展现了深度学习在汽车产品中的巨大潜力,还为汽车维修行业的智能化转型提供了有力支持。

(1)系统背景与目标。随着汽车技术的不断进步和复杂化,汽车维修工作越来越具有挑战性。传统的维修方式依赖维修人员的经验和技能,但面对日益复杂的汽车系统和电子元件,仅凭人工判断难以满足高效、准确的需求。因此,该企业决定引入深度学习技术,利用AI大模型对汽车维修数据进行深度挖掘和分析,以提供智能化的维修辅助。

(2)AI大模型的应用与功能。

① 故障诊断与预测。AI大模型通过收集和分析汽车传感器数据、维修记录、用户反馈,智能识别潜在的故障模式,预测未来可能发生的故障。该功能不仅能够帮助维修人员快速定位问题,还能提前预警,降低维修成本,提高汽车安全性。

② 维修方案优化。基于深度学习的AI大模型能够根据故障类型、车辆型号和维修历史智能生成最佳维修方案。这些方案不仅考虑了维修成本、时间效率,还考虑了配件的可用性和服务质量,从而保证维修工作的精准性和高效性。

③ 维修技能培训。AI大模型能够作为虚拟教练,为维修人员提供个性化的培训服务。通过模拟真实的维修场景和故障案例,AI大模型能够指导维修人员学习新的维修技术和方法,提高他们的专业技能和服务水平。

(3)系统实施与效果。在实施过程中,该企业首先收集大量汽车维修数据和用户反馈,用于训练AI大模型。通过不断迭代和优化,AI大模型逐渐具备较高的故障诊断准确率和维修方案优化能力。在实际应用中,该系统显著提高了汽车维修的效率和质量、降低了维修成本,同时提升了用户的满意度和忠诚度。

(4)挑战与展望。尽管AI大模型在汽车维修行业的应用取得了显著成效,但仍面临一些挑战,如数据隐私和安全性问题、模型更新和维护成本、与传统维修方式的融合等。为了应对这些挑战,该企业将继续加强数据安全管理和隐私保护,不断优化AI大模型的性能,同时积极探索与传统维修方式的融合路径,以推动汽车维修行业的智能化转型。

AI大模型驱动的汽车智能维修辅助系统是深度学习技术在汽车后市场的典型应用。该系统通过智能化的故障诊断、维修方案优化和维修技能培训等,不仅提高了汽车维修的效率和质量,还降低了维修成本、提升了用户的满意度和忠诚度。随着深度学习技术的不断发展和应用场景的不断拓展,AI大模型将在汽车制造与后市场服务领域发挥更重要的作用,为车主提供更便捷、更高效的服务体验。

人工智能技术及应用（面向汽车类专业）

1. 深度学习的定义是什么？它与机器学习有什么不同？
2. 深度神经网络有哪些组成部分？各部分的作用分别是什么？
3. 卷积神经网络在汽车自动驾驶中的物体识别与检测方面有哪些优势？
4. 生成对抗网络的核心思想是什么？在自动驾驶的仿真测试中有什么应用？
5. 深度学习在汽车设计阶段面临哪些挑战？其未来发展前景如何？
6. 以特斯拉自动驾驶系统为例，分析深度学习在其中的应用及对自动驾驶技术的推动作用。

【在线答题】

第4章 计算机视觉及应用

教学目标

通过本章的学习,读者可以全面理解计算机视觉的定义、组成、工作原理及特点;掌握计算机图像识别的流程,包括图像预处理、图像特征提取、图像分割、目标检测及目标识别;熟悉计算机视觉的应用,特别是在汽车领域的应用,并通过案例分析基于视觉和深度学习的汽车环境感知检测。

教学要求

知识要点	能力要求	参考学时
计算机视觉概述	理解计算机视觉的定义和组成;掌握计算机视觉的工作原理;认识计算机视觉的特点,为后续深入学习与应用奠定基础	2
计算机图像识别技术	掌握计算机图像识别的流程,包括图像预处理、图像特征提取、图像分割、目标检测及目标识别;能够运用相关技术和算法,准确、高效地实现图像的自动化识别与处理	2
计算机视觉的应用	了解计算机视觉的应用,特别是在汽车领域的应用;能够分析计算机视觉应用案例;掌握基于视觉和深度学习的汽车环境感知检测的基本原理与方法	2

> **导入案例**
>
> 在一个晴朗的早晨，一辆自动驾驶汽车缓缓地驶出停车场，开始了它的日常行驶任务。这辆汽车能够自动避开行人、车辆和其他障碍物，准确识别交通信号灯，并在复杂的道路环境中保持安全行驶。这一切都离不开计算机视觉技术的支持。通过安装在汽车上的高清摄像头和雷达等传感器，计算机视觉系统能够实时捕捉道路信息，并进行图像预处理、图像特征提取和图像分割，准确识别交通标志、行人、车辆等关键信息，并通过目标检测和识别技术为汽车提供准确的导航信息。此外，基于视觉和深度学习的汽车环境感知检测技术能够让汽车更好地理解周围环境，作出更智能化的决策。例如，汽车遇到紧急情况时能够迅速反应，采取制动措施，确保乘员安全。该案例展示了计算机视觉在自动驾驶汽车领域的重要作用，也为我们后续学习计算机视觉及其应用奠定基础。

4.1 计算机视觉概述

4.1.1 计算机视觉的定义

【拓展视频】

计算机视觉是指用计算机实现人的视觉功能，即对客观世界三维场景的感知、识别和理解。它涵盖多种算法和技术，旨在解决图像处理、目标检测与跟踪、识别、分割等一系列复杂问题，使计算机像人类一样理解和解释图像及视频信息。

计算机视觉的核心要素有图像处理、特征提取、分类与识别、目标检测与跟踪，这些核心要素共同构成了计算机视觉技术的框架，它们相互协作，共同推动计算机视觉技术的发展和进步。

（1）图像处理。图像处理是计算机视觉的基石，它涉及对原始图像进行预处理和增强，以便更好地提取有用信息。图像处理包括去噪、增强对比度、调整亮度、图像平滑和图像锐化等步骤，旨在提高图像质量，使其更适合后续的视觉分析任务。图像处理可以消除或减少图像中的无关信息，突出关键特征，为后续的特征提取和模式识别奠定坚实基础。

（2）特征提取。特征提取是计算机视觉的关键环节，旨在从图像中识别并提取具有区分性的特征，如边缘、角点、纹理、颜色直方图等。这些特征能够反映图像的关键信息，是后续分类、识别或检测任务的重要依据。由于特征提取的准确性和有效性直接影响计算机视觉系统的性能，因此，开发高效、鲁棒的特征提取算法是计算机视觉研究的重要方向。

（3）分类与识别。分类与识别是计算机视觉的核心任务，它涉及将图像或图像中的对象归类到预定义的类别中。采用机器学习算法特别是深度学习算法（如卷积神经网络等），从大量数据中自动学习并提取有效特征。分类与识别的准确性是衡量计算机视觉系统性能的重要指标，直接关系到系统在实际应用中的可靠性和实用性。

(4) 目标检测与跟踪。目标检测与跟踪是计算机视觉的重要任务，它涉及在图像或视频中识别并定位特定的目标对象，如车辆、行人等。这通常需要在复杂的背景中准确地分割出目标对象，并实时跟踪其位置和状态。目标检测与跟踪技术在视频监控、自动驾驶、人机交互等领域应用广泛，能够帮助系统更好地理解周围环境，及时、准确地作出响应。

4.1.2 计算机视觉的组成

计算机视觉主要由硬件和软件两部分组成。硬件和软件使得计算机可以模拟人类的视觉系统处理图像和视频。

1. 硬件的组成

计算机视觉的硬件主要包括图像采集设备和图像处理设备。

（1）图像采集设备。图像采集设备是计算机视觉系统的起点，负责获取现实世界的图像数据。常见的图像采集设备有摄像头、扫描仪等。图像采集设备能够将光信号转换为电信号并形成数字图像，为后续的处理和分析提供基础。

（2）图像处理设备。图像处理设备负责图像处理、特征提取、分类与识别等。常见的图像处理设备有高性能的计算机或嵌入式处理器，它们具有强大的计算能力和存储能力，能够处理大量图像数据，并实时输出处理结果。

此外，对于一些特定的应用场景，硬件还可能包括图像传感器、光源设备、视觉检测软件等。图像传感器用于将采集的图像转换为数字信号；光源设备用于提高图像的一致性和自动化控制；视觉检测软件用于实现图像识别、图像分析等功能。

2. 软件的组成

计算机视觉的软件主要包括图像处理算法、特征提取算法、分类与识别算法、软件开发工具。

（1）图像处理算法。图像处理算法用于对采集的图像进行预处理（如去噪、增强对比度、调整亮度等），以提高图像质量。

（2）特征提取算法。采用特征提取算法从图像中提取具有区分性的特征（如边缘、角点、纹理等），并将其作为后续分类和识别任务的重要依据。

（3）分类与识别算法。分类与识别算法的原理是利用机器学习或深度学习算法对提取的特征进行分类和识别，将图像或图像中的对象归类到预定义的类别中。

（4）软件开发工具。软件开发工具用于创建、调试和优化计算机视觉应用程序。软件开发工具通常提供丰富的函数库和接口，开发人员能够更方便地实现图像处理、特征提取、分类与识别等功能。

计算机视觉硬件和软件的应用不仅推动了计算机视觉领域的发展，还为应用场景提供了有力的技术支持。

4.1.3 计算机视觉的工作原理

1. 图像处理

（1）图像预处理。图像预处理是计算机视觉的基石，包括去噪（去除图像中的噪声干扰，使图像更加清晰）、增强对比度（通过调整图像中不同部分的亮度差异，使图像中的信息更加突出）、调整亮度（确保图像整体亮度适中，便于后续处理）。

（2）图像增强。图像增强旨在进一步提升图像质量，便于后续特征提取和识别。图像增强包括锐化图像边缘、增强图像色彩等，以突出图像中的关键信息。

（3）图像格式转换与压缩。为了降低存储和传输成本，有时需要将图像转换为更适合的格式并进行压缩处理。图像格式转换与压缩在保证图像质量的同时，提高了图像处理效率。

2. 特征提取

（1）颜色特征提取。颜色特征是图像的基本属性，采用颜色空间转换、颜色直方图统计等方法提取图像中的颜色信息以便后续分类和识别。颜色特征对光照变化有较强的鲁棒性，是图像识别的重要线索。

（2）纹理特征提取。纹理特征反映图像中物体的表面结构和排列规律，采用灰度共生矩阵、局部二值模式等提取纹理特征以区分不同物体，提高图像识别的准确性。纹理特征对旋转、缩放等变换有较强的稳定性。

（3）形状特征提取。形状特征是图像中物体的重要特征，采用边缘检测、轮廓提取等方法获取物体的形状信息以精确识别和分类。形状特征对物体形状变化有一定的适应性，能准确反映物体的结构特征。

（4）边缘特征提取。边缘特征是图像中物体轮廓的反映，采用 Canny、Sobel 等边缘检测算法提取图像中的边缘信息，以进行图像分割和目标检测。边缘特征对图像噪声有较强的抗干扰能力，能准确捕捉目标轮廓。

3. 模式识别

（1）特征分类。模式识别中的特征分类原理是将提取的特征信息按照一定规则分类，以便后续识别和分类。

（2）识别算法。识别算法是模式识别的核心，它通过对提取的特征进行识别和分类，实现对图像中对象的自动识别与分类。识别算法包括决策树、支持向量机、人工神经网络等。

4. 机器学习与深度学习

（1）机器学习。机器学习是计算机视觉的重要组成部分，它利用统计学方法和算法训练分类器及回归模型，使计算机系统具备从数据中自动学习和提高性能的能力。

（2）深度学习。深度学习是机器学习中的一种重要方法，它通过构建多层神经网络模拟人脑的学习过程。在计算机视觉中，深度学习广泛应用于图像分类、目标检测、语义分割等任务，提高了图像处理的准确性和效率。

（3）模型训练与优化。模型训练与优化是机器学习与深度学习中的关键环节。通过训练大量图像数据，这些技术能够学习图像中的特征规律和模式，实现对图像中对象的精准识别和分类。同时，优化算法和调整参数可以进一步提高模型的性能与准确性。

计算机视觉涉及多项技术和算法。综合运用这些技术和算法，计算机视觉系统能够高效地处理和分析图像及视频，为应用场景提供有力的技术支持。

4.1.4 计算机视觉的特点

由于计算机视觉具有能够模仿人类视觉系统、高效的数据处理能力、广泛的应用领域、高精度和高准确性、非接触性和无损性、灵活性和可扩展性等特点，因此其在不同领域具有广阔的应用前景和重要的研究价值。

1. 模仿人类视觉系统

计算机视觉旨在使计算机模仿人类视觉系统，以更好地理解和解释图像及视频的内容。通过图像处理、特征提取、模式识别等技术，计算机视觉系统能够实现对图像的感知、理解和推理，从而具备模仿人类视觉系统的功能。

2. 高效的数据处理能力

由于计算机视觉系统具有高效的数据处理能力，能够实时分析大量图像、视频数据，从中提取有用的信息，因此其在自动驾驶、视频监控、医学影像分析等领域具有广阔的应用前景。

3. 广泛的应用领域

计算机视觉的应用领域非常广泛，包括工业自动化、医学影像、人脸识别、自动驾驶、虚拟现实等。随着技术的不断发展，计算机视觉的应用场景将不断拓展。

4. 高精度和高准确性

计算机视觉系统经过训练和优化，能够实现高精度的图像识别和分类。在医学影像分析、产品质量检测等领域，计算机视觉系统能够准确识别病变区域、产品缺陷等关键信息，为医生、工程师等专业人员提供有力的辅助决策工具。

5. 非接触性和无损性

计算机视觉具有非接触性和无损性。采集和处理图像时，计算机视觉系统不需要与被测对象直接接触，避免在测量过程中对被测对象造成不可逆的损害。因此，计算机视觉在文物保护、生物医学研究等领域具有独特的优势。

6. 灵活性和可扩展性

随着技术的不断发展，计算机视觉将更灵活、更具有可扩展性。计算机视觉系统可以独立运行，也可以处理已保存的图像数据；可以使用真实图像，也可以使用合成图像；可以与其他技术（如深度学习、自然语言处理等）结合，形成更复杂、更强大的智能系统。

4.2 计算机图像识别技术

4.2.1 计算机图像识别的流程

计算机图像识别的流程包括图像预处理、图像特征提取、图像分割、目标检测、目标识别等。

【拓展视频】

1. 图像预处理

图像预处理是计算机图像识别的第一步，主要目的是提高图像的质量和可识别性。图像预处理通常包括图像的缩放、裁剪、旋转、去噪、灰度化转换、图像增强等，以消除图像中的冗余信息，为后续的图像特征提取和目标检测奠定基础。

2. 图像特征提取

图像预处理后，计算机图像识别进入特征提取阶段。这一阶段的主要任务是从图像中提取具有代表性或独特性的特征，如边缘、角点、纹理、颜色直方图等。这些特征能够反映图像的重要信息，为后续的目标检测和目标识别提供关键线索。

3. 图像分割

图像分割是将图像划分为多个具有特定性质区域的过程。在目标检测之前，图像分割可以帮助计算机更准确地定位目标物体，并从背景中分离目标物体，以便后续处理和分析。图像分割能够进一步细化图像信息，以提高目标检测的准确性。

4. 目标检测

目标检测是计算机图像识别的核心步骤。它基于图像特征提取和图像分割的结果，采用机器学习或深度学习算法从图像中识别并定位目标物体。目标检测能够输出目标物体的位置（如边界框）和类别信息，为后续目标识别提供重要依据。

5. 目标识别

目标识别是计算机图像识别的最后一步。它基于目标检测的结果，对识别的目标物体进行进一步分类或识别。通过训练深度学习模型或使用其他分类算法，目标识别能够输出目标物体的具体类别信息，如人、车、动物等。目标识别依赖大量的训练数据和先进的算法技术。

4.2.2　图像预处理

图像预处理主要包括图像去噪、灰度化转换、图像增强、图像二值化和几何变换等。

1. 图像去噪

图像去噪是图像预处理的第一步，旨在去除图像中的噪声，提高图像质量。噪声可能源于设备误差、传输错误或环境因素。常用的图像去噪方法有均值滤波、中值滤波和高斯滤波等。均值滤波通过计算邻域像素的平均值来平滑图像，但可能模糊边缘；中值滤波用于去除椒盐噪声；高斯滤波根据高斯函数进行加权平均，能更好地保留图像细节。

2. 灰度化转换

灰度化转换是将彩色图像转换为灰度图像的过程，目的是简化图像信息，减小计算量。灰度图像只包含亮度信息，而不包含色彩。灰度化转换方法通常基于R、G、B三个颜色通道的加权和，常见的加权系数为0.299（R）、0.587（G）、0.114（B）。灰度化转换后的图像更适合后续的边缘检测、图像分割等。

3. 图像增强

图像增强旨在提高图像的视觉效果或便于后续处理。常见的图像增强方法包括直方图均衡化、对比度拉伸和锐化等。直方图均衡化用于调整图像灰度分布，使图像对比度更加均匀；对比度拉伸通过扩展灰度级范围来增强图像细节；锐化通过强调图像边缘来提高图像清晰度。

4. 图像二值化

图像二值化是将灰度图像转换为二值图像的过程，即图像的每个像素点都只有黑色、白色两种取值。图像二值化通常基于阈值处理，通过设定一个灰度阈值，将大于阈值的像素点设为白色，将小于阈值的像素点设为黑色。二值化后的图像更适合后续的形态学处理、字符识别等。

5. 几何变换

几何变换是对图像进行平移、旋转、缩放和仿射等变换的过程，旨在纠正图像中的几何失真或进行图像配准。几何变换能够改变图像的几何形状和位置关系，使图像更符合后续处理或分析需求。几何变换在图像拼接、目标检测和图像识别等领域应用广泛。

4.2.3 图像特征提取

图像特征提取的原理是采用一系列算法和技术，从原始图像数据中提取能够描述图像内容或特点的信息集合。这些特征涵盖图像的自然属性和人为定义的属性，旨在将图像数据转换为更紧凑、更具代表性的形式，为后续的分析和处理提供便利。

1. 图像特征的类型

图像特征主要可以分为颜色特征、纹理特征、形状特征和空间关系特征。

（1）颜色特征。颜色特征是图像中直观且易理解的属性。它描述了图像中物体表面的颜色分布和属性。颜色特征提取通常涉及颜色空间转换、颜色直方图统计、颜色矩计算等。颜色特征对区分不同物体和场景非常有效，尤其在光照变化不大的情况下。通过颜色分析，可以识别图像中的主色调、颜色分布模式等，为图像分类、检索等提供重要依据。

（2）纹理特征。纹理特征描述了图像中物体表面的细节和排列规律。它反映图像中像素灰度或颜色的某种周期性变化或排列模式。纹理特征提取涉及灰度共生矩阵、小波变换、局部二值模式等。纹理特征对区分颜色相似但表面结构不同的物体非常有用。通过纹理分析，可以识别图像中的纹理类型、纹理方向等，为图像的分割和识别等提供支持。

（3）形状特征。形状特征是描述图像中物体轮廓和形态的重要属性。它反映物体的平面几何结构。形状特征提取涉及边缘检测、轮廓跟踪、形状矩计算等。形状特征对识别具有特定形态的物体非常有效。通过形状分析，可以提取物体的轮廓、面积、周长等信息，为图像识别、物体检测等提供关键依据。

（4）空间关系特征。空间关系特征描述了图像中物体之间的相对位置和空间分布。它反映物体之间的空间关系，如距离、方向、层次等。空间关系特征提取通常涉及图像分割、物体识别、空间关系描述等。空间关系特征对理解图像中的场景结构和物体的相互作用非常重要。通过空间关系分析，可以推断物体之间的相对位置、空间布局等，为图像理解、场景重建等提供有力支持。

2. 图像特征提取方法

图像特征提取方法主要有统计方法、变换方法、滤波器方法和深度学习方法等。

（1）统计方法。统计方法侧重于图像中像素值或特定属性的分布和关系。常用的统计方法有直方图、灰度共生矩阵等。直方图统计像素值的分布，反映图像的亮度信息；灰度共生矩阵分析像素之间的空间关系，揭示图像的纹理特征。统计方法简单、直观，能有效捕捉图像的全局属性。

（2）变换方法。变换方法的原理是通过数学变换将图像从一种表示转换为另一种表示，从而提取特征。如傅里叶变换将图像从空间域转换到频率域，以分析图像的频谱特性；小波变换提供多尺度和多方向的分辨率，以捕捉图像的细节和纹理。变换方法能深入探索图像的内在结构，提取不易直接观察的特征。

（3）滤波器方法。滤波器方法是一种通过设计特定滤波器提取图像特征的技术。线性滤波器（如高斯滤波器）主要用于平滑图像，减少噪声；边缘检测滤波器（如 Sobel 滤波器和 Canny 滤波器）能突出图像中的边缘信息，揭示物体的轮廓；非线性滤波器（如中值滤波器）能有效去除图像中的噪声；形态学滤波器专注于图像的形状分析和处理。采用滤波器方法根据所需提取的特征类型精心设计滤波器，不仅能有效提取图像特征，还能在提取过程中抑制噪声，提高特征的质量。

（4）深度学习方法。深度学习方法通过训练深度神经网络自动提取图像特征。例如，卷积神经网络通过卷积层、池化层等结构逐步提取图像的层次化特征。深度学习方法能学习复杂的特征表示，对图像中的细微变化有很好的适应性，在图像分类和识别中表现出色。

4.2.4 图像分割

图像分割是将图像分成互不重叠且具有不同特征（如灰度、颜色、纹理等）的区域的技术。它是计算机视觉领域的一项重要技术，也是图像理解中的重要一环。

图像分割方法主要有基于阈值的分割方法、基于边缘的分割方法、基于区域的分割方法和基于深度学习的分割方法。

1. 基于阈值的分割方法

基于阈值的分割方法的原理是设定一个或多个灰度阈值，将图像像素分为不同类别。该方法计算简单，适用于背景和前景灰度差异明显的图像。自动或手动设定灰度阈值，可以对图像进行二值化或多级分割，从而提取感兴趣区域。然而，对于灰度分布重叠或背景复杂的图像，采用该方法可能效果不佳。

2. 基于边缘的分割方法

基于边缘的分割方法的原理是通过检测图像中的边缘信息分割图像。边缘通常表现为灰度、颜色、纹理的突变。常用的边缘检测算子有 Sobel 算子、Canny 算子等，其能够准确检测图像中的边缘,并通过连接边缘形成封闭轮廓,从而分割出目标区域。该方法对边缘清晰、噪声较少的图像效果较好,在边缘模糊或噪声较大的情况下可能产生误检。

3. 基于区域的分割方法

基于区域的分割方法的原理是根据像素之间的相似性将图像划分为不同区域。基于区域的分割方法主要有区域生长算法和分水岭算法。区域生长算法从种子点开始,根据预设的相似性准则逐步扩展区域,直至满足停止条件;分水岭算法通过模拟水流过程,将图像划分为不同的集水盆地,从而实现图像分割。基于区域的分割方法适用于具有相似属性的图像区域,但处理复杂纹理或不规则形状时可能面临挑战。

4. 基于深度学习的分割方法

基于深度学习的分割方法利用卷积神经网络等深度学习算法,直接学习图像特征并分割图像。采用深度学习算法在大规模数据集上训练,能够学习图像中的复杂结构和纹理信息,从而准确分割出目标区域。基于深度学习的分割方法具有较高的分割精度和泛化能力,适用于复杂的图像分割任务。然而,训练模型需要大量的计算资源和时间,且对数据集的质量和数量有一定要求。

4.2.5 目标检测

目标检测旨在从图像或视频中自动识别和定位感兴趣的目标对象,包括确定目标的类别、位置(通常用边界框表示)及相应的置信度,从而精准捕捉和分析目标。

目标检测算法有基于区域的方法和基于回归的方法两类。

1. 基于区域的方法

基于区域的方法主要包括 R-CNN 算法、Fast R-CNN 算法、Faster R-CNN 算法、Mask R-CNN 算法。

(1) R-CNN 算法。R-CNN 算法是目标检测领域的一个重要里程碑。它首先利用选择性搜索算法在图像中生成大量候选区域;然后使用卷积神经网络对每个候选区域提取特征;最后使用支持向量机对提取的特征分类,并通过回归器对边界框微调。R-CNN 算法的目标检测精度较高,但由于对每个候选区域都进行独立的卷积神经网络计算,因此检测较慢。

(2) Fast R-CNN 算法。Fast R-CNN 算法是 R-CNN 算法的改进版本,旨在提高检测速度。它引入了 ROI Pooling 层,可以将不同尺寸的候选区域映射到固定尺寸的特征图上,从而避免重复计算。此外,Fast R-CNN 算法还采用多任务损失函数,同时优化分类和边界框回归任务,提高了检测准确性。与 R-CNN 算法相比,Fast R-CNN 算法在保持高精度的基础上,检测速度显著提高。

(3) Faster R-CNN 算法。Faster R-CNN 算法的目标检测速度和准确性进一步提高。它引入了区域建议网络,用于自动生成候选区域,从而替代选择性搜索算法。区域建议网络与 Fast R-CNN 算法共享卷积特征图,实现了端到端训练。这种共享机制不仅减小了计算量,还提高了候选区域的质量。因此,Faster R-CNN 算法的检测速度和准确性都显著提高,成为目标检测领域的主流方法。

（4）Mask R-CNN 算法。Mask R-CNN 算法在 Faster R-CNN 算法的基础上增加一个分割分支，用于实现实例分割任务。它不仅可以检测目标的位置和类别，还可以生成目标的精确轮廓。Mask R-CNN 算法采用 RoI Align 层替代 RoI Pooling 层，以更精确地保留空间信息。因此，Mask R-CNN 算法在目标检测、实例分割和语义分割等方面有优异表现，展现出强大的泛化能力。

2. 基于回归的方法

基于回归的方法主要包括 YOLO 系列算法和 SSD 算法。

（1）YOLO 系列算法。YOLO（you only look once）系列算法是典型的一阶目标检测算法。其核心思想是将目标检测问题转化为回归问题，将整张图像作为输入，直接在输出层回归出目标的位置和类别。YOLO 系列算法采用预定义目标区域的方法，将图像划分为多个网格，每个网格都负责预测该区域是否存在目标以及目标的类别、位置、大小。YOLO 系列算法具有检测速度高、实时性好的优点，并且检测精度不断提高。YOLOv1、YOLOv2、YOLOv3 等算法对主干网络、特征提取、损失函数等进行了优化，性能提高。

（2）SSD 算法。SSD（single shot multibox detector）算法是一种基于回归的目标检测方法。它结合了 Faster R-CNN 算法的候选区域机制和 YOLO 系列算法的回归思想，在一个神经网络中直接回归出目标的位置和类别。SSD 算法采用多尺度的特征图预测，能够在不同分辨率的特征图上检测不同尺寸的目标。此外，由于 SSD 算法还使用默认候选框匹配不同形状和尺寸的目标，因此检测速度和准确性都较高。

4.2.6 目标识别

目标识别的原理是用计算机实现人类的部分视觉功能，即识别图像或视频中的目标并确定其类别。目标识别通常包括预处理、特征提取、特征选择、建模、匹配和定位等步骤。目标识别的研究目标是使计算机具有从一幅或多幅图像或视频中认知周围环境的能力，包括对客观世界三维环境的感知、识别与理解。

虽然目标识别与目标检测在计算机视觉领域紧密相关，但存在明显区别。

目标检测的任务是确定图像的某个区域是否含有要识别的目标，并标记该目标的位置，通常涉及在图像中定位一个或多个目标，并为每个目标提供一个边界框，以指示其位置和尺寸。目标检测不仅需要识别图像中的目标，还需要准确地确定这些目标在图像中的位置。因此，目标检测是一个结合了定位和分类的过程。

相比之下，目标识别更加专注于识别图像中目标的类别。它通常不涉及定位任务，而专注于对图像中的目标分类，并确定其类别。目标识别主要关注特征提取和分类器的设计，以实现准确识别图像中的目标。

在实际应用中，目标检测和目标识别常常是相互补充的。例如，在自动驾驶系统中，目标检测可以用于识别并定位车辆、行人等障碍物，目标识别可以用于识别这些障碍物的具体类别（如车辆类型、行人身份等）。两者都是计算机视觉领域的重要组成部分，为不同应用场景提供强大的技术支持。

目标识别方法主要有基于手工特征的传统目标识别方法和基于深度学习的目标识别方法。

（1）基于手工特征的传统目标识别方法。基于手工特征的传统目标识别方法依赖人工设计的特征提取器捕捉图像中的关键信息。人工设计的特征（如 SIFT、HOG、LBP 等）通常对图像的局部结构、纹理和边缘编码。然后使用机器学习算法对这些特征分类，以实现目标识别。这种方法在特定任务上表现良好，但泛化能力低，且易受光照、遮挡等因素的影响。

（2）基于深度学习的目标识别方法。基于深度学习的目标识别方法利用卷积神经网络等深度学习算法自动学习图像中的特征表示。这些算法通过对大量数据训练，捕捉图像中的层次化特征和抽象特征。与传统方法相比，深度学习算法具有更高的识别精度和鲁棒性，能够处理复杂多变的图像场景，适应不同的光照条件和目标姿态。此外，深度学习算法还具有端到端的训练能力，简化了目标识别的流程。

4.3　计算机视觉的应用

4.3.1　计算机视觉的应用领域

计算机视觉的应用领域广泛，包括但不限于以下领域。

【拓展视频】

1. 安防监控

（1）异常行为监测。在城市街道、商场等公共场所，监控摄像头利用计算机视觉实时分析画面，能快速识别盗窃、打架等异常行为，一旦发现就立即发出警报通知安保人员，保障公共安全。

（2）人员身份识别与追踪。在重要区域，通过人脸识别技术确认人员的身份，追踪人员的行动轨迹，有效管理人员出入，增强安全防护。

2. 人脸识别

（1）门禁系统应用。企业、学校、住宅区的门禁利用人脸识别技术，只要人员刷脸就能快速、准确地判断其身份，实现便捷、安全通行。

（2）金融领域身份验证。用户办理网上银行开户、转账等业务时，通过人脸识别技术完成远程身份认证，保障金融交易安全，提高了业务办理效率，防止身份冒用。

（3）交通枢纽核验。在高铁站、机场，采用人脸识别技术检票和核验身份，减少核验时间，提高旅客通行速度，提升交通枢纽的运营效率。

3. 医学影像分析

（1）疾病诊断辅助。针对 X 射线、计算机体层扫描（computerd tomography，CT）、核磁共振等医学影像，采用计算机视觉技术可精准识别肺部结节、脑部病变、骨骼损伤等，帮助医生提高诊断准确性，为早期发现疾病和治疗争取时间。

（2）手术规划支持。通过计算机视觉技术对患者的医学影像进行三维重建，使医生清晰地了解病变部位及病变与周围组织关系，更精确地制订手术方案，提高手术成功率。

4. 智能交通系统

（1）交通信号灯智能控制。监控摄像头利用计算机视觉技术识别道路上的车辆、行人、交通标志，根据实时交通流量自动调整交通信号灯的时间，有效缓解交通拥堵。

（2）车辆违规监测。采用计算机视觉技术自动识别车辆的超速、闯红灯、逆行等违规行为并抓拍记录，为交通管理部门执法提供有力证据，规范交通秩序。

（3）自动驾驶支持。在自动驾驶领域，车辆通过计算机视觉技术识别道路、行人、其他车辆、交通标志和车道线。计算机视觉是实现自主驾驶或辅助驾驶功能的关键技术。

5. 工业检测

（1）产品外观质量检测。在制造业，采用计算机视觉技术能精确检测产品零件的尺寸、形状是否标准，以及表面有无划痕、瑕疵、裂缝等缺陷，保障产品质量，检测速度和检测精度提高。

（2）工业机器人视觉引导。为工业机器人提供视觉引导，使其准确抓取、装配零件，提高生产自动化程度、操作精度、生产效率。

6. 农业领域

（1）农作物生长监测。分析农田图像时，采用计算机视觉技术可识别农作物品种、判断生长阶段、评估生长形势，为农民提供科学的种植建议，促进农作物健康生长。

（2）病虫害检测。采用计算机视觉技术可以及时监测农作物病虫害情况，当发现病虫害迹象时迅速通知农民采取防治措施，减少农作物损失，保障农业收成。

7. 文字识别

（1）文档数字化处理。采用计算机视觉技术从图片、文档中提取文字信息，用于档案数字化、图书馆书籍管理等，将纸质文档转换为电子文档，方便存储、检索和编辑。

（2）办公自动化应用。在自动化办公系统中，采用计算机视觉技术识别发票、合同等文件的文字，实现信息自动录入和处理，提高办公效率，降低人工成本和错误率。

8. 无人机应用

（1）军事侦察与打击。军用无人机依靠计算机视觉技术识别、跟踪和定位目标，执行侦察和精确打击任务，提高部队的军事作战能力和效率，保障国家安全。

（2）民用领域应用。在民用领域，无人机航拍可自动识别场景并调整参数，获取优质图像；电力巡检可检测故障隐患；农作物分析可了解农作物的生长情况。

9. 教育领域

（1）课堂表现监测。在智慧教室，通过摄像头和计算机视觉技术监测学生的课堂表现（如注意力、参与度），教师依此调整教学策略，提高教学效果，促进学生学习。

（2）作业批改与学习分析。在线教育平台通过计算机视觉技术自动批改作业，识别答案，分析解题步骤，为学生提供有针对性的学习建议，辅助学生学习。

（3）实验教学辅助。在实验教学中，采用计算机视觉技术辅助和监测学生的实验操作，保障实验安全，培养学生的实践能力。

10. 娱乐领域

（1）影视特效制作。在电影制作领域，采用计算机视觉技术创造虚拟角色、合成场景等，为观众呈现震撼的视觉效果，提升电影的观赏性和艺术性。

（2）互动娱乐交互。智能设备利用计算机视觉技术实现手势、表情识别，用户可通过手势或表情与智能设备交互，提高娱乐趣味性和交互体验，创新娱乐方式。

4.3.2 计算机视觉在汽车领域的应用

1. 计算机视觉在汽车设计中的应用

计算机视觉利用光学设备（如照相机等）捕捉图像或视频，并借助计算机的硬件和软件处理、分析、理解视觉信息。它融合了图像处理、模式识别、人工智能和机器学习等领域的技术，实现对目标的识别、定位、测量、跟踪、场景理解等。在汽车设计阶段，采用计算机视觉技术处理大量设计数据，包括二维图纸、三维模型以及实物照片等，为设计师提供全面的视觉辅助和数据分析支持。

（1）精确测量与细节捕捉。在汽车设计初期，精确测量零部件是保证设计精准性的基础。传统手工测量不仅耗时费力，还易受人为因素的影响而产生误差。计算机视觉通过高分辨率图像捕捉和先进的图像处理算法，实现对零部件尺寸、形状、表面缺陷的精准测量和检测。例如，将立体视觉技术与深度学习算法结合，可以自动识别和定位复杂曲面上的微小瑕疵（如划痕、凹痕等），保证每个零部件都符合设计标准。精确测量不仅提升了设计效率，还降低了由误差导致的成本浪费。

（2）零部件识别与快速分类。在汽车设计中，零部件种类繁多、数量庞大，传统人工分类和识别方式效率低且易出错。采用计算机视觉技术，通过训练深度学习模型自动识别零部件的类型、规格、材料等关键信息，并快速、准确地分类和检索，不仅缩短了设计流程，还使得设计师获取零部件信息更方便，促进设计创新。此外，将计算机视觉技术与增强现实技术结合，设计师可以在虚拟环境中实时查看和交互零部件，进一步提升设计体验。

（3）虚拟装配与动态模拟。虚拟装配是汽车设计过程中的重要环节，能够帮助设计师在实物制造前验证设计的可行性和装配效率。采用计算机视觉技术，通过捕捉、分析零部件的几何特征和运动规律构建高精度的三维模型，并在虚拟环境中模拟装配过程，不仅节省了实物装配中的试错成本，还允许设计师优化装配顺序、工具选择、干涉检测等，提高了装配效率和产品质量。此外，还可以采用动态模拟技术评估汽车在行驶过程中的性能（如操纵稳定性、悬架系统等），为设计优化提供数据支持。

（4）外观设计与美学评估。汽车外观是吸引消费者的重要因素。采用计算机视觉技术，通过图像处理和机器学习算法分析汽车的线条、曲面、色彩等因素，提供客观的审美评估和优化建议。例如，利用深度学习算法学习大量汽车设计案例，可以预测不同设计元素对消费者吸引力的影响，帮助设计师定位风格和调整细节。同时，计算机视觉技术能实现对汽车材料的虚拟渲染，模拟不同光照条件下的视觉效果，为设计师提供丰富的视觉参考。

（5）安全性评估。安全性是汽车设计的首要考虑因素。采用计算机视觉技术，通过图像识别和数据分析评估汽车的安全性，如碰撞防护、行人保护、辅助驾驶系统等。例如，利用计算机视觉技术模拟碰撞测试，可以分析汽车在碰撞过程中的结构变形、乘员保护效果等，为设计优化提供科学依据。此外，采用计算机视觉技术实时监测驾驶人行为（如疲劳驾驶预警、手势识别等），可以提升驾驶安全性。

（6）智能化设计辅助。随着人工智能技术的不断发展，计算机视觉在汽车设计中的应用越来越智能化。例如，基于生成对抗网络的设计辅助工具，可以根据设计师的输入自动生成多种设计方案，提供丰富的设计灵感。同时，计算机视觉技术能实现对设计方案的自动评估和优化，如通过机器学习算法预测不同设计方案的市场接受度，帮助设计师作出更明智的决策。

（7）数据安全与隐私保护。在将计算机视觉应用于汽车设计的过程中，数据安全与隐私保护是不容忽视的问题。设计数据往往包含敏感信息（如零部件的详细尺寸、设计图纸等），一旦泄露就会对企业的商业利益造成重大损害。因此，必须采取严格的数据加密、访问控制和审计机制，保证设计数据的安全性和隐私性。

（8）未来展望。随着技术的不断进步，计算机视觉在汽车设计阶段的应用更广泛、更深入。例如，计算机视觉技术与5G、物联网等技术结合，可以实现远程协同设计、实时数据共享和智能监控等功能，进一步提升设计效率和产品质量。同时，随着深度学习、强化学习等技术的不断突破，计算机视觉技术将更智能化、更自主化，为汽车设计带来前所未有的创新机遇。

计算机视觉对汽车设计产生了深刻影响，从精确测量到智能化设计辅助，从美学评估到安全性评估都展现出强大的潜力和价值。随着技术的不断进步和应用的不断拓展，计算机视觉将在汽车设计领域发挥更重要的作用，推动汽车工业向更智能化、更高效化、更个性化的方向发展。

2. 计算机视觉在汽车制造中的应用

随着科技的飞速发展，计算机视觉作为人工智能领域的重要分支在汽车制造行业发挥越来越重要的作用，其因具有高精度、高效率、高自动化的特点而为汽车制造带来巨大变革。

（1）零部件精准定位与装配。在汽车制造过程中，零部件精准定位与装配是保证产品质量和生产效率的关键环节。传统定位与装配方式往往依赖人工操作，不仅效率低，而且容易受到人为因素的影响，导致装配精度不足。采用计算机视觉技术，能够通过高精度的图像识别与定位算法实现对零部件的自动识别和精准定位。例如，在发动机装配线上，计算机视觉系统可以自动识别发动机各零部件的位置和姿态，引导机械臂精确抓取和装配，装配精度和装配效率提高。

（2）生产线监控与质量控制。在汽车制造过程中，生产线监控与质量控制是保证产品质量的重要环节。计算机视觉系统实时监测生产线上的环节，及时发现潜在的质量问题，并采取相应的措施。例如，在车身焊接过程中，计算机视觉系统可以实时监测焊接质量（包括焊缝的宽度、深度、连续性等），确保焊接质量符合标准。同时，计算机视觉技术可以用于检测车身表面的缺陷（如划痕、凹坑、色差等），及时发现并剔除不合格产品，保证整车质量。

（3）自动化检测与测量。在汽车制造过程中，需要对零部件的尺寸、形状、位置等进行精确测量，以确保其符合设计要求。传统测量方法往往依赖人工操作，不仅效率低，而且容易受到人为因素的影响，导致测量精度不足。采用计算机视觉技术，能够通过高精度的图像处理与测量算法实现对零部件的自动化检测和测量。例如，在车轮制造过程中，计算机视觉系统可以自动测量车轮的直径、宽度、轮毂厚度等关键尺寸，确保车轮的制造精度符合标准。同时，计算机视觉技术可以用于检测车轮表面的缺陷（如裂纹、锈蚀等），及时发现并剔除不合格产品。

（4）机器人引导与协同作业。在汽车制造过程中，机器人的广泛应用大大提高了生产效率和自动化程度。然而，机器人的作业精度和作业效率往往受到环境因素的影响。计算机视觉系统实时监测机器人的作业环境和状态，引导机器人精准、协同作业。例如，在车身涂装过程中，计算机视觉系统实时监测涂装机器人的喷涂轨迹和喷涂速度，确保喷涂质量符合标准。同时，计算机视觉技术可以用于引导机器人抓取和装配复杂零件，提高机器人的作业精度和作业效率。

（5）智能化生产管理与优化。计算机视觉技术不仅用于汽车制造过程中的具体环节，还用于智能化生产管理与优化。计算机视觉系统实时监测生产线的运行状态和产品质量，收集大量数据，并分析和挖掘数据，为生产管理和优化提供科学依据。例如，计算机视觉系统分析生产线的运行数据，可以发现生产过程中的瓶颈环节和潜在问题，从而采取相应的措施。同时，计算机视觉技术可以用于预测产品的市场需求和库存情况，为制订和调整生产计划提供数据支持。

（6）质量控制与追溯。在汽车制造过程中，质量控制与追溯是保证产品质量和消费者权益的重要环节。计算机视觉系统实时监测和记录生产过程中的环节，实现对产品质量的全面控制和追溯。例如，在发动机制造过程中，计算机视觉系统实时监测发动机零部件的制造质量和装配精度，确保发动机的整体质量符合标准。同时，计算机视觉技术可以用于记录发动机的生产过程和关键参数，为产品的追溯和质量分析提供数据支持。

（7）智能化检测与预警。在汽车制造过程中，智能化检测与预警是提高生产效率和产品质量的重要手段。计算机视觉系统实时监测生产过程中的环节，及时发现潜在的质量问题和安全隐患，并采取相应的措施进行预警和纠正。例如，在车身焊接过程中，计算机视觉系统实时监测焊缝质量和焊接温度，及时发现焊接缺陷和过热现象，并采取相应的措施。同时，计算机视觉技术可以用于监测生产线和设备的运行状态，及时发现潜在的设备故障和安全隐患，并采取相应的措施。

（8）环保与节能。在汽车制造过程中，环保与节能越来越受到重视。计算机视觉系统实时监测生产过程中的能耗和排放情况，为环保与节能提供科学依据。例如，在涂装过程中，计算机视觉系统实时监测涂料用量和喷涂效果，优化涂料配比和喷涂参数，减少涂料的浪费和污染物排放量。同时，计算机视觉技术可以用于监测生产线的能耗情况，发现能耗高的环节和设备，并采取相应的措施。

随着技术的不断进步和应用的不断拓展，计算机视觉在汽车制造阶段的应用将更广泛、更深入。例如，计算机视觉技术与深度学习、强化学习等技术结合，能够更准确地识别和理解生产过程中的信息，为汽车制造带来更高效、更智能、更绿色的生产方式。同时，随着5G、物联网等技术的普及和应用，计算机视觉系统将实现更加高效的数据传输和数据共享，为汽车制造的智能化、网络化、协同化提供更有力的支持。

计算机视觉在汽车制造阶段的应用取得显著成效，为汽车制造业的智能化、高效化生产提供有力支持。随着技术的不断进步和应用的不断拓展，计算机视觉将在汽车制造领域发挥更重要的作用，推动汽车制造业向更智能化、更高效化、更绿色化的方向发展。

3. 计算机视觉在汽车产品中的应用

计算机视觉在汽车产品中的应用日益广泛，从自动驾驶技术的实现到汽车安全性的提升，再到用户体验的优化，计算机视觉都发挥了举足轻重的作用。

(1) 自动驾驶技术的核心驱动力。在计算机视觉技术的赋能下，自动驾驶汽车拥有"眼睛"和"大脑"。计算机视觉系统通过高精度的摄像头和先进的图像处理算法实时捕捉并分析道路环境，包括车道线、交通信号灯、行人、车辆等，使自动驾驶汽车精准识别道路状况，预测并应对潜在风险，从而作出安全、高效的驾驶决策（如自动换道、保持车距、遵守交通规则等）。

(2) 汽车安全性全面升级。计算机视觉技术显著提升了汽车的安全性。它不仅能实现实时碰撞预警，通过监测前方行人等障碍物的动态提前发出警报，有效避免潜在事故；还能监测驾驶人的驾驶状态（如疲劳驾驶、分心驾驶等），及时发出预警，保证行车安全。此外，计算机视觉技术与先进的图像识别技术结合，汽车还能实现车道偏离预警、盲点监测等功能，全方位保证行车安全。

(3) 智能座舱与个性化服务。计算机视觉技术为汽车座舱带来了智能化与个性化双重升级。通过面部识别技术，汽车能够识别驾乘人员的身份，自动调整座椅位置、空调温度、音乐播放列表等，营造专属驾乘环境。同时，手势识别技术让操作更加便捷，驾乘人员只需做出简单的手势即可控制车内设备，享受更加流畅的交互体验。

(4) 车辆分类与智能停车。计算机视觉技术使车辆分类与智能停车成为可能。通过识别车辆的图像特征，计算机视觉系统能够自动对车辆分类，为停车场管理提供便利。在智能停车方面，车辆能够识别停车位信息并自动泊车，甚至在没有驾驶人的情况下完成停车操作，节省了时间和精力，提升了停车效率。

(5) 辅助驾驶功能智能化提升。计算机视觉技术不仅推动了自动驾驶技术的发展，还广泛应用于辅助驾驶功能中。例如，通过实时监测道路状况，计算机视觉系统能够提前发现前方障碍物或突发情况，并提醒驾驶人采取避让措施。此外，采用计算机视觉技术，汽车可以实现自适应巡航控制、车道保持辅助等功能，提高了驾驶的舒适性和安全性，降低了驾驶过程中的风险和压力。

(6) 行人保护与道路安全双重保障。计算机视觉技术在行人保护与道路安全方面发挥了重要作用。通过实时监测道路上的行人动态，计算机视觉系统能够及时发出预警，提醒驾驶人注意避让行人。在紧急情况下，计算机视觉系统还能自动采取制动措施，避免车辆与行人碰撞。

随着技术的不断进步，计算机视觉技术在汽车上的应用将更广泛、更深入。未来，可能出现更智能、更高效、更安全的自动驾驶汽车，提供更个性化、更便捷的智能座舱体验。同时，随着传感器技术的不断发展和融合应用，计算机视觉系统将具有更全面、更准确的环境感知能力，为汽车行业带来巨大变革。

计算机视觉技术在汽车上的应用取得显著成效,随着技术的持续进步,计算机视觉技术将在汽车产品中发挥更广泛、更深入的作用,推动汽车行业向更智能化、更高效化、更安全的方向发展。

4. 计算机视觉在汽车后市场中的应用

计算机视觉在汽车后市场中的应用逐渐成为推动该领域创新与发展的关键力量,包括智能维修与诊断、车辆保险与理赔、二手车评估、智能配件与改装、车辆追踪与安全管理、客户服务与体验优化、智能仓储与物流管理、营销与品牌推广、远程技术支持与培训、智能检测与维护预测等。

(1) 智能维修与诊断。计算机视觉在汽车后市场的智能维修与诊断方面发挥重要作用。通过高精度的图像识别技术,维修技师可以快速、准确地识别车辆故障,如发动机漏油、轮胎磨损、制动片厚度不足等。同时,结合深度学习算法,计算机视觉系统能实时监测与预测车辆运行状态,提前发现潜在故障,及时为车主提供维修建议。智能维修与诊断不仅提高了维修效率,还降低了误诊率,为车主节省了维修成本。

(2) 车辆保险与理赔。计算机视觉在车辆保险与理赔领域的应用极大地简化了理赔流程,提高了理赔效率。在事故发生后,车主只需使用手机拍摄事故现场照片,计算机视觉系统即可自动识别车辆损伤程度、估计维修费用等,为保险公司提供准确的理赔依据。此外,该系统还能初步判断事故责任,帮助保险公司快速处理理赔案件,缩短理赔周期,不仅提升了保险公司的服务质量和客户满意度,还降低了因理赔纠纷产生的法律风险。

(3) 二手车评估。计算机视觉在二手车评估中的应用为买卖双方提供了更公平、更透明的交易环境。通过识别车辆的外观、内饰、续驶里程等关键信息,计算机视觉系统能够自动生成详细的车辆评估报告,包括车辆成新率、市场价值等关键指标。这种智能化的评估方式不仅提高了评估的准确性,还避免了人为评估产生的偏见和误差,为二手车市场带来了更加健康的竞争环境。

(4) 智能配件与改装。计算机视觉在智能配件与改装方面的应用为车主提供更个性化、更便捷的配件选择与改装服务。通过识别车辆的型号、年份等信息,计算机视觉系统能够自动推荐适合的配件和改装方案。同时,结合增强现实技术,车主可以预览改装后的效果。

(5) 车辆追踪与安全管理。计算机视觉在车辆追踪与安全管理方面的应用为车主提供了更全面、更智能的安全保障。通过实时监测车辆的行驶轨迹和状态信息,计算机视觉系统能够及时发现并追踪被盗车辆,提高车辆找回成功率。同时,该系统能对车辆进行远程监控和控制(如远程熄火、锁定车门等),保证车辆安全。此外,结合智能分析算法,该系统能对车辆的异常行为预警(如急加速、紧急制动等),提醒车主注意行车安全。这种智能化的车辆追踪与安全管理方式不仅提高了车辆的安全性,还增强了车主的安全感。

(6) 客户服务与体验优化。计算机视觉在客户服务与体验优化方面的应用为汽车后市场带来更智能化、更人性化的服务体验。通过识别客户的面部表情、肢体语言等关键信息,计算机视觉系统能够自动分析客户的情绪和需求,提供个性化的服务建议。例如,在售后服务中,该系统可以根据客户的情绪变化提供不同的服务策略(如耐心解答疑问、提供额外优惠等),以提高客户满意度。同时,结合自然语言处理技术,该系统能实现与客户的智能对话,接受客户的咨询和投诉，以提升服务效率和服务质量。这种智能化的客户服务与体验优化方式不仅提高了客户的满意度和忠诚度，还提升了汽车后市场的整体服务水平。

（7）智能仓储与物流管理。在计算机视觉的助力下，汽车后市场的智能仓储与物流管理更高效、更精准。通过识别库存配件的图像特征，计算机视觉系统能够自动对配件进行分类、盘点和定位，提高仓储管理的准确性和效率。同时，结合物联网技术，该系统能实时监测配件的库存状态和流转情况，为物流配送提供数据支持。这种智能化的仓储与物流管理方式不仅降低了库存成本，还提高了配件的配送速度和准确性，为车主提供更便捷、更高效的配件服务。

（8）营销与品牌推广。计算机视觉在汽车后市场的营销与品牌推广方面发挥着重要作用。通过识别消费者的年龄、性别、兴趣等关键信息，计算机视觉系统能够自动推荐适合的车型、配件和改装方案，提高营销效果。同时，结合虚拟现实技术，消费者可以在家中预览车辆的外观和内饰效果。此外，该系统还能实时分析消费者的购买行为和偏好，为汽车制造商和经销商提供有价值的市场洞察，帮助他们制订更加精准的营销策略和品牌推广计划。

（9）远程技术支持与培训。计算机视觉在远程技术支持与培训方面的应用为汽车后市场的技术人员提供更便捷、更高效的学习和实践机会。通过识别技术人员的操作过程和结果，计算机视觉系统能够自动评估他们的技能水平和操作能力，提供个性化的培训建议。同时，结合增强现实技术，该系统能为技术人员提供实时的远程指导和支持，帮助他们解决复杂的维修和诊断问题。这种智能化的远程技术支持与培训方式不仅提高了技术人员的技能水平和工作效率，还降低了培训成本和时间成本。

（10）智能检测与维护预测。计算机视觉在智能检测与维护预测方面的应用为汽车后市场带来了更智能、更高效的维护管理方案。通过实时监测车辆的行驶数据和行驶状态，计算机视觉系统能够自动对车辆进行健康评估和故障预测，及时为车主提供维护建议。同时，结合大数据分析技术，该系统能对车辆的维护历史进行综合分析，为车主提供更精准、更个性化的维护计划。这种智能化的检测与维护预测方式不仅提高了车辆的可靠性和使用寿命，还降低了维护成本和时间成本。

计算机视觉在汽车后市场的应用取得显著成效，随着技术的进步和应用场景的拓展，其将发挥更重要的作用，推动该领域向更智能化、更高效化、更安全化的方向发展。

4.3.3　计算机视觉的应用案例分析

【案例4-1】基于计算机视觉的汽车设计优化与验证系统。

随着科技的飞速发展，计算机视觉在汽车设计阶段的应用日益广泛。采用计算机视觉技术进行模拟和分析，帮助汽车制造商在设计阶段发现并解决潜在问题，可以提高设计效率、降低生产成本，并最终提升汽车性能。

（1）背景与目标。汽车设计阶段是一个复杂且耗时的过程，涉及大量数据分析和模拟测试工作。传统设计验证方法往往依赖物理原型测试和人工检查，不仅成本高，而且效率低。为了提高设计的效率和准确性，某汽车制造商引入基于计算机视觉的汽车设计优化与验证系统。该系统采用计算机视觉技术，对汽车设计模型进行高精度的分析和验证，以发现设计缺陷，优化设计方案，提高产品的可靠性和安全性。

（2）系统架构与技术实现。基于计算机视觉的汽车设计优化与验证系统由以下三个核心部分组成。

① 数据采集与处理模块。数据采集与处理模块负责收集汽车设计模型的三维数据，包括车身结构、零部件尺寸、材料属性等。数据经预处理后被输入计算机视觉算法模块进行进一步分析。

② 计算机视觉算法模块。计算机视觉算法模块是该系统的核心，它运用先进的计算机视觉算法（如深度学习、图像识别和三维重建等）对设计模型进行高精度的分析和验证。计算机视觉算法能够自动识别设计模型中的潜在问题，如结构强度不足、装配干涉问题等。

③ 结果展示与优化建议模块。结构展示与优化建议模块以直观的方式将计算机视觉算法的分析结果（如三维渲染图、动画模拟等）展示给设计师。同时，该模块根据分析结果提供优化建议，帮助设计师优化设计方案。

（3）应用实例与效果。

① 车身结构优化。在计算机视觉技术的帮助下，设计师能够更准确地评估车身结构的强度和刚度。基于计算机视觉的汽车设计优化与验证系统可以通过模拟不同工况下的车身受力情况，发现一些传统方法难以察觉的结构弱点，并提供有针对性的优化建议，从而显著提高车身的碰撞安全性和耐久性。

② 零部件装配验证。基于计算机视觉的汽车设计优化与验证系统可以通过模拟零部件的装配过程，准确预测装配过程中可能出现的干涉和配合问题。例如，在发动机舱的设计中，该系统发现了一些由零部件尺寸偏差导致的装配干涉问题，并提出了调整建议，从而提高了装配的准确性和效率。

③ 风阻系数优化。计算机视觉可用于优化汽车的风阻系数。基于计算机视觉的汽车设计优化与验证系统可以通过模拟汽车行驶过程中的气流情况，分析不同设计参数对风阻系数的影响。设计师根据该系统的分析结果调整车身形状和细节，降低了汽车的风阻系数，提高了燃油经济性。

（4）结论与展望。基于计算机视觉的汽车设计优化与验证系统为汽车制造商提供了一种高效、准确的设计验证方法。它不仅提高了设计效率和准确性，还降低了生产成本、缩短了研发周期。随着计算机视觉的不断发展和完善，其将发挥更重要的作用，推动汽车制造业向更高水平迈进。

计算机视觉在汽车设计阶段的应用具有广阔前景和巨大潜力。它不仅能够提高设计效率和准确性，还能够降低生产成本和研发周期，为汽车制造商带来显著的竞争优势。随着技术的不断进步和应用的深入拓展，计算机视觉将在汽车制造业发挥更重要的作用。

【案例4-2】机器视觉引导的汽车制造自动化装配线优化系统。

在现代汽车制造业中，自动化和智能化是提高生产效率、降低生产成本和保证产品质量的关键。计算机视觉，特别是机器视觉技术在该转型过程中扮演着重要角色。

（1）背景与目标。随着汽车市场竞争的加剧，汽车制造商面临缩短生产周期、提高生产效率和保证产品质量的巨大压力。传统汽车制造装配线依赖人工操作和手动检查，不仅效率低，而且易出错。为了应对这些挑战，某汽车制造商决定引入机器视觉技术，以优化其自动化装配线。

(2) 系统架构与技术实现。某汽车制造商的汽车制造自动化装配线优化系统主要由以下三个部分组成。

① 机器视觉硬件。机器视觉硬件包括高精度工业照相机、镜头、光源和图像采集卡等，负责捕捉装配线上的图像数据，并将其传输到图像处理单元。

② 图像处理与识别算法。图像处理与识别算法利用深度学习、图像处理、计算机视觉技术处理和分析采集的图像数据，识别装配线上的零部件、工件和工具，并精确测量它们的尺寸、形状和位置。

③ 机器人控制系统。机器视觉系统通过接口与机器人控制系统相连，将识别和分析结果实时传输给机器人。机器人根据这些信息，自动调整运动轨迹和操作方式，以完成精确的装配任务。

(3) 应用实例与效果。

① 发动机与变速器装配。在汽车制造过程中，发动机与变速器装配是至关重要的环节。机器视觉系统通过识别发动机和变速器的型号、尺寸、位置，引导机器人精确地将它们装配在一起，不仅提高了装配的准确性和效率，还降低了由装配错误导致的返工成本和维修成本。

② 制动盘定位打标。制动盘是汽车制动系统的重要组成部分，其质量和精度直接关系到汽车的安全性。机器视觉系统通过识别制动盘上的圆孔位置，引导激光打标机在正确位置标记，不仅保证了制动盘的质量，还提高了生产线的自动化程度。

③ 汽车漆面缺陷检测。传统汽车漆面缺陷检测主要依赖人工检查，不仅耗时、费力，而且易漏检。机器视觉系统通过采集漆面的图像数据，利用图像处理算法检测漆面缺陷，识别划痕、污垢、缩孔、橘皮和流挂等常见的漆面缺陷，并及时报警，不仅提高了漆面质量的稳定性，还降低了由漆面缺陷导致的返工成本和投诉成本。

(4) 结论与展望。机器视觉在汽车制造阶段自动化装配线优化中的应用不仅提高了生产效率、降低了生产成本，还保证了产品质量的稳定性和一致性。随着技术的进步和应用场景的拓展，机器视觉将在汽车制造业中发挥更重要的作用。例如，它可以进一步应用于汽车零部件的尺寸测量、形状识别、位置检测和装配完整性检查等方面，为汽车制造商提供更全面、更高效的解决方案。

机器视觉在汽车制造阶段的应用具有广阔前景和巨大潜力，不仅能够提高生产效率和产品质量，还能够降低生产成本、缩短研发周期，为汽车制造商带来显著的竞争优势。随着技术的不断发展和应用的深入拓展，机器视觉将在汽车制造业中发挥更重要的作用。

【案例4-3】基于AI视觉的智能驾驶辅助系统。

随着科技的飞速发展，汽车产品正逐步向智能化、自动化方向迈进。作为人工智能的重要分支，AI视觉在汽车产品中的应用将日益广泛。

(1) 背景与目标。随着道路交通的日益繁忙和复杂，驾驶人在行车过程中面临越来越多的挑战。为了提高驾驶安全性、减少交通事故，某汽车制造商研发了一款基于AI视觉的智能驾驶辅助系统。该系统利用先进的计算机视觉技术对汽车周围环境进行实时监测和分析，为驾驶人提供精准的驾驶辅助信息。

(2) 系统架构与技术实现。基于AI视觉的智能驾驶辅助系统主要由以下三个部分组成。

① 图像采集模块。图像采集模块配备高分辨率摄像头,用于捕捉汽车前方的实时图像数据。这些图像数据经过预处理后被输入 AI 视觉算法模块进行进一步分析。

② AI 视觉算法模块。AI 视觉算法模块是该系统的核心,它运用深度学习、图像识别、计算机视觉技术对采集的图像数据进行实时处理和分析,识别汽车前方的行人、车辆、交通标志、车道线等,并计算其与汽车的相对位置和速度。

③ 决策与控制模块。基于 AI 视觉算法模块的分析结果,决策与控制模块生成相应的驾驶辅助指令(如车道保持、自适应巡航、自动紧急制动等),以帮助驾驶人更好地控制汽车,提高行驶安全性。

(3) 应用实例与效果。

① 车道保持辅助。基于 AI 视觉的智能驾驶辅助系统能够实时监测汽车与车道线的相对位置,当汽车偏离车道时,及时发出警告并自动调整汽车行驶方向,使汽车始终保持在车道内,从而有效降低由驾驶人疲劳或注意力不集中导致的车道偏离事故。

② 自适应巡航控制。基于 AI 视觉的智能驾驶辅助系统通过识别前方车辆的距离和速度,自动调节本车速度,保持与前车的安全距离,不仅提高了行驶安全性,还减轻了驾驶人的驾驶负担。

③ 行人识别与避障。基于 AI 视觉的智能驾驶辅助系统能够实时识别前方行人,当检测到行人时,及时发出警报并自动调整汽车行驶轨迹,避免与行人碰撞。该应用在城市道路和复杂交通环境中尤为重要,能够显著提高行驶安全性。

④ 交通标志识别。基于 AI 视觉的智能驾驶辅助系统能够识别前方交通标志(如限速标志、禁止驶入标志等),并将相关信息显示在车载显示屏上。该应用帮助驾驶人及时了解道路信息,遵守交通规则,避免由违反交通规则导致罚款和扣分。

(4) 结论与展望。基于 AI 视觉的智能驾驶辅助系统为驾驶人提供精准的驾驶辅助信息,显著提高了行驶安全性。随着技术的进步和应用场景的拓展,该系统将在汽车产品中发挥更重要的作用。例如,它可以进一步应用于自动泊车、智能导航、驾驶人疲劳监测等领域,为驾驶人提供更全面、更高效的驾驶辅助服务。

此外,随着深度学习算法的优化和计算能力的提升,AI 视觉的识别精度和响应速度将提高,使得智能驾驶辅助系统更加准确地识别汽车周围环境,更加快速地作出决策,从而提高行驶安全性。

AI 视觉在汽车产品中的应用具有广阔前景和巨大潜力,不仅能够提高行驶安全性,还能够为驾驶人提供更便捷、更高效的驾驶体验。随着技术的不断发展和应用的深入拓展,AI 视觉将在汽车行业发挥更重要的作用。

【案例 4-4】AI 视觉在汽车外观检测与维修中的应用。

汽车后市场作为汽车产业的重要组成部分,涵盖汽车销售之后的维修、保养、保险、二手交易等环节。随着技术的快速发展,AI 视觉在汽车后市场中的应用将日益广泛。

(1) 背景与目标。在汽车后市场中,汽车外观检测与维修是消费者关注的重要环节。传统检测方法是人工检查,存在主观性强、检测效率低、易漏检等问题。为了提高检测的精度和效率,某汽车服务中心引入 AI 视觉技术自动检测汽车外观,旨在为消费者提供更准确、更高效的维修服务。

(2) 系统架构与技术实现。某汽车服务中心的 AI 视觉检测系统主要由以下三个部分组成。

① 图像采集模块。AI 视觉检测系统配备高分辨率摄像头和光源设备，以捕捉汽车外观的实时图像数据。这些图像数据经预处理后被输入 AI 视觉算法模块进行进一步分析。

② AI 视觉算法模块。AI 视觉算法模块是 AI 视觉检测系统的核心，它运用深度学习、图像识别和计算机视觉技术对采集的图像数据进行实时处理和分析，从而识别汽车外观的划痕、凹陷、锈蚀等缺陷，并计算它们的尺寸、位置和严重程度。

③ 报告生成与反馈模块。基于 AI 视觉算法模块的分析结果，AI 视觉检测系统自动生成详细的检测报告，包括缺陷的类型、位置、尺寸和严重程度等信息，并将其实时反馈给维修人员，指导他们有针对性地维修。

（3）应用实例与效果。

① 划痕检测与修复。AI 视觉检测系统能够准确识别汽车表面的划痕，包括划痕的长度、宽度和深度。维修人员可以根据该系统提供的报告快速定位划痕位置，并选择合适的修复方案，不仅提高了修复效率，还保证了修复质量。

② 凹陷检测与修复。AI 视觉检测系统能够识别汽车表面的凹陷，包括凹陷的尺寸、形状和位置。维修人员可以根据该系统提供的报告对凹陷部位进行精确修复。

③ 锈蚀检测与预防。AI 视觉检测系统能够识别汽车表面的锈蚀，包括锈蚀的面积、程度和位置。维修人员可以根据该系统提供的报告及时处理锈蚀部位，防止锈蚀扩散。同时，该系统可以为消费者提供锈蚀预防建议，以延长汽车使用寿命。

④ 二手车评估。在二手车交易中，汽车外观的完整性是消费者关注的重要指标。AI 视觉检测系统可以检测二手车外观，生成详细的评估报告，为消费者提供客观、准确的外观信息，帮助他们作出明智的购买决策。

（4）结论与展望。AI 视觉在汽车外观检测与维修中的应用显著提高了检测精度和维修效率，为消费者提供更优质、更高效的汽车服务。随着技术的进步和应用场景的拓展，AI 视觉将在汽车后市场中发挥更重要的作用，如应用于汽车内饰检测、发动机故障诊断、底盘检测等领域，为消费者提供更全面、更细致的维修服务。

此外，随着深度学习算法的优化和计算能力的提升，AI 视觉技术的识别精度和响应速度将进一步提高，使得汽车外观检测与维修过程更智能化、更自动化，从而为消费者带来更便捷、更高效的汽车服务体验。

AI 视觉在汽车后市场中的应用具有广阔前景和巨大潜力，不仅能够提高检测精度和维修效率，还能够为消费者提供更优质、更高效的汽车服务。随着技术的不断发展和应用的深入拓展，AI 视觉将在汽车后市场中发挥更重要的作用。

4.3.4 基于视觉和深度学习的汽车环境感知检测

汽车环境感知主要包括车道线检测、车辆检测、行人检测、交通标志检测和交通信号灯检测等。

1. 基于视觉和深度学习的车道线检测

基于视觉和深度学习的车道线检测的原理是利用深度学习算法对车载摄像头捕获的图像进行智能分析，从而准确识别车道线。训练深度神经网络模型，使其具备从图像中提取车道线特征的能力，从而实现对车道线的实时检测与跟踪。

基于视觉和深度学习的车道线检测方法主要有基于卷积神经网络的车道线检测、基于语义分割的车道线检测、基于端到端的车道线检测、基于生成对抗网络的车道线检测和基于迁移学习的车道线检测等。

（1）基于卷积神经网络的车道线检测。基于卷积神经网络的车道线检测是一种利用深度学习实现车道线自动检测与定位的方法。构建多层卷积神经网络模型，自动提取输入图像中的车道线特征，并通过逐层学习和优化，实现对车道线的精确识别。这种方法不仅具有强大的特征提取能力，还能适应复杂的道路场景和光照条件，为自动驾驶和智能辅助驾驶系统提供准确的车道线信息，从而保证汽车安全行驶。基于卷积神经网络的车道线检测步骤如图 4.1 所示。

图 4.1　基于卷积神经网络的车道线检测步骤

（2）基于语义分割的车道线检测。基于语义分割的车道线检测是一种利用计算机视觉实现车道线精确识别的方法。该方法将车道线定义为特定的语义类别，通过卷积神经网络对图像进行特征提取和分类，从而得到每个像素的语义信息。这种方法能够精确区分车道线与其他道路元素，实现像素级别的车道线识别。基于语义分割的车道线检测步骤如图 4.2 所示。

图 4.2　基于语义分割的车道线检测步骤

（3）基于端到端的车道线检测。基于端到端的车道线检测是一种直接从输入图像到输出车道线信息的整体解决方案。该方法利用深度学习技术，构建一个完整的识别系统，无须进行烦琐的特征提取和分类步骤。通过大规模的训练数据和优化的模型结构，该方法能够自动学习图像中车道线的特征，并实现高精度的识别与定位。基于端到端的车道线检测简化了传统检测流程，提高了检测的效率和准确性，可以为自动驾驶等应用提供有效的技术支持。基于端到端的车道线检测步骤如图 4.3 所示。

图 4.3　基于端到端的车道线检测步骤

（4）基于生成对抗网络的车道线检测。基于生成对抗网络的车道线检测是一种创新性的车道线检测方法。该方法构建生成器和判别器两个相互对抗的神经网络，生成器尝试生成逼真的车道线图像，而判别器努力区分真实图像与生成的图像。经过反复训练，生成对抗网络能够学习车道线的深层特征，精确地检测车道线。这种方法不仅提高了检测的准确性，还增强了系统的鲁棒性，对复杂多变的道路环境有良好的适应性。基于生成对抗网络的车道线检测步骤如图 4.4 所示。

（5）基于迁移学习的车道线检测。基于迁移学习的车道线检测借助预训练模型中的知

图 4.4　基于生成对抗网络的车道线检测步骤

识,将其迁移至车道线检测任务中,降低了数据搜集与模型训练的成本。通过微调预训练模型以适应车道线检测的特定需求,此方法能够快速实现高精度的车道线检测。迁移学习不仅提高了识别效率,还增强了模型的泛化能力,使其适应不同道路环境和条件变化。基于迁移学习的车道线检测步骤如图 4.5 所示。

图 4.5　基于迁移学习的车道线检测步骤

基于视觉和深度学习的车道线检测方法的比较见表 4-1。

表 4-1　基于视觉和深度学习的车道线检测方法的比较

方法	描述	优点	缺点	适用场景
基于卷积神经网络的车道线检测	利用卷积神经网络提取车道线特征	识别精度高,鲁棒性强	对复杂环境的适应性有限	简单道路环境
基于语义分割的车道线检测	对图像进行像素级分类	处理复杂环境的能力强	计算复杂度高	复杂道路环境
基于端到端的车道线检测	整合检测和跟踪任务	过程简化,实时性强	可能面临精度和稳定性问题	对实时性要求较高的场景
基于生成对抗网络的车道线检测	通过对抗训练生成车道线特征	生成逼真图像,提升性能	训练过程复杂,可能不稳定	需要生成高质量车道线图像的场景
基于迁移学习的车道线检测	利用预训练模型进行迁移学习	充分利用已有资源,加速训练	可能受到源任务和目标任务差异的影响	具备相关预训练模型的场景

每种方法都有独特的优点和适用场景,可根据实际需求选择。随着深度学习技术的不断进步,车道线检测方法将具有更高的精度和实时性,为自动驾驶和智能驾驶辅助系统提供更可靠的支持。

图 4.6 所示为基于视觉和深度学习的车道线检测。

2. 基于视觉和深度学习的车辆检测

基于视觉和深度学习的车辆检测的原理是利用深度学习技术,通过训练神经网络模型,实现准确识别与定位图像或视频中的车辆。这种方法利用卷积神经网络等深度学习算法提取图像中的车辆特征,并通过训练数据不断优化模型参数,以提高检测精度。基于视觉和深度学习的车辆检测具有高效、准确的特点,能够处理复杂的道路环境和多变的车辆

(a) 高速公路车道线无干扰　　　(b) 城市道路车道线干扰　　　(c) 车道线全虚线

图 4.6　基于视觉和深度学习的车道线检测

形态，为智能交通系统、自动驾驶等领域提供强有力的技术支持。

基于视觉和深度学习的车辆检测方法有基于 R-CNN 模型的车辆检测、基于 Fast R-CNN 模型的车辆检测、基于 Faster R-CNN 模型的车辆检测、基于 Mask R-CNN 模型的车辆检测、基于 YOLO 模型的车辆检测、基于 SSD 模型的车辆检测等。

(1) 基于 R-CNN 模型的车辆检测。基于 R-CNN 模型的车辆检测的原理是利用深度学习技术，特别是卷积神经网络精准识别与定位图像中的车辆。基于 R-CNN 模型的车辆检测框架如图 4.7 所示。

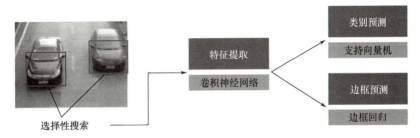

图 4.7　基于 R-CNN 模型的车辆检测框架

基于 R-CNN 模型的车辆检测如图 4.8 所示。

(a) 原始图像　　　　　　　　　　　　(b) 检测结果

图 4.8　基于 R-CNN 模型的车辆检测

（2）基于 Fast R-CNN 模型的车辆检测。基于 Fast R-CNN 模型的车辆检测结合卷积神经网络和候选区域生成技术，通过提取候选区域的深度特征精准检测车辆。Fast R-CNN 模型利用共享卷积层的方式减小计算量，提高检测速度。同时，该方法采用多任务损失函数，并进行类别预测和边框回归，进一步提升了检测的准确性和稳定性。基于 Fast R-CNN 模型的车辆检测框架如图 4.9 所示。

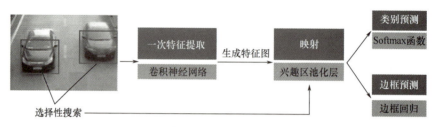

图 4.9　基于 Fast R-CNN 模型的车辆检测框架

基于 Fast R-CNN 模型的车辆检测如图 4.10 所示。

图 4.10　基于 Fast R-CNN 模型的车辆检测

（3）基于 Faster R-CNN 模型的车辆检。基于 Faster R-CNN 模型的车辆检测的原理是结合卷积神经网络和区域提议网络精准识别与定位图像中的车辆。该方法在特征提取的基础上，利用 RPN 生成候选区域，并通过分类与回归并行处理提高检测速度与检测精度。其端到端的训练策略使模型更加优化，适用于复杂场景。基于 Faster R-CNN 模型的车辆检测框架如图 4.11 所示。

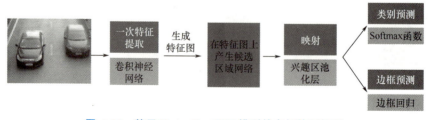

图 4.11　基于 Faster R-CNN 模型的车辆检测框架

基于 Faster R-CNN 模型的车辆检测如图 4.12 所示。

(a) 原始图像　　　　　　　　　　　(b) 检测结果

图 4.12　基于 Faster R-CNN 模型的车辆检测

(4) 基于 Mask R-CNN 模型的车辆检测。基于 Mask R-CNN 模型的车辆检测的原理是采用深度学习算法精准识别和分割图像中的车辆。Mask R-CNN 模型在 Faster R-CNN 模型的基础上扩展，不仅能够检测车辆的类别和位置，还能够生成车辆的像素级掩码，从而实现车辆的实例分割。这种方法可以准确地提取车辆的具体轮廓和形状，为后续的车辆分析、跟踪等任务提供更丰富的信息。

基于 Mask R-CNN 模型的车辆检测如图 4.13 所示。

(a) 白天城市道路车辆检测　　　　　　(b) 夜间城市道路车辆检测

(c) 白天街道近景车辆检测　　　　　　(d) 夜间街道动态车辆检测

图 4.13　基于 Mask R-CNN 模型的车辆检测

（5）基于 YOLO 模型的车辆检测。基于 YOLO 模型的车辆检测是一种应用深度学习技术的智能车辆检测方法。它利用 YOLO 模型，通过单次前向传播，在图像中快速、准确地检测车辆目标。YOLO 模型将目标检测任务视为回归问题，直接预测边界框的坐标和类别概率，实现了高效的目标检测性能。

基于 YOLOv5 算法的车辆检测如图 4.14 所示。

图 4.14　基于 YOLOv5 算法的车辆检测

（6）基于 SSD 模型的车辆检测。基于 SSD 模型的车辆检测是一种利用深度学习技术的目标检测方法。SSD 模型利用多尺度特征图密集地预测目标类别及边界框位置，快速、准确地检测车辆目标。该方法结合卷积神经网络的强大特征提取能力和多尺度预测策略，在保持高精度的同时实现快速推理。在道路车辆检测任务中，SSD 模型能够充分适应不同尺寸和形状的车辆，具有显著的优势和广阔的应用前景。

基于 SSD 模型的目标检测如图 4.15 所示。

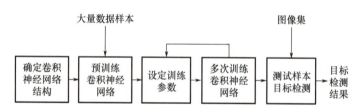

图 4.15　基于 SSD 模型的目标检测

基于 SSD 模型的车辆检测图 4.16 所示。

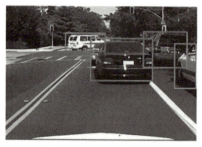 

(a) 路口多车辆检测（长距离）　　　(b) 短距离单车辆及周边车辆检测

图 4.16　基于 SSD 模型的车辆检测

(c) 道路转弯处单车辆检测

(d) 多车道多车辆检测

图 4.16 基于 SSD 模型的车辆检测（续）

3. 基于视觉和深度学习的行人检测

基于视觉和深度学习的行人检测是一种利用深度学习技术实现自动识别和定位图像或视频中行人目标的方法。它借助卷积神经网络等深度学习模型，通过训练学习行人的特征表示高效检测行人。与传统方法相比，深度学习能够自动提取并学习更高级、更抽象的特征，从而提高行人检测的准确性和鲁棒性。

基于视觉和深度学习的行人检测主要包括基于部位检测器的行人检测、基于头部与整体加权的行人检测、基于点的行人检测、基于垂直线的行人检测等。

（1）基于部位检测器的行人检测。基于部位检测器的行人检测旨在提高行人检测的准确性和鲁棒性。采用该方法分析行人的关键部位（如头部、四肢等），可有效捕捉行人的形态特征和空间关系。采用深度学习算法训练的部位检测器能够准确识别部位位置，进而精准定位行人。

基于部位检测器的行人检测框架如图 4.17 所示。

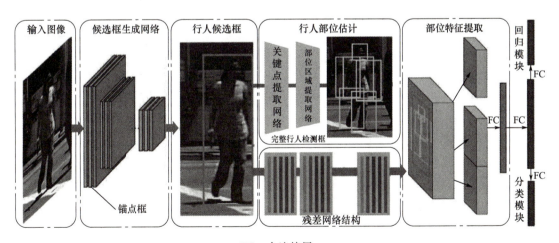

FC—全连接层。

图 4.17 基于部位检测器的行人检测框架

基于部位检测器的行人检测的常用算法有 R-CNN 算法、YOLO 系列算法和 SSD 算法等。

图 4.18 所示为基于 Faster R-CNN 算法的行人检测，图 4.19 所示为基于 YOLOv3

算法的行人检测。

(a) 原始图像　　　　　　　　　(b) 检测结果

图 4.18　基于 Faster R - CNN 算法的行人检测

(a) 原始图像　　　　　　　　　(b) 检测结果

图 4.19　基于 YOLOv3 算法的行人检测

（2）基于头部与整体加权的行人检测。基于头部与整体加权的行人检测结合了行人头部特征和整体特征的提取与融合。该方法通过深度学习技术，分别提取行人的头部和整体特征，并赋予不同的权重进行加权融合，使得检测算法更全面地考虑行人的形态和外观信息，提高了检测的准确性和稳定性。

基于头部与整体加权的行人检测框架如图 4.20 所示。

采用基于头部与整体加权的行人检测方法，能够在复杂场景下快速、准确地检测行人，不仅提高了行人检测的精度和稳定性，还为后续的行人跟踪、行为分析等提供了有力支持。

（3）基于点的行人检测。基于点的行人检测是一种新思路，其出发点是认为行人目标可以用含有特定语义信息的点表示，如角点、中心点等。这种方法的核心在于通过检测关键点来定位行人，从而简化检测过程并提高检测精度。

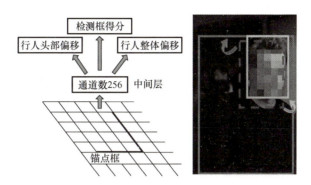

图 4.20　基于头部与整体加权的行人检测框架

基于点的行人检测框架如图 4.21 所示,其中 h 及 w 分别表示输入图像的高度及宽度。与基于锚点框的行人检测方法相比,基于点的行人检测方法的优点在于降低锚点框训练推理过程中的计算复杂度、更依赖行人可见部位特征而非整体行人特征,因此往往对遮挡行人检测较有效。

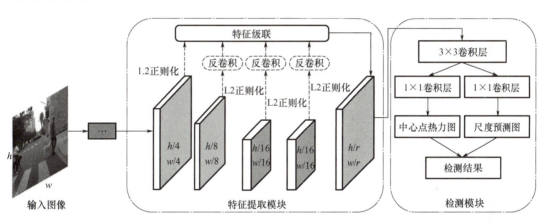

h—输入图像的高度;w—输入图像的宽度。

图 4.21　基于点的行人检测框架

基于点的行人检测如图 4.22 所示。

(a) 原始图像　　　　　　(b) 检测结果

图 4.22　基于点的行人检测

(4) 基于垂直线的行人检测。基于垂直线的行人检测是一种利用行人轮廓中的垂直线特征识别和定位行人的方法。其核心思想是行人身体结构中常存在明显的垂直线段(如腿部、手臂等部位的边缘),这些垂直线段在行人检测中作为关键特征被提取和利用。采用图像处理技术提取图像中的垂直线特征，并结合其他特征信息，构建行人的候选区域，通过分类器进行识别和确认。基于垂直线的行人检测对光照变化、遮挡等因素具有较强鲁棒性，提高了行人检测的准确性和可靠性。

拓扑线定位算法框架如图4.23所示，其中 h 及 w 分别表示输入图像的高度及宽度。从基于垂直线的行人检测思路出发，拓扑线定位算法将行人检测划分为3个子任务，分别是行人目标上顶点预测、行人目标下顶点预测及行人目标中轴线预测。与基于锚点框的行人检测方法相比，基于垂直线的行人检测方法无须根据数据集人工设定大量先验框，可降低计算复杂度；基于锚点框的行人检测方法不可避免地引入背景噪声，而基于垂直线的行人检测方法具有更明确、更清晰的语义特征。与基于点的行人检测方法相比，基于垂直线的行人检测方法对行人结构有垂直约束，更具鲁棒性。

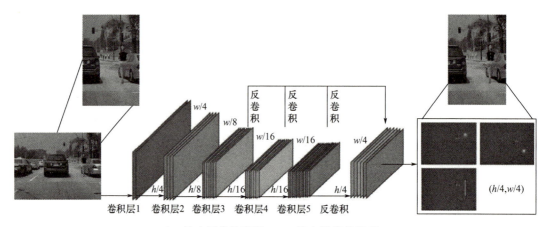

h—输入图像的高度；w—输入图像的宽度。

图 4.23　拓扑线定位算法框架

行人检测的目的在于保证汽车在行驶过程中及时发现并识别道路上的行人，从而保证行人安全。根据使用的传感器类型和算法类型的不同，行人检测方法各具优缺点。在实际应用中，应根据具体需求和场景选择合适的行人检测方法。

4. 基于视觉和深度学习的交通标志检测

基于视觉和深度学习的交通标志检测是一种利用深度学习技术自动识别和定位交通标志的方法。它通过训练深度学习模型，使其学习并理解交通标志的视觉特征，进而在实际场景中准确检测出交通标志的位置和类别。这种方法克服了传统方法对复杂背景和光照条件敏感的问题，提高了检测的准确性和鲁棒性。基于视觉和深度学习的交通标志检测不仅有助于实现智能驾驶和智能交通系统的构建，还能够为驾驶人提供更及时、更准确的交通信息，提高行驶安全性。

基于视觉和深度学习的交通标志检测主要包括基于YOLO系列算法的交通标志检测、基于SSD算法的交通标志检测、基于R-CNN系列算法的交通标志检测。

（1）基于YOLO系列算法的交通标志检测。基于YOLO系列算法的交通标志检测是一种应用深度学习方法，通过YOLO系列算法快速、准确识别交通标志的技术。YOLO系列算法以其实时性和检测速度高的特点，在交通标志检测领域展现出显著优势。它通过训练深度学习模型,使其直接从输入图像中预测出交通标志的边界框和类别,从而高效检测交通标志。

图4.24所示为基于YOLO系列算法的交通标志检测。

(a) 注意儿童标志检测　　　　(b) 反向弯路标志检测

(c) 限制高度4.5m标志检测　　(d) 禁止载货汽车通行标志检测

图 4.24　基于 YOLO 系列算法的交通标志检测

(2) 基于SSD算法的交通标志检测。基于SSD算法的交通标志检测是一种应用深度学习技术的交通场景检测方法。SSD算法通过卷积神经网络提取图像中的特征,然后利用这些特征进行多尺度的目标检测,从而准确识别交通标志。该方法具有速度高、准确性高的特点,适用于对实时性要求较高的交通场景。训练和优化SSD模型可以使其更好地适应不同环境和不同条件下的交通标志检测任务,为智能交通系统提供有力支持。

图4.25所示为基于SSD算法的交通标志检测。

(a) 注意儿童标志检测　　　　(b) 限制速度20标志检测

图 4.25　基于 SSD 算法的交通标志检测

(3) 基于R-CNN系列算法的交通标志检测。基于R-CNN系列算法的交通标志检测是一种应用深度学习技术的交通场景分析方法。R-CNN系列算法预先提取图像中可能是交通标志的候选区域,再利用深度神经网络对这些区域进行特征提取和分类,从而准确识别交通标志。这种方法结合了深度学习的强大特征表示能力和目标检测算法的高效性,能够在复杂的交通环境中快速、准确地检测出交通标志,为智能交通系统的实现提供有力支持。

图 4.26 所示为基于 R-CNN 系列算法的交通标志检测。

(a) 原始图像　　　　　　　　　(b) 检测结果

图 4.26　基于 R-CNN 系列算法的交通标志检测

在实际应用中，需要根据具体需求和场景选择合适的方法及算法，并进行适当的优化和调整。

5. 基于视觉和深度学习的交通信号灯检测

基于视觉和深度学习的交通信号灯检测是利用深度学习技术实现准确识别交通信号灯状态和颜色的过程。它利用深度神经网络模型，通过学习和分析大量交通场景图像数据提取信号灯的特征信息，并对其进行分类和定位。这种方法克服了传统检测方法的局限性，提高了检测的准确性和鲁棒性。基于视觉和深度学习的交通信号灯检测技术能够实时处理交通场景，为智能交通系统的构建提供重要支持，有助于提升交通安全性和交通流畅性。

近年来，随着深度学习技术的快速发展，YOLO 系列算法、SSD 算法和 R-CNN 系列算法等目标检测算法在交通信号灯检测中应用广泛。

YOLO 系列算法以较高的检测速度和良好的精度，在交通信号灯检测中展现出巨大的潜力。YOLO 系列算法将目标检测任务转化为单一的回归问题，通过一次前向传播即可得到目标的位置和类别信息。这种端到端的检测方式使得 YOLO 系列算法在实时性方面表现出色，非常适用于交通信号灯检测等需要快速响应的场景。

SSD 算法同样适用于交通信号灯检测。SSD 算法利用多尺度特征图检测目标，能够有效地处理不同尺寸的交通信号灯。通过在不同尺度的特征图上预测目标的位置和类别，SSD 算法能够在保证检测速度的同时，实现较高的检测精度。

R-CNN 系列算法也是交通信号灯检测的常用方法。R-CNN 系列算法包括 Fast R-CNN 算法、Faster R-CNN 算法等。它们预先生成候选区域，再利用深度卷积神经网络进行特征提取和分类，从而准确检测交通信号灯。R-CNN 系列算法在精度方面表现出色，尤其在处理复杂背景和遮挡情况下的交通信号灯时具有优势。

交通信号灯检测模型如图 4.27 所示，其可以分为提取图像特征、提取区域和 ROI 分类器三部分。

基于 YOLO 算法的交通信号灯检测如图 4.28 所示。

随着 V2I 技术的飞速发展，交通信号灯检测的发展趋势越发明朗。V2I 技术能够使车辆与交通基础设施实时通信，极大地提升了道路安全和交通效率。在这种背景下，交通信号灯检测逐渐从传统的图像处理向智能化、实时化方向发展。

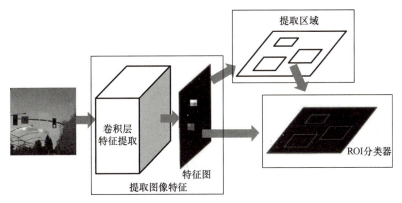

图 4.27 交通信号灯检测模型

(a) 白天道路场景下的交通信号灯检测

(a) 夜间湿滑路面下的交通信号灯检测

图 4.28 基于 YOLO 算法的交通信号灯检测

1. 计算机视觉的定义及核心要素分别是什么？
2. 图像预处理包括哪些操作？其目的是什么？
3. 基于深度学习的目标检测算法有哪些？它们的特点和应用场景分别是什么？
4. 计算机视觉在汽车制造中的质量检测与控制方面是如何发挥作用的？
5. 举例说明基于视觉和深度学习的行人检测的原理及应用。
6. 分析基于计算机视觉的汽车设计优化与验证系统的架构、技术实现及应用效果。

【在线答题】

第 5 章
自然语言处理及应用

教学目标

通过本章的学习,读者能够全面理解自然语言处理的定义、原理及特点;掌握分词技术、语法分析、语义分析、信息检索、文本生成、语言识别、机器翻译、情感分析等关键技术;熟悉自然语言处理的应用领域,特别是自然语言处理在汽车领域的应用;通过案例分析,提升解决实际问题的能力。

教学要求

知识要点	能力要求	参考学时
自然语言处理概述	理解自然语言处理的定义,掌握其基于语言学、计算机科学和人工智能的原理,明确自然语言处理在人机交互、信息检索等方面的特点,为后续学习关键技术及应用打下坚实基础	2
自然语言处理的关键技术	掌握自然语言处理的关键技术(包括分词技术、语法分析、语义分析、信息检索、文本生成、语音识别、机器翻译、情感分析),能够运用这些技术分析自然语言处理中的实际问题	
自然语言处理的应用	了解自然语言处理的应用领域,重点掌握自然语言处理在汽车领域的应用,并能通过分析具体案例,理解自然语言处理技术在解决实际问题中的作用和价值	2

自然语言处理及应用 第5章

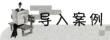导入案例

设想一个场景，用户对汽车导航系统说："请带我去最近的咖啡厅。"汽车导航系统需要理解用户的自然语言指令，识别关键信息——"最近的咖啡厅"，并快速规划最佳路线。在该过程中，自然语言处理技术发挥了重要作用。首先通过分词技术将用户指令拆分成单个词汇，然后利用语法分析和语义分析技术理解这些词汇之间的关系，最后识别用户的真实意图。在此基础上，结合信息检索技术，找到最近的咖啡厅位置，并通过文本生成技术给出清晰的导航指令。此外，随着技术的不断发展，自然语言处理在汽车领域的应用将越来越广泛，为人们的出行带来更便捷、更智能的体验。本章将深入探讨自然语言处理的相关知识及其在汽车领域的应用。

5.1 自然语言处理概述

5.1.1 自然语言处理的定义

自然语言处理（natural language processing，NLP）是人工智能和语言学的一个交叉学科，它专注于使计算机理解、解释、生成人类自然语言的文本和语音。NLP 的目标是开发能够执行自然语言相关任务（包括但不限于机器翻译、语音识别、情感分析、问答系统、信息检索、对话系统、文本摘要、文本分类、命名实体识别、关系抽取等）的系统和应用程序。

【拓展视频】

NLP 的研究涵盖从基础的词法、句法、语义分析到复杂的语言理解和生成等层面，依赖语言学、计算机科学、人工智能、数学、认知科学等学科的知识和技术。

在 NLP 过程中，计算机首先解析输入的文本或语音，通常涉及分词、词性标注、句法分析、语义角色标注等步骤；然后根据具体的任务进一步处理文本或语音，如提取关键信息、判断情感倾向、生成回复等。

NLP 的实现通常依赖机器学习算法，特别是深度学习算法，这些算法能够从大量文本数据中学习语言的规律和模式，从而有效处理自然语言。近年来，随着深度学习技术的快速发展，NLP 的性能显著提升，在各领域的应用越来越广泛。

总的来说，NLP 是一个充满挑战和机遇的领域，它不仅能够推动人工智能技术的发展，还能够为人类提供更智能、更便捷和更个性化的服务。

5.1.2 自然语言处理的原理

NLP 的原理是通过构建语言模型、词嵌入、句法分析和语义分析等核心技术，以及利用深度学习技术建模和训练，实现对自然语言的有效处理和应用。

1. 基本工作原理

NLP 的基本工作原理是接收人类的自然语言，并将其转换成机器语言（通常通过基

于概率的算法转换），分析自然语言并输出最终结果。NLP利用人类交流使用的自然语言与机器交互，分析自然语言的不同方面（包括词法、句法、语义分析等），理解用户意图，从而得到机器可读取并理解的语言。

2. 核心技术原理

（1）语言模型。语言模型是一个概率模型，用于评估一个给定序列的语言的概率。常见的语言模型包括N-Gram模型和神经网络语言模型。N-Gram模型基于N个连续的词语构建概率模型；神经网络语言模型利用深度学习技术对语言建模，能够更好地捕捉语境和语义信息。

（2）词嵌入。词嵌入是将词语映射到连续向量空间的技术，在NLP中扮演着重要角色。通过词嵌入，可以在向量空间中有效表示词语之间的语义关系。Word2Vec、GloVe和BERT等模型都是常见的词嵌入模型，它们通过学习大量文本数据中的上下文信息，将词语表示为具有语义关联的向量。

（3）句法分析。句法分析关注的是句子结构与词语的语法关系。它通过分析句子中的语法结构，识别主语、谓语、宾语等关键成分，深入理解句子的语法规则和含义。常见的句法分析方法包括基于规则的方法和基于统计学习的方法。

（4）语义分析。语义分析是NLP的关键任务，旨在理解文本的含义。它涵盖词义消歧、命名实体识别、关系抽取等方面。近年来，随着深度学习的发展，基于神经网络的语义分析模型取得了显著进展，如基于注意力机制的模型和预训练语言模型等。

3. 处理流程

（1）文本获取与预处理。首先，从不同来源（如网页、文档、社交媒体等）收集原始文本数据。接着，对文本进行预处理（包括清洗文本、分词、去除停用词、词干提取、词形还原等），以提高后续处理的准确性和效率。

（2）特征提取与表示。在预处理后的文本中提取有用的特征信息（如词频、词性、句法结构、命名实体等）。然后将这些特征转换为计算机可处理的格式（如词袋模型、词嵌入等），以捕捉词语之间的语义关系和上下文信息。

（3）模型选择与训练。根据具体的NLP任务（如文本分类、情感分析、机器翻译等），选择合适的机器学习或深度学习模型。使用标记好的数据集训练模型，使其学习语言的规律和模式，从而准确完成指定的NLP任务。

（4）模型评估与优化。使用测试数据集评估训练好的模型，以衡量其性能。根据评估结果，对模型进行调整和优化（如调整超参数、改进特征提取方法、使用更复杂的模型结构等），以提高模型的准确性和泛化能力。

（5）后处理与输出。对模型输出进行进一步处理（如去除冗余信息、调整格式、进行后校验等），以提高输出质量。以用户友好的方式呈现处理后的结果（如文本、图表、报告等），满足用户需求。

（6）迭代与反馈。根据用户反馈和实际应用效果，对NLP处理流程进行迭代和优化。收集用户反馈和实际应用数据，以指导后续的模型训练和优化，从而不断提高NLP系统的性能和用户体验。

5.1.3 自然语言处理的特点

由于 NLP 具有复杂性、模糊性、歧义性、依赖上下文、需要跨学科知识、数据驱动、应用广泛等特点,因此其成为具有挑战性和发展前景的领域。

1. 复杂性

NLP 涉及人类语言的不同方面(包括语音、语法、语义、上下文等),这些方面相互交织,使得 NLP 任务非常复杂。人类语言具有高度的灵活性和多样性,同一个词语在不同的语境下可能有不同的含义,增大了处理难度。

例如,语义理解任务。在理解"我今天很高兴,因为天气晴朗"时,NLP 系统需要识别出"高兴"是情感词,理解"因为"表示因果关系,还要知道"天气晴朗"是高兴的原因。这种对语言多层次、多维度理解的需求体现了 NLP 的复杂性。

2. 模糊性

自然语言中存在大量的同义词、近义词、反义词及多种表达方式,使得有时理解和处理自然语言具有模糊性。NLP 系统需要处理这种模糊问题,准确理解用户意图。

例如,同义词替换。在文本中,"巨大"和"庞大"可能表达相似的意思。NLP 系统需要识别同义词关系,从而在理解和生成文本时保持语义的一致性。这种同义词的多样性体现了 NLP 的模糊性。

3. 歧义性

自然语言中的一句话往往可以有多种解释,主要取决于语境、语调、停顿等因素。NLP 系统需要识别并消除歧义,以提供准确的解释和回答。

例如,"他看见了一个穿红衣服的人"可能有多种解释,比如是"他"自己穿红衣服,还是他看到他人穿红衣服。NLP 系统需要利用上下文信息消除歧义,作出正确的解释。

4. 依赖上下文

自然语言的理解和处理往往依赖上下文信息。由于同一个词语在不同的语境下可能有不同的含义,因此 NLP 系统需要利用上下文信息准确理解文本的含义。

例如,对话系统。在对话中,"你吃饭了吗?"的回应取决于之前的对话内容。如果之前已经讨论过吃饭的话题,那么这句话可能是在询问对方是否已经吃饭;如果之前没有相关讨论,那么这句话可能是在发起一个新的话题。NLP 系统需要理解上下文依赖,以作出合适的回应。

5. 需要跨学科知识

NLP 涉及语言学、计算机科学、人工智能、数学、心理学等学科知识,这些学科相互交织,共同构成了 NLP 的基础。因此,NLP 的研究和实践需要跨学科的知识及技能。

例如,情感分析。情感分析不仅涉及计算机科学的算法和技术,还需要语言学知识来理解文本中的情感表达,以及心理学知识来理解情感背后的动机和原因。这种跨学科的需求使得 NLP 成为综合研究领域。

6. 数据驱动

随着大数据和机器学习技术的发展，数据驱动方法在 NLP 中越来越重要。通过收集和分析大量的文本数据，NLP 系统可以学习语言的规律和模式，从而提高处理的准确性和效率。

例如，智能客服。智能客服通过收集和分析大量的用户对话数据，学习用户的语言习惯和表达方式，从而更准确地理解用户意图。这种数据驱动方法使得 NLP 系统不断优化和改进，提高了性能。

7. 应用广泛

NLP 在不同领域（如机器翻译、智能问答、情感分析、文本分类、语音识别等）都有广泛应用，为人们的生活和工作带来了便利，也推动了 NLP 技术的发展。

例如，搜索引擎优化。搜索引擎利用 NLP 技术理解用户的搜索意图，从而提供更准确、更相关的搜索结果。此外，NLP 还广泛应用于社交媒体分析、智能写作助手、自动摘要生成等领域，具有广阔应用前景和巨大应用价值。

5.2 自然语言处理的关键技术

5.2.1 分词技术

【拓展视频】

1. 分词技术的定义

分词技术是 NLP 的一项基础且关键的技术，它将连续的自然语言文本按照一定规则切分成一个个独立的、有意义的词语。例如，对于句子"我爱自然语言处理技术"，分词的结果是"我/爱/自然语言处理/技术"。在不同的语言中，分词的难度和特点不同。对于英语等语言，由于单词之间有天然的空格分隔，因此分词相对简单；而对于汉语、日语、韩语等没有明显分隔符的语言，分词成为理解文本语义的重要前提。

2. 分词的主要方法

（1）基于规则的分词方法。基于规则的分词方法主要依据语言的语法规则和词汇知识分词。对于汉语来说，通常利用词典匹配文本中的词语。例如，通过构建一个包含大量汉语词汇的词典，从汉语的起始位置开始，依次查找能够匹配的最长词语。例如"中华人民共和国"按照词典可以完整地切分，而不能切分成"中华/人民/共和国"等错误形式。同时，可以结合一些语法规则。比如，一些表示数量的词和名词的组合（如"一个人"）需要按照特定规则切分。然而，基于规则的分词方法的局限性在于词典的完整性和更新及时性，如果遇到新出现的词汇或词典中未收录的专业术语，可能会出现分词错误。

（2）基于统计的分词方法。基于统计的分词方法的原理是利用大规模语料库中词语的统计信息确定分词方式。常用的统计模型有最大匹配法、隐马尔可夫模型等。最大匹配法有正向最大匹配法、逆向最大匹配法等。以正向最大匹配法为例，从文本的开头开始，每次取一定长度的字符串与词典中的词语匹配，如果匹配成功就将其作为一个词语切分，如果匹配不成功就减小字符串长度继续匹配。隐马尔可夫模型将分词问题看作一个马尔可夫过程，通过计算每个词语出现的概率及词语与词语之间的转移概率确定最佳分词结果。基于统计的分词方法可以处理一些词典中没有的词语，但对语料库的依赖性较强，如果语料库不具有代表性就可能导致分词准确率下降。

（3）基于机器学习的分词方法。机器学习算法（如支持向量机、条件随机场等）广泛应用于分词。这些算法将分词问题转化为分类或标注问题。例如，采用条件随机场可以标注文本中的所有字符，标注其是词语的开始、中间、结尾或单字词。在大量标注好的语料上训练模型，可以学习字符之间的关系和词语的构成模式。基于机器学习的分词方法的优势在于能够自动学习文本的特征，但需要训练大量标记数据，并且模型的训练、调整、优化过程较复杂。

（4）基于深度学习的分词方法。近年来，深度学习技术在分词领域取得了显著成果。例如，卷积神经网络和循环神经网络及其变体（如长短期记忆网络和门控循环单元）被用于分词。这些模型可以自动学习文本的特征，无须人工设计复杂的特征。比如，将文本中的字符向量输入神经网络，通过多层计算输出每个字符的分词标注结果。基于深度学习的分词方法在处理复杂的语言现象和新词汇方面有较好的表现，但需要训练大量数据。

3. 分词技术示例

以句子"他在研究人工智能领域的最新成果"为例，采用基于规则的分词方法，利用词典将其分为"他/在/研究/人工智能/领域/的/最新/成果"。采用正向最大匹配法，如果词典合适且窗口大小合理就能得到类似结果。采用基于条件随机场的分词方法在大量标注好的语料上训练，可以准确地标注并切分句子中的所有字符。在搜索引擎应用中，如果用户输入这个句子，分词后的结果就有助于搜索到与人工智能研究成果相关的网页；在文本分类中，如果是科技类文本分类任务，"人工智能"等词语就作为重要的特征。

5.2.2 语法分析

1. 语法分析的定义

语法分析是 NLP 的一个核心环节，旨在分析自然语言句子的语法结构。其目标是根据给定的语法规则确定句子中词语之间的语法关系，构建能够反映句子层次结构的语法树。例如，对于句子"The boy plays football"，通过语法分析可以确定"The boy"是主语，"plays"是谓语，"football"是宾语，这种结构信息对理解句子的含义至关重要。语法分析的结果不仅有助于理解句子的字面意思，还为后续的语义分析、机器翻译、问答系统等提供基础结构。

2. 语法分析的主要方法

（1）基于规则的语法分析。基于规则的语法分析依赖人工编写的语法规则。专家根据目标语言的语法知识制定详细的规则集，包括词法规则（如词语的词性分类）和句法规则（如句子成分的组合方式）。例如，在英语中，规定句子通常由主语、谓语和宾语组成，主语一般是名词或代词等。基于规则的语法分析具有较高的准确性和可解释性，适用于特定的领域和语言。然而，其缺点也很明显，编写规则需要大量的人力和专业知识，而且难以覆盖所有语言现象，尤其是一些口语化或新兴的表达方式。

（2）基于统计的语法分析。基于统计的语法分析利用大规模语料库学习语法结构的概率模型。其通过统计单词之间的共现频率、词性序列的概率等信息，预测句子的语法结构。例如，通过分析大量文本，可以计算出"名词＋动词＋名词"结构是句子的可能性。这种方法能够处理自然语言中的模糊性和不确定性问题，对新出现的语言现象有一定的适应性。但它需要训练大量数据，而且模型的可解释性较差，有时会出现过拟合问题。

（3）基于深度学习的语法分析。近年来，深度学习在语法分析领域取得了显著成果。例如，循环神经网络及其变体（如长短期记忆网络和门控循环单元）可以处理句子的序列信息，对句子逐词分析并构建语法树。另外，卷积神经网络可以用于提取句子的局部语法特征。基于Transformer架构的模型在预训练过程中可以学习一定的语法信息，用于下游的语法分析任务。基于深度学习的语法分析能够自动学习语法特征，不需要人工编写复杂的规则；但需要训练大量数据，且训练模型因具有黑箱性质而使得理解和调试模型较困难。

3. 语法分析示例

以句子"美丽的花朵在花园里盛开"为例，基于规则的语法分析可能依据预先定义的规则，将"美丽的花朵"识别为主语（其中"花朵"是中心词，"美丽的"是修饰语），"在花园里"是状语，"盛开"是谓语。基于统计的语法分析可能根据大量语料库中类似结构的出现频率确定分析的可能性。基于深度学习的语法分析可能通过训练好的模型处理这个句子的词向量，输出相应的语法结构信息。在机器翻译中，如果要将其翻译成英语"Beautiful flowers are in full bloom in the garden"，语法分析可以保证翻译结果符合英语的语法规则，使翻译准确、通顺。

5.2.3 语义分析

1. 语义分析的定义

语义分析是NLP的一项关键技术，旨在理解自然语言文本的意义。它超越了语法分析对句子结构的关注，深入挖掘词语、句子、文本传达的概念、关系和意图。语义分析不仅要确定每个词语的含义，还要理解它们在特定语境下的语义组合，包括句子语义和篇章语义。例如，"apple"在不同语境下可能指水果、科技公司或其他相关概念，需要通过语义分析准确分辨其语义。从句子层面来看，对于"He found a tresure near the bank"，需要通过语义分析明确"bank"是指银行还是指河岸，以及整个句子的意义。

2. 语义分析的主要方法

（1）基于知识的语义分析。基于知识的语义分析依赖大量语义知识库，如WordNet。WordNet是一个英语词汇知识库，它将词语按照语义关系组织成同义词集，并定义词语之间的上下位关系、部分-整体关系等。查询语义知识库，可以获取词语的语义信息。分析句子时，利用语义知识库中的语义知识确定句子中词语之间的语义联系。例如，分析

"The dog chased the cat"时，可以通过语义知识库得知"chase"是一种动作，"dog"和"cat"是参与此动作的主体，从而理解句子的意义。然而，这种方法受限于语义知识库的规模和覆盖范围，可能无法准确处理新出现的词语或概念。

（2）基于统计的语义分析。基于统计的语义分析的原理是利用大规模语料库中词语共同出现的频率等统计信息推断语义。例如，如果在大量文本中"医生"和"医院"经常一起出现，那么可以推断它们存在语义关联。通过统计模型（如潜在语义分析和概率潜在语义分析等），可以挖掘文本中的潜在语义结构。统计模型可以将文本表示为低维向量空间，使得语义相似的文本在向量空间中离得近。基于统计的语义分析能够处理大规模文本数据，但可能对语义理解的深度有限，有时会受到数据稀疏性问题的影响。

（3）基于深度学习的语义分析。深度学习方法在语义分析中表现出强大的能力。例如，词向量模型可以将词语映射到低维向量空间，使得语义相似的词语在向量空间中离得近。循环神经网络及其变体能够处理句子的序列信息，捕捉词语之间的语义关系。基于Transformer架构的模型通过多头注意力层更好地理解句子中词语的上下文语义，可以自动学习文本的语义特征；但需要训练大量数据，且模型的可解释性较差。

3. 语义分析示例

以句子"夕阳西下，断肠人在天涯"为例，采用基于知识的语义分析方法，可以从语义知识库中获取"夕阳""断肠人""天涯"等词语的文化内涵和语义信息。采用基于统计的语义分析方法，通过分析大量古代诗词语料库中这些词语与其他词语共同出现的情况辅助理解。采用基于深度学习的语义分析方法（如使用预训练的语言模型），可以根据模型学习的语义知识解读整个句子传达的孤独、凄凉的语义。在情感分析中，此句可被判断为消极情感；在信息检索中，如果用户查询有关思乡之情的内容，此句就可以被检索出来。

5.2.4 信息检索

1. 信息检索的定义

信息检索是NLP的一项重要技术，旨在从大量文本数据集合（如文档库、网页、数据库等）中快速、准确地找到与用户查询相关的信息。其核心是根据用户提出的问题或关键词，利用算法和模型对文本内容进行分析及匹配，以返回满足用户需求的结果。信息检索不仅涉及对文本内容的理解，还涉及对索引结构、检索策略等方面的优化，以提高检索的效率和准确性。例如，当用户在搜索引擎中输入"人工智能在医疗领域的应用"时，信息检索系统要在海量网页中筛选与人工智能在医疗领域应用相关的内容。

2. 信息检索的主要方法

（1）基于关键词匹配的信息检索。基于关键词匹配的信息检索是最基本的信息检索方法，将用户输入的查询关键词与文本集合中的文档进行简单匹配。构建索引时，通常提取文档中的词语、记录其出现位置等信息。检索时，根据关键词在文档中的出现情况判断相关性。例如，对于一个文档数据库，如果用户查询"机器学习算法"就查找包含"机器学习"和"算法"两个关键词的文档。这种检索方法简单直接，但存在局限性，如无法处理同义词（如"电脑"和"计算机"）、多义词，也无法理解关键词之间的语义关系，可能导致检索结果过多或不准确。

（2）基于向量空间模型的信息检索。基于向量空间模型的信息检索将文档和查询都表示为向量。首先，通过词袋模型等方式将文档表示为词向量，每个维度都对应一个词语，值可以是词频、词频-逆文档频率（term frequency - inverse document frequeney，TF - IDF）等，以类似的方式将查询表示为向量。然后，通过计算文档向量和查询向量的相似度（如余弦相似度）确定相关性。例如，对于文档"自然语言处理技术在智能客服中的应用"和查询"自然语言处理在客服系统的应用"，它们在向量空间中的相似度较高。这种检索方法可以处理一定程度的语义相关性，但在语义复杂的情况下存在不足，且向量维度可能很高，导致计算成本增加。

（3）基于概率模型的信息检索。概率模型从概率的角度衡量文档与查询的相关性。例如，贝叶斯网络模型和概率检索模型等基于概率论原理，通过估计文档与查询相关的概率检索。以朴素贝叶斯模型为例，它假设词语之间相互独立，根据训练数据计算每个词语在相关文档和无关文档中出现的概率，然后在检索时计算文档属于相关类别的后验概率。这种检索方法可以利用概率统计知识更好地处理不确定性问题；但模型假设可能与实际情况不符，且对数据的依赖性较强。

（4）基于语义分析的信息检索。随着 NLP 技术的发展，基于语义分析的信息检索越来越受到关注。这种检索方法主要利用语义知识，如词汇语义、句子语义等。例如，通过语义解析将用户查询和文档转换为语义表示，然后进行匹配。利用知识图谱可以更好地理解实体之间的关系，比如查询"乔布斯创建的公司的产品"，通过知识图谱可以准确找到苹果公司相关产品的信息。此外，基于深度学习的语义模型可以自动学习词语和文本的语义特征，提高检索准确性，但需要训练大量数据。

3. 信息检索示例

以在学术数据库中检索"深度学习在图像识别中的应用"相关文献为例，采用基于关键词匹配的信息检索方法查找标题、摘要或正文中包含"深度学习"和"图像识别"两个关键词的论文。采用基于向量空间模型的信息检索方法，数据库中的每篇论文和查询都被表示为向量，通过计算相似度筛选相关文献，可能找到一些虽然没有直接包含关键词但语义相近的论文，比如提到"卷积神经网络在视觉任务中的应用"的论文。采用基于语义分析的信息检索方法，如果利用知识图谱，查询"深度学习"时就能关联到其包含的模型（如卷积神经网络等），查询"图像识别"时就能关联到相关的视觉任务和数据集等，从而更准确地检索到相关文献。

5.2.5 文本生成

1. 文本生成的定义

文本生成是 NLP 的一项关键技术，旨在根据给定的输入信息自动创建自然语言文本。它涉及语言模型和算法的应用，利用语言的语法、语义、语用等知识生成具有连贯性、逻辑性和可读性的文本内容。文本生成可以基于不同的输入形式（如关键词、主题描述、图像、对话历史等），输出不同类型的文本（如文章、摘要、对话回复、故事等）。其核心目标是使生成的文本尽可能在语言表达上与人类创作的文本相似，同时满足特定的应用需求。

2. 文本生成的主要方法

（1）基于规则的文本生成。基于规则的文本生成依赖预先定义的模板和规则生成文本。例如，生成天气预报文本时，可以根据天气数据和固定的模板"今天天气［天气状况］，最高气温［最高温度值］摄氏度，最低气温［最低温度值］摄氏度"生成类似于"今天天气晴，最高气温25摄氏度，最低气温15摄氏度"的内容。在一些简单的领域特定应用中，如体育赛事结果报道的模板"［队伍1］在［比赛项目］比赛中以［比分］战胜［队伍2］"，通过填入相应的信息生成文本。然而，这种方法的缺点是灵活性较差，只能生成符合特定模板的文本，难以处理复杂的自然语言表达，生成的文本往往较生硬。

（2）基于统计的文本生成。基于统计的文本生成的原理是利用大规模语料库中词语、短语和句子的统计信息生成文本。其中，n元语法模型是常用的方法。例如，二元语法模型通过统计相邻两个词语同时出现的频率预测下一个词语。通过计算概率分布，如P（单词2｜单词1），可以根据上一个词语选择下一个可能出现的词语。此外，还有隐马尔可夫模型等，将文本生成看作一个具有隐藏状态的马尔可夫过程，根据状态转移概率和观测概率生成文本。采用基于统计的文本生成方法可以生成更自然的文本；但存在数据稀疏问题，即难以准确生成一些在训练语料中很少出现的词语组合，并且对长距离依赖关系的处理能力有限。

（3）基于深度学习的文本生成。基于深度学习的文本生成主要包括循环神经网络及其变体和Transformer架构。循环神经网络可处理文本序列信息，它在每个时间步都接收一个词语并输出对下一个词语的预测。长短期记忆网络和门控循环单元作为循环神经网络的变体，解决了循环神经网络中的梯度消失问题，能更好地处理长距离依赖关系，比如生成故事文本时可依据前面情节生成后续内容，大量文本数据训练能让这些网络学习语言的语法和语义模式。Transformer架构是一种完全基于注意力机制的模型，GPT和BERT等相关模型在文本生成领域应用广泛。GPT是一种自回归语言模型，对大规模文本进行无监督预训练后，可在特定任务中微调，通过多头注意力层捕捉单词间的语义关系，生成高质量、连贯的文本。虽然BERT模型主要用于语言理解任务，但其架构和训练方法为文本生成提供了新思路，如通过修改模型结构使其适用于生成任务。

3. 文本生成示例

以故事生成任务为例，假设输入是"在神秘的森林里，有一个勇敢的小女孩"，采用基于规则的文本生成方法可能根据设定的情节模板继续生成"她佩戴宝剑，寻找失落的宝藏"。采用基于统计的文本生成方法可能根据大量童话故事语料库中类似于前文词语的出现频率生成后续内容，比如"她在森林中遇到了一只会说话的狐狸，狐狸告诉她宝藏的方向"。采用基于深度学习的文本生成方法，如使用GPT模型，经过大量文本数据训练后，可能生成"在神秘的森林里，有一个勇敢的小女孩，她身着一袭轻便的衣衫，眼神中透着无畏。她听闻森林深处有被魔法封印的宝藏，那是可以实现任何愿望的神奇之物。于是，她踏上了这条充满未知的寻宝之路，周围的树木仿佛都注视着她的一举一动"。

5.2.6 语音识别

1. 语音识别的定义

语音识别是 NLP 的一项关键技术，旨在将人类语音中的词语内容转换为计算机可识别和处理的文本形式。语音识别涉及对语音信号的分析、特征提取及与语言模型的匹配，简单来说就是让计算机"听懂"人类说话。例如，当用户对着语音助手说"播放音乐"时，语音识别系统能够准确地将其转换为文本，进而使设备执行相应的操作。它不仅需要处理不同口音、语速、语调等语音变体，还需要应对环境噪声的干扰，以保证识别结果准确。

2. 语音识别的主要方法

（1）基于模板匹配的语音识别。基于模板匹配的语音识别是早期语音识别的主要手段。它基于预先存储的语音模板，这些模板通常是通过对大量标准语音样本进行处理和分析得到的。在识别过程中，将输入的语音信号与这些模板比较，从而计算相似度。例如，对于每个数字发音的标准模板，当接收新的语音信号时，系统会在时间轴上将其与各数字模板进行对齐和匹配操作。常用的匹配算法是动态时间规整算法，它可以解决语音信号在时间维度上的伸缩问题，即使说话速度不同也能较好地匹配。然而，这种方法的局限性在于对模板的依赖性强，需要大量模板覆盖各种可能的语音情况，而且对新的语音模式或有口音差异的语音识别效果较差。

（2）基于统计模型的语音识别。隐马尔可夫模型是语音识别中广泛应用的统计模型。隐马尔可夫模型将语音信号看作一个马尔可夫过程，每个语音帧都被视为一个状态，状态之间存在转移概率。同时，每个状态产生观测值（语音特征）的概率是模型的一部分。通过大量语音数据训练隐马尔可夫模型，可以学习不同语音单元（如音素、音节）的模型参数。例如，识别英语单词"hello"时，隐马尔可夫模型根据语音信号的特征和训练好的音素确定每个音素的概率，进而组成单词。此外，高斯混合模型常与隐马尔可夫模型结合，用于对语音特征的概率分布建模，提高模型对复杂语音特征的表示能力。但这种方法在处理复杂的语音环境和长距离语音依赖关系时存在一定挑战。

（3）基于深度学习的语音识别。深度学习在语音识别领域取得了显著成果。卷积神经网络可以自动提取语音信号的局部特征，例如通过卷积层捕捉语音频谱中的特定模式，这些模式可能对应不同的发音特征。循环神经网络及其变体（如长短期记忆网络和门控循环单元）擅长处理语音的序列信息，能够应对语音中的长距离依赖关系。例如，在一个连续的语音流中，循环神经网络可以根据之前的语音信息更好地理解当前语音内容。基于注意力机制的模型（如 Transformer 架构）逐渐应用于语音识别，它可以动态地聚焦于语音信号中的不同部分，提高识别的准确性。这种方法无须复杂的手工特征工程，能够直接从大量语音数据中学习特征，但需要对大量的计算资源和数据训练。

3. 语音识别示例

以使用语音助手查询餐厅信息为例。用户对着手机说"附近有什么好的餐厅"，首先语音识别系统处理语音信号，基于深度学习模型（如结合循环神经网络和长短期记忆网络的模型)提取语音特征并识别语音内容,其中循环神经网络捕捉语音频谱中的关键特征,长短期记忆网络处理语音的序列信息;然后将识别的文本传递给自然语言处理模块,进一步理解用户意图;最后,搜索餐厅信息并推荐给用户。如果在嘈杂的环境(如热闹的街道)下,语音识别系统就需要通过一些降噪技术和具有鲁棒性的语音识别算法准确识别语音内容。

5.2.7 机器翻译

1. 机器翻译的定义

机器翻译是 NLP 领域的一个重要分支,旨在利用计算机技术实现不同自然语言之间的自动翻译。它分析源语言文本,并将其语义、语法和词汇等信息转换为目标语言的相应表达方式,从而生成符合目标语言习惯的翻译结果。例如,将英文"I love you"翻译成中文"我爱你"。机器翻译的目标是使翻译过程尽可能准确、高效和自然,以满足不同语言使用者之间交流、信息传播和知识共享等需求。

2. 机器翻译的主要方法

(1) 基于规则的机器翻译。基于规则的机器翻译主要依靠人工编写的语言规则实现翻译。专家根据源语言及目标语言的语法、词汇、语义规则构建庞大、复杂的规则库。例如,将英文翻译为法文的规则可能包括英文单词的词性变化规则、句子结构的转换规则、英法词汇之间的对应规则等。在翻译过程中,系统对源语言句子进行词法分析、语法分析,然后依据规则库中的规则将其转换为目标语言。这种方法的优点是翻译结果的准确性较高;缺点是编写和维护规则库需要大量人力及专业知识,而且难以覆盖所有语言现象和新出现的词汇与表达方式,对复杂的句子结构和语义理解存在局限性。

(2) 基于统计的机器翻译。基于统计的机器翻译利用大规模的双语平行语料库学习源语言与目标语言的翻译概率模型。它通过统计语料库中单词、短语甚至句子之间的对齐关系和共现频率确定翻译的可能性。例如,通过分析大量的中英文平行语料,可以计算将英文单词"apple"翻译成中文"苹果"的概率。翻译时,根据概率模型搜索最可能的翻译结果。这种方法的优点是能够处理自然语言中的模糊性问题和不确定性问题,可以自动从数据中学习语言之间的关系,对新出现的词汇和语言现象有一定的适应性;缺点是对语料库的依赖性强,需要大量高质量的双语数据,而且模型训练复杂,有时翻译结果不准确,尤其是对低频词和长句子的翻译。

(3) 基于神经机器翻译。基于神经机器翻译是基于神经网络的机器翻译,是较先进的机器翻译方法,它利用神经网络模型实现翻译。其中,Transformer 架构是具有代表性的模型。采用基于神经机器翻译方法,编码器将源语言句子编码成一个连续的向量表示,该向量包含句子的语义和语法信息。然后,解码器根据该向量生成目标语言句子。通过对大量双语数据训练,模型可以自动学习语言之间的映射关系。基于神经机器翻译的优点是能够处理复杂的句子结构和语义关系,生成更流畅、自然的翻译结果;同时,它不需要像基于规则的机器翻译一样手动编写大量规则,更适合处理长距离依赖和复杂的语言现象。但这种方法需要对大量计算资源和数据训练,模型的可解释性较差,并且在处理一些低资源语言对时可能面临挑战。

3. 机器翻译示例

以翻译句子"我喜欢在美丽的海边看日出"为例,采用基于规则的机器翻译方法时,可能根据预先设定的中文到英文的语法和词汇规则,将其翻译为"I like to watch the sunrise at the beautiful seaside"。采用基于统计的机器翻译方法时,可能通过在大量中文-英文平行语料库中学习单词与短语的对应关系得到类似的翻译结果,但一些细节可能不同,比如可能根据统计概率将"看日出"翻译成"watch the sunrise"或"see the sunrise"等。采用基于神经机器翻译方法学习大量数据,能够更准确地处理"喜欢"的用法以及整个句子的结构,生成更自然的翻译结果,如"I love watching the sunrise at the beautiful seaside"。在跨国商务场景中,如果一份中文的产品说明书中有这个句子,就可以通过机器翻译将其准确地翻译给国外的合作伙伴,方便他们了解产品相关的体验场景;在旅游场景中,如果游客向国外友人描述这个场景,翻译工具就可以帮助双方准确沟通。

5.2.8 情感分析

1. 情感分析的定义

情感分析又称意见挖掘,是 NLP 的一项旨在识别和提取文本中情感倾向信息的关键技术。它不仅简单地判断文本传达的情感极性(积极、消极或中性),还分析情感强度、情感对象及具体情感类型(如快乐、悲伤、愤怒、惊讶等)。通过分析文本中的词汇、语法结构、语义关系及上下文信息,情感分析技术能够深入挖掘作者或说话者潜在的情感态度,从而为理解人类的情感表达和决策过程提供有价值的依据。例如,对于文本"这部电影情节扣人心弦,特效也非常震撼,是一次绝佳的观影体验",采用情感分析技术可以判断其具有强烈的积极情感,情感对象是电影,主要情感类型为愉悦和赞赏。

2. 情感分析的主要方法

(1)基于情感词典的情感分析。基于情感词典的情感分析依赖事先构建的情感词典。情感词典包含大量词汇,每个词汇都被标注相应的情感极性(如积极、消极或中性)和情感强度。进行情感分析时,系统扫描待分析文本中的词汇,查找其在情感词典中的匹配项,并根据这些词汇的情感极性和情感强度计算整个文本的情感倾向。例如,"美丽""喜欢"等词汇通常被标注为积极情感,"丑陋""讨厌"通常被标记为消极情感。一些具有修饰作用的词汇(如"非常""极其"等)可增强与之相邻情感词汇的情感强度。然而,这种方法存在一定的局限性。首先,情感词典的覆盖范围有限,难以包含所有词汇,尤其是新出现的网络用语、专业术语或特定领域的词汇。其次,它无法很好地处理文本中的语义反转现象,如"这部电影画面精美,但剧情无聊",仅依靠词典可能会误判情感倾向。

(2)基于传统机器学习的情感分析。利用支持向量机、朴素贝叶斯、决策树等传统机器学习算法进行情感分析时,首先需要将文本转化为特征向量,常见的特征表示方法有词袋模型(将文本看作单词的集合,每个单词都是一个特征)和 TF-IDF 等;然后在标记情感倾向的训练数据上训练模型,使模型学习不同情感文本的特征模式,例如训练支持向量机模型时,通过调整超平面区分积极情感文本和消极情感文本的特征空间。这种方法能够处理更复杂的文本特征关系,但对特征工程的要求较高,需要人工选择和设计合适的特征,并且模型性能在很大程度上依赖训练数据的质量和规模。

(3) 基于深度学习的情感分析。深度学习在情感分析领域具有较大优势。例如,卷积神经网络可以自动提取文本的局部特征,通过卷积层和池化层捕捉单词组合形成的语义特征。处理文本"我喜欢这部手机的高清屏幕和流畅操作"时,卷积神经网络能够识别"喜欢""高清屏幕""流畅操作"等局部特征蕴含的积极情感。循环神经网络及其变体(如长短期记忆网络和门控循环单元)擅长处理文本的序列信息,能够捕捉文本中单词之间的长距离依赖关系。对于句子"虽然这款产品价格有点高,但它的质量非常好,我觉得还是值得购买的",循环神经网络可以更好地理解句子前后的语义变化。此外,基于 Transformer 架构的模型通过多头注意力层,能够更好地理解文本中单词的上下文语义,进一步提高情感分析的准确性。但深度学习模型需要对大量的数据和计算资源训练,并且模型的可解释性较差。

3. 情感分析示例

以一款化妆品的用户评价"这款口红颜色超级好看,而且很滋润,涂上去显得嘴唇特别饱满,我真的太爱了"为例,采用基于情感词典的情感分析方法,系统可以识别"超级好看""滋润""太爱"等积极情感词汇,判断该评价具有积极情感。采用基于机器学习的情感分析方法,将评价表示为特征向量后,模型根据训练数据中的模式判断该评价具有积极情感。在产品评论分析应用中,这种积极评价会被企业收集和统计,作为产品受欢迎程度的依据。在社交媒体监测场景中,如果用户在社交平台发布这条评价,相关品牌方就可以了解消费者对产品的积极态度;在市场调研中,这条评价可以作为消费者对化妆品颜色、滋润度等方面需求满足的反馈。

5.3 自然语言处理的应用

5.3.1 自然语言处理的应用领域

NLP 的应用领域广泛,包括但不限于以下领域。

【拓展视频】

1. 机器翻译

(1) 在线翻译平台。谷歌翻译、百度翻译等在线翻译平台运用 NLP 技术具有翻译多种语言功能。用户输入源语言内容,在线翻译平台能快速、准确地输出目标语言文本,支持大量语言对,方便跨国交流、旅游和商务活动。

(2) 本地化翻译。在软件、游戏等产品本地化过程中,NLP 有助于将源语言内容准确地翻译成目标市场语言,不仅要处理文字的直接翻译,还要考虑文化背景、语言习惯等因素,使本地化后的产品被当地用户自然接受。

2. 文本分类

(1) 新闻分类。在新闻媒体行业,可以利用 NLP 技术对新闻文章分类,如政治、经济、娱乐、体育等。分析文本中的关键词、语义结构等，自动将新闻分到合适的类别，方便用户浏览和搜索，提高新闻平台的运营效率。

（2）垃圾邮件过滤。邮件系统通过 NLP 技术识别邮件内容，判断是否为垃圾邮件。分析邮件的主题、正文内容、发件人信息等，将垃圾邮件拦截在用户收件箱之外，减少用户受到的骚扰，保障用户的信息安全。

3. 情感分析

（1）产品评价分析。在电商平台，采用 NLP 技术可以判断用户对产品的评价是积极的、消极的还是中性的，了解用户对产品各方面（如质量、功能、外观等）的满意度。企业可以根据这些反馈改进产品，优化营销策略。

（2）社交媒体舆情监测。对社交媒体上的大量用户言论进行情感分析，政府和企业可以分别了解公众对政策和品牌等的态度。例如，通过分析微博、推特等平台的内容，及时发现负面舆情并采取应对措施。

4. 智能问答系统

（1）客服问答。在企业客服中，采用 NLP 技术的智能问答系统能理解用户问题，并从知识库中找到准确答案。无论是产品咨询、故障排除还是售后问题，该系统都能快速响应，以减小人工客服压力，提高服务的质量和效率。

（2）知识问答平台。知乎、百度知道等知识问答平台利用 NLP 技术优化问题理解及答案推荐。当用户提出问题时，知识问答平台能更好地分析问题意图，推荐相关且高质量的答案，提升用户获取知识的体验。

5. 文本生成

（1）新闻写作。新闻机构可以利用 NLP 技术进行自动新闻写作（如体育赛事报道、财经数据新闻等）。根据给定的数据和模板，系统生成符合语法和逻辑的新闻文本，快速发布信息，提高新闻报道的及时性和效率。

（2）故事创作。在文学创作领域，一些软件借助 NLP 技术生成故事。通过设定主题、人物、情节元素等，软件可以创作不同风格的故事，为创作者提供灵感，或者作为一种娱乐方式为用户生成个性化的故事。

6. 语音助手

（1）家庭智能设备控制。语音助手（如小爱同学、Siri 等）应用 NLP 技术理解用户语音指令。用户可以通过语音控制智能家居设备（如开灯、调节空调温度、播放音乐等），使家居生活更便捷，无须手动操作，提高生活的便利性。

（2）信息查询与服务。用户向语音助手询问天气、股票信息、交通路况等内容时，语音助手利用 NLP 技术分析问题，从网络获取信息并作出回答；同时具有设置闹钟和日程提醒等功能，为用户的日常生活提供便利。

7. 语言教学

（1）语法检查与辅导。语言学习软件可以采用 NLP 技术检查学生作文、练习中的语法错误，并给出修改建议。语言学习软件通过分析句子结构、词汇用法等，帮助学生提高语言准确性，还可以提供语法讲解和例句，辅助学生学习。

（2）口语练习评估。对于口语练习，采用 NLP 技术的软件可以评估学生的发音、语调、流利度等，并对比标准发音模型，指出学生口语中的问题，促进学生口语能力的提高。

8. 文档摘要生成

（1）学术文献摘要。在学术研究领域，可以通过 NLP 技术处理大量学术文献，如提取文献的关键信息并生成摘要，研究人员可以快速了解文献的核心内容，节省阅读时间，提高文献筛选和研究的效率。

（2）商业报告摘要。对于长篇商业报告，企业可以利用 NLP 技术生成摘要，管理人员可以快速掌握报告要点（如市场分析、财务数据、业务进展等），以便作出决策，提高企业管理效率。

9. 信息抽取

（1）实体识别。在大量文本数据（如新闻报道、商业文档等）中，采用 NLP 技术可以识别特定的实体（如人物、组织、地点、时间等），对信息整合和分析非常有用，例如在情报分析、市场调研中帮助用户快速获取关键实体信息。

（2）关系抽取。采用 NLP 技术可以进一步分析文本中实体之间的关系，如人物与组织的隶属关系、公司之间的合作关系等。NLP 在知识图谱构建、语义理解等方面有重要应用，其能够帮助建立更丰富的知识结构，加深对文本内容的理解。

10. 文本校对

（1）拼写检查。NLP 中的拼写检查功能广泛应用于文本编辑场景。无论是办公文档、写作软件还是网页表单，都能通过 NPL 技术快速检测单词拼写错误，并提供正确的拼写建议，保证文本的准确性。

（2）用词规范检查。除了拼写检查，通过 NLP 技术还可以检查用词是否符合特定的语言规范和语境。例如，在正式文档中避免使用过于口语化或不规范的词汇，在专业领域文本中使用准确的专业术语，提高文本的质量和专业性。

5.3.2　自然语言处理在汽车领域的应用

1. 自然语言处理在汽车设计中的应用

采用 NLP 技术在汽车设计中分析、理解和生成自然语言，为汽车设计师、工程师提供有力工具，以精准捕捉用户需求、优化设计流程，并提升产品竞争力。

（1）用户需求精准捕捉。

① 用户反馈深度分析。采用 NLP 技术能够自动分析用户反馈（包括社交媒体评论、在线调查、用户支持对话等），提取关键信息（如用户满意度、改进建议、潜在需求等）。这些信息为设计师提供了依据，帮助他们更准确地理解用户对汽车设计的期望和偏好。

② 情感倾向识别。采用 NLP 技术能够分析用户反馈中的情感倾向。通过情感分析，设计师可以了解用户对不同设计元素的情感反应，从而在设计过程中作出更人性化的调

整，提高用户满意度。

（2）设计优化与验证。

① 设计语言一致性校验。采用NLP技术可以分析汽车品牌的设计语言（如线条、形状、色彩等），保证新车设计与品牌现有车型设计一致。这种一致性校验有助于增强品牌识别度，提升用户对品牌的信任感。

② 功能描述与验证。在汽车设计过程中，NLP技术可以用于验证新功能或配置的描述是否准确、清晰。通过生成自然语言描述，并与用户进行交互测试，设计师可以收集用户反馈，优化功能设计，保证其实用性和用户体验最佳。

③ 多语言支持能力。随着全球化的深入发展，设计师需要考虑不同地区的用户需求。NLP技术可以帮助设计师生成多种语言的车辆说明、功能介绍等，保证全球用户都准确理解汽车的功能和使用方法。

（3）人机交互界面设计。

① 语音交互界面优化。NLP技术在汽车人机交互界面设计中发挥关键作用。通过设计智能语音助手，用户可以通过自然语言指令控制汽车的不同功能（如导航、空调温度等）。这种语音交互方式提高了驾驶安全性和用户体验。

② 对话系统智能优化。采用NLP技术可以优化汽车对话系统的性能，使其更准确地理解用户的意图和需求。通过训练深度学习模型，对话系统可以学习并适应不同用户的语言习惯和表达方式，提供更个性化的服务。

③ 情感识别与响应。采用NLP技术可以识别用户的情感状态（如兴奋、疲劳、愤怒等）。根据用户的情感变化，汽车可以自动调整车内环境（如播放音乐、调整灯光等），以提高用户体验。

（4）设计创新与技术融合。

① 设计灵感挖掘。采用NLP技术可以分析大量设计案例和用户评论，挖掘设计灵感和设计趋势。通过自然语言理解技术，设计师可以快速获取行业内的最新设计理念和创新点，为设计创新提供有力支持。

② 技术融合与创新。随着技术的发展，NLP技术可以与更多先进技术（如深度学习、计算机视觉等）结合，形成更智能化的汽车设计流程。这些技术的融合将推动汽车设计的创新和发展，为用户带来更智能、更便捷的汽车产品。

（5）挑战与未来展望。

① 挑战。尽管NLP技术在汽车设计中有广阔的应用前景，但仍面临一些挑战。例如，汽车设计涉及大量专业术语和复杂概念，对NLP技术的理解和生成能力提出很高要求。此外，汽车设计过程中的数据安全和隐私保护也是NLP技术应用的重要问题。

② 未来展望。随着NLP技术的发展和完善，其在汽车设计中的应用将更广泛、更深入。预计NLP技术将与更多先进技术结合，形成更智能化的汽车设计流程。同时，随着用户对个性化、智能化服务的需求不断增加，NLP技术将成为汽车设计领域的重要驱动力。

综上所述，NLP技术在汽车设计中的应用为行业带来了前所未有的智能化和便捷性。通过精准捕捉用户需求、优化设计流程、提升人机交互界面设计水平以及推动设计创新与技术融合等，采用NLP技术不仅提高了汽车设计的效率和准确性，还为用户带来了更个性化、更智能化的体验。随着技术的进步和应用场景的拓宽，NLP 技术将在汽车设计领域发挥更重要的作用。

2. 自然语言处理在汽车制造中的应用

NLP 技术对汽车制造流程的优化、产品质量和生产效率的提高有重要作用。采用 NLP 技术解析、理解和生成自然语言，为汽车制造商提供强大的工具，以优化生产流程、提高产品质量、优化供应链、推动智能制造与"工业 4.0"。

（1）生产流程优化。

① 智能调度与排程。采用 NLP 技术分析大量的生产数据和历史记录，可以识别生产流程中的瓶颈和延误点；还可以解析生产计划和调度指令，优化生产排程，减少生产等待时间和资源浪费。这种智能调度与排程能够保证生产流程更高效、更灵活，提高整体生产效率。

② 质量监控与反馈。在汽车制造过程中，NLP 技术可以用于实时监控生产质量。通过分析生产过程中的自然语言数据（如员工反馈、设备日志等），NLP 系统可以识别潜在的质量问题。这种实时监控与反馈有助于及时发现及解决生产中的质量问题，减少不良产品，提高产品质量和用户满意度。

（2）产品质量提高。

① 智能检测与诊断。NLP 技术可以用于汽车制造中的智能检测与诊断。通过分析设备故障报告、维修记录等自然语言数据，NLP 系统可以识别故障模式、预测潜在故障，并提供相应的维修建议。这种智能检测与诊断有助于提前发现设备故障，减少停机时间，提高生产设备的可靠性和稳定性。

② 用户反馈分析。NLP 技术可以用于分析用户反馈，了解用户对汽车产品的使用体验和满意度。通过分析用户评论、在线调查等自然语言数据，NLP 系统可以提取关键信息（如用户满意度、改进建议、潜在需求等），这些信息有助于汽车制造商了解用户对产品的期望和偏好，从而在产品设计和生产过程中作出符合用户需求的调整。

（3）供应链优化。

① 供应商沟通与协作。在汽车制造中，供应链管理至关重要。NLP 技术可以应用于供应商沟通与协作中，实现与供应商的自动沟通和信息同步。这种自动沟通和信息同步有助于减少沟通障碍及信息延误，提高供应链的透明度和响应速度。

② 需求预测与库存管理。NLP 技术可以用于需求预测与库存管理。通过分析市场趋势、用户反馈等自然语言数据，NLP 系统可以预测未来市场对汽车产品的需求变化。这种需求预测有助于汽车制造商制订更加合理的生产计划，优化库存管理，减少库存积压和浪费。

（4）推动智能制造与"工业 4.0"。

① 智能辅助决策。在汽车制造过程中，NLP 系统可以作为智能辅助决策工具。NLP 系统分析大量的生产数据、市场数据等，为汽车制造商提供决策支持。这种智能辅助决策有助于汽车制造商更准确地把握市场动态和用户需求，制订更科学的生产计划和市场策略。

② 人机交互与自动化。NLP 技术在智能制造中的人机交互和自动化方面有重要应用。

NLP系统可以实现人与机器的自然交互,提高生产过程中的自动化水平。例如,在生产线上,员工可以通过自然语言指令控制机器人和自动化设备,实现更灵活、更高效的生产操作。

(5) 挑战与未来展望。

① 挑战。在汽车制造场景中,NLP落地存在双重挑战:工艺参数、故障代码等专业术语与制造流程深度交织,要求模型兼具工业语义解析与跨模态知识推理能力;生产数据包含设备指纹、工艺配方等敏感信息,数据标注合规性与模型训练隐私保护构成应用核心挑战。

② 未来展望。NLP将向"认知+决策"深化,与数字孪生、视觉检测融合构建智能质检系统,通过工艺文档理解自动生成标准操作程序;结合用户语音交互数据"反哺"研发,实现从"功能定义"到"体验设计"的全链路智能化。隐私计算技术的突破,将加速NLP成为汽车智造的认知引擎。

综上所述,NLP技术在汽车制造中的应用为行业带来了前所未有的智能化和便捷性。通过优化生产流程、提高产品质量、优化供应链以及推动智能制造与"工业4.0"等方面的工作,NLP技术不仅提高了汽车制造的生产效率和产品质量,还为用户带来了更个性化、更智能化的汽车产品。随着技术的进步和应用场景的拓宽,NLP技术将在汽车制造领域发挥更重要的作用。

3. 自然语言处理在汽车产品中的应用

NLP技术在汽车产品中的应用日益广泛,主要体现在智能车载系统、自动驾驶技术以及用户交互等方面,为汽车行业带来了前所未有的智能化和便捷性。

(1) 智能车载系统的语音交互。

① 语音控制。智能车载系统通过NLP技术,可以理解并响应驾驶人的自然语言指令,如"播放周杰伦的歌曲""导航到最近的加油站"等。语音控制不仅提高了驾驶的安全性,还使得驾驶人在驾驶过程中更专注于路况,减少因操作车载系统而分散注意力的情况。

② 上下文理解。智能车载系统通过NLP技术,可以基于对话的上下文信息,理解用户的意图和需求。例如,当驾驶人说"我有点饿了,附近有什么好吃的?"时,智能车载系统能够理解驾驶人想要寻找附近餐厅的需求,自动搜索并推荐附近的餐厅。这种上下文理解能力使得车载系统能够提供更智能化、更个性化的服务。

③ 多轮对话。NLP技术支持多轮对话,即智能车载系统能够与用户进行连续的、有逻辑的对话交流,更准确地理解用户的需求,并提供更精准的服务。例如,当驾驶人询问"附近的电影院怎么走?"时,智能车载系统可以进一步询问"您想看哪部电影?"或"您希望几点到达电影院?"等问题,以提供更个性化的导航服务。

(2) 自动驾驶技术的辅助与支持。

① 驾驶指令理解。在自动驾驶模式下,NLP系统能够理解驾驶人的语音指令,如"加速""减速""变道"等,并将这些指令转化为自动驾驶系统的控制信号,使得驾驶人在自动驾驶模式下仍然能够保持对汽车的控制,提高了驾驶的安全性和灵活性。

② 路况信息分析。NLP系统可以分析车载传感器(如雷达、摄像头等)收集的路况

信息（如交通标志、行人等），为自动驾驶系统提供更丰富、更准确的环境感知数据，有助于自动驾驶系统作出更智能、更安全的决策。

③ 紧急情况下的沟通。在自动驾驶过程中，如果遇到紧急情况或故障，NLP系统就可以自动与驾乘人员沟通，提供紧急救援指导或联系相关部门协助，以最大限度地保障驾乘人员的安全。

（3）用户交互的优化。

① 个性化服务。NLP系统可以分析用户的语音指令、行为习惯等个人信息，为用户提供个性化的服务。例如，智能车载系统可以根据用户的喜好自动播放音乐、调整温度等，为用户提供更舒适、更愉悦的体验。

② 智能问答。采用NLP技术的智能问答系统可以回答用户车辆状态、功能使用等方面的问题。智能问答系统不仅提高了交互的便利性，还有助于用户更好地了解和使用汽车。

③ 情感识别与反馈。NLP技术可以用于分析用户的语音、语调、情感词汇等，识别用户的情感状态。根据用户的情感状态，智能车载系统可以提供相应的情感反馈或建议。例如，当用户表现出疲劳时，智能车载系统可以提醒用户注意休息或播放让人放松的音乐。

（4）挑战与未来展望。

① 挑战。随着NLP技术在汽车产品中的深入应用，隐私保护成为亟待解决的问题。处理用户语音指令和个人信息时，必须严格遵守隐私保护法规，以保证数据的安全性与隐私性。此外，虽然NLP技术取得一定进展，但仍面临准确性、多轮对话连贯性等技术难题，科研人员与企业需持续投入研发，攻克技术瓶颈。

② 未来展望。NLP技术在汽车产品中的应用前景广阔。随着技术的不断发展和完善，NLP技术将推动汽车产品向更智能化、更个性化的方向发展。同时，随着用户需求的不断变化，NLP技术将不断迭代升级，提供更智能、更便捷的服务，为汽车行业带来前所未有的变革与创新。

综上所述，NLP技术在汽车产品中的应用为汽车行业带来了前所未有的智能化和便捷性。随着技术的不断发展和完善，相信未来NLP技术在汽车产品中的应用将更广泛、更深入，为用户带来更智能、更舒适和更安全的驾驶体验。

4. 自然语言处理在汽车后市场中的应用

NLP技术在汽车后市场中的应用逐步展现巨大的潜力和价值。汽车后市场涵盖了从汽车销售之后的所有服务环节，包括维修保养、保险理赔、二手车交易、配件销售等。NLP技术不仅提高了这些服务的效率和准确性，还为用户带来了更便捷、更个性化的体验。

（1）维修保养服务的智能化。

① 智能故障诊断。NLP技术可以用于分析用户的语音描述或文本输入，识别汽车故障的具体症状和可能的原因。通过训练深度学习模型，NLP系统能够理解和解析复杂的汽车故障描述，为维修人员提供初步诊断建议，不仅降低了误诊的可能性，还提高了维修的效率和准确性。

②维修建议与预约。基于用户的车辆信息和历史维修记录，NLP技术可以用于生成个性化的维修建议和保养计划。用户可以通过语音或文本与智能系统交互，查询维修建议、预约维修服务等。这种智能化的服务方式不仅提升了用户体验，还帮助维修店更有效地管理客户资源和预约流程。

③维修记录管理。NLP技术可以用于自动提取和整理维修记录中的关键信息（如维修日期、维修项目、更换配件等），并生成详细的维修报告，供用户查询和参考。同时，维修记录管理有助于维修店更好地跟踪车辆状况，提高服务质量和客户满意度。

（2）保险理赔服务的自动化。

①报案信息提取。NLP技术可以用于自动解析用户提交的报案信息，提取关键要素（如事故时间、地点、车辆信息、人员受伤情况等）并迅速传递给保险公司，加速理赔流程。

②定损评估。通过训练深度学习模型，NLP系统可以辅助定损员对车辆损坏情况进行评估。模型可以分析维修记录、图片和视频等数据，预测维修成本和所需时间。这种自动化的定损评估方式不仅提高了定损的准确性，还减少了人工干预和争议。

③理赔沟通。NLP技术可以应用于理赔过程中的沟通环节，帮助保险公司与客户顺畅、高效地交流。通过NLP技术和生成技术，智能系统可以自动回答客户的疑问，提供理赔进度查询、理赔政策解释等服务。

（3）二手车交易的透明化。

①车况信息分析。NLP技术可以用于分析二手车交易中的车况信息（如维修记录、事故记录、保养情况等）。通过提取和整合这些信息，智能系统可以为买家提供详细的车辆评估报告，帮助买家作出更加明智的购买决策。

②价格评估。NLP技术可以用于评估二手车价格。通过训练机器学习模型，NLP系统可以分析市场上相似车型的价格数据，预测目标车辆的市场价值。这种自动化的价格评估方式不仅提高了评估的准确性和效率，还减少了人为因素的干扰。

③交易沟通。在二手车交易过程中，NLP技术可以应用于与买家和卖家的沟通环节。智能系统可以自动回答潜在买家的咨询问题，提供车辆信息、价格谈判等服务，还可以根据买家的需求和偏好推荐合适的车型及卖家。

（4）配件销售与库存管理的智能化。

①配件查询与推荐。NLP技术可以应用于配件销售环节，帮助用户快速查询和购买汽车配件。通过语音或文本输入配件名称、型号等信息，智能系统可以自动匹配并推荐合适的配件。这种智能化的配件查询与推荐方式不仅提高了用户的购物体验，还促进了配件销售量的增长。

②库存管理。NLP技术可以应用于配件库存管理。通过分析销售数据和市场需求预测，智能系统可以自动调整配件的库存水平。这种自动化的库存管理方式不仅减少了库存积压和缺货的风险，还提高了库存周转率和资金利用率。

（5）挑战与未来展望。

①挑战。尽管NLP技术在汽车后市场的应用前景广阔，但仍面临一些挑战。例如，数据安全和隐私保护是NLP技术应用重要问题。处理用户信息和车辆数据时，必须严格遵守相关法律法规和隐私政策，保证数据的安全性和隐私性。此外，NLP技术的准确性

和可靠性也是影响其应用效果的关键因素。为了提高 NLP 技术的性能，需要不断投入研发和创新，优化算法模型和数据集。

② 未来展望。随着 NLP 技术的不断发展和完善，其在汽车后市场中的应用将更广泛、更深入。预计 NLP 技术将与更多的人工智能技术（如计算机视觉、语音识别等）结合，形成更加智能化的汽车后市场服务体系。同时，随着用户对智能化服务的需求不断增加，NLP 技术将成为汽车后市场发展的重要驱动力。

综上所述，NLP 技术在汽车后市场中的应用为行业带来了前所未有的智能化和便捷性。通过优化维修保养服务、保险理赔服务、二手车交易、配件销售与库存管理等方面的工作流程和服务质量，NLP 技术不仅提高了服务效率和准确性，还为用户带来了更便捷、更个性化的体验。随着技术的不断进步和应用场景的拓宽，NLP 技术将在汽车后市场发挥更重要的作用。

5.3.3　自然语言处理应用的案例分析

【案例 5-1】基于 NLP 技术的汽车造型推导方法。

随着人工智能技术的飞速发展，NLP 技术在不同领域得到了广泛应用，汽车设计领域也不例外。采用基于 NLP 技术的汽车造型推导方法采集和分析潜在用户的自然语言信息，提取关键词，进而设计出符合用户需求的汽车造型。

（1）背景介绍。传统的汽车设计方法往往依赖设计师的个人经验和审美观念，缺乏对用户需求的深入了解和量化分析。然而，随着市场竞争的加剧和消费者需求的多样化，传统的汽车设计方法已经难以满足市场的个性化需求。因此，基于 NLP 的汽车造型推导方法应运而生，采用该方法采集和分析用户的自然语言信息，提取用户对汽车造型的期望和要求，进而设计出符合市场需求的汽车造型。

（2）案例实施步骤。

① 提出汽车设计任务：明确汽车类型及其适用群体。例如，本次设计任务可能是针对年轻消费者设计一款时尚、动感的 SUV 车型。

② 隐性风格表征。对目标汽车类型进行市场调研，采集潜在用户的自然语言信息（如用户访谈、社交媒体评论等）。然后，对这些自然语言信息进行处理，提取关键词。例如，通过文本分析发现，年轻消费者对 SUV 车型的期望包括"时尚""动感""科技感"等关键词。

③ 显性风格的生成及评价。根据提取的关键词，设计师开始设计汽车造型风格。在该阶段，设计师需要充分考虑用户的期望和要求，将关键词转化为具体的汽车造型元素。例如，为了体现"时尚"和"动感"，设计师可能会采用流线型车身设计、大尺寸轮毂以及运动化的前脸造型。

设计完成后，对多种汽车造型设计方案进行评价。评价的主要依据是设计方案的匹配度，即设计方案与用户需求的契合程度。对比不同设计方案的匹配度，选择最佳设计方案。

（3）案例效果分析。

① 提高设计效率。基于 NLP 技术的汽车造型推导方法能够快速提取用户对汽车造型的期望和要求，为设计师提供明确的设计方向，不仅提高了设计效率，还降低了设计成本。

② 满足个性化需求。通过采集和分析用户的自然语言信息，该方法能够准确把握用户的个性化需求。因此，设计出的汽车造型更符合用户的期望和要求，提高了产品的市场竞争力。

③ 提升用户满意度。由于设计出的汽车造型更符合用户的期望和要求，因此用户在使用过程中的满意度相应提高，不仅有助于提升品牌形象，还能够促进口碑传播，为企业的长期发展奠定基础。

基于 NLP 技术的汽车造型推导方法是一种创新的设计方法，它将用户的自然语言信息转化为具体的汽车造型元素，实现对用户需求的精准把握和量化分析。该方法不仅提高了设计效率和产品质量，还满足了用户的个性化需求、提升了用户满意度。随着人工智能技术的不断发展，该方法将在未来的汽车设计领域发挥更重要的作用。

【案例 5-2】基于 NLP 技术的汽车制造质量控制优化。

随着人工智能技术的不断进步，NLP 技术逐步渗透到各行各业，汽车制造业也不例外。基于 NLP 技术的汽车制造质量控制优化实现了对汽车制造过程中质量问题的精准识别与高效解决，显著提升了汽车制造的整体质量水平。

（1）背景介绍。在汽车制造过程中，质量控制是保证产品性能、安全性和可靠性的关键环节。然而，传统的质量控制方法往往依赖人工检测和数据分析，存在效率低、错误率高以及难以发现潜在问题等问题。为了克服这些挑战，某汽车制造商引入了基于 NLP 技术的质量控制优化方案，旨在通过智能化手段提升质量控制效率与准确性。

（2）案例实施步骤。

① 数据采集与预处理。该汽车制造商在生产线上部署智能传感器和摄像头，实时采集生产过程中的数据，包括设备状态、工艺参数、产品外观图像等。同时，利用 NLP 技术对生产记录、维修记录、用户投诉等文本信息进行结构化处理，提取关键信息。

② 质量问题识别。基于采集的数据，采用 NLP 技术识别生产过程中的质量问题。通过训练 NLP 模型，NLP 系统能够自动分析生产记录中的异常描述、用户投诉中的质量问题反馈等，快速定位潜在的质量问题点。

③ 原因分析与解决方案推荐。一旦识别出质量问题，NLP 系统就进一步分析产生质量问题的原因。NLP 系统能够自动关联历史数据、专家知识库等信息，通过语义匹配和逻辑推理，提出可能的原因及相应的解决方案。例如，对于某批次汽车零部件的故障问题，NLP 系统能够自动匹配历史故障案例，推荐可能的修复措施。

④ 质量改进建议。除了及时解决问题，NLP 系统还能够根据历史数据和当前生产状况，提出长期的质量改进建议。通过对生产过程中的数据进行分析，NLP 系统能够发现质量问题的趋势和规律，为生产部门提供优化生产流程、改进工艺参数等建议。

（3）案例效果分析。

① 提升质量控制效率。通过引入 NLP 技术，该汽车制造商显著提升了质量控制效率。NLP 系统能够自动识别和解决质量问题，减少了人工干预，缩短了解决问题的时间。

② 降低质量成本。NLP 技术的应用有效降低了质量成本。通过精准识别质量问题并快速解决，减少了因质量问题导致的返工、报废等损失。

③ 提升用户满意度。随着产品质量的提升，用户满意度提高。NLP 系统能够及时发现并解决潜在的质量问题，减少了客户投诉，降低了退货率，提升了品牌形象。

④ 促进持续改进。NLP 系统提供的质量改进建议为生产部门提供了宝贵的参考信息。通过不断优化生产流程和工艺参数，该汽车制造商能够持续提升产品质量和生产效率。

基于 NLP 技术的汽车制造质量控制优化方案为汽车制造商提供了一种高效、智能的质量控制手段。通过精准识别质量问题、快速提出解决方案及提供质量改进建议，该方案显著提升了汽车制造的整体质量水平，降低了质量成本，提升了用户满意度。随着 NLP 技术的不断发展，该方案将在未来的汽车制造领域发挥更重要的作用。

【案例 5-3】基于 NLP 技术的智能座舱交互优化系统。

随着汽车行业的智能化发展，智能座舱成为现代汽车的重要组成部分。它集成了语音识别、NLP、手势控制等交互技术，旨在为用户提供更便捷、更智能的驾乘体验。基于 NLP 的智能座舱交互优化系统可以显著提升座舱内的人机交互效率和用户满意度。

（1）背景介绍。智能座舱作为汽车智能化发展的重要体现，其核心在于提供自然、流畅的交互体验。然而，传统的座舱交互系统往往存在识别率低、响应慢、交互方式单一等问题，难以满足用户对高效、智能交互的需求。因此，该汽车制造商决定引入 NLP 技术，以优化智能座舱的交互体验。

（2）系统构建与实施。

① 语音识别与自然语言理解。智能座舱交互优化系统通过先进的语音识别技术，将用户的语音指令转化为文本信息。随后，利用算法对文本信息进行解析，识别用户的意图和需求。例如，当用户说出"打开空调"时，智能座舱交互优化系统能够准确识别用户的意图是"开启空调"，并自动执行相应的操作。

② 多模态交互融合。除语音识别外，智能座舱交互优化系统还支持手势控制、触控等交互方式。通过多模态融合技术，智能座舱交互优化系统能够综合用户的语音、手势和触控信息，提供更精准、更自然的交互体验。例如，当用户说出"播放音乐"并同时做出手势时，智能座舱交互优化系统能够识别用户的意图是"选择并播放音乐"，并根据手势信息调整音量或切换歌曲。

③ 个性化服务推荐。智能座舱交互优化系统还具备个性化服务推荐功能。通过分析用户的历史行为数据，智能座舱交互优化系统能够了解用户的偏好和习惯，并为用户推荐符合其需求的服务。例如，当用户经常听某种类型的音乐时，智能座舱交互优化系统能够自动推荐类似的音乐曲目；当用户经常前往某个地点时，智能座舱交互优化系统能够为用户规划最佳路线并提供导航服务。

④ 持续学习与优化。智能座舱交互优化系统具备持续学习和优化能力。通过不断搜集用户的反馈和使用数据，智能座舱交互优化系统能够自动调整和优化交互策略，提升识别率和响应速度；还能根据用户的偏好和需求进行个性化定制，提供更贴心的服务。

（3）案例效果分析。

① 提升交互效率。通过引入 NLP 技术，智能座舱交互优化系统的交互效率显著提升。用户只需通过简单的语音或手势指令，即可实现复杂的功能操作，大大节省了时间和精力。

② 增强用户体验。智能座舱交互优化系统提供的多模态交互方式和个性化服务推荐功能，使用户享受到更自然、更流畅的交互体验。同时，智能座舱交互优化系统能够根据用户的偏好和需求进行个性化定制，满足用户的多样化需求。

③ 促进产品创新和升级。智能座舱交互优化系统的成功应用，为汽车制造商提供了宝贵的产品创新和升级经验。通过不断优化和改进系统性能，汽车制造商能够推出更先进、更智能的汽车产品，提升市场竞争力。

基于 NLP 技术的智能座舱交互优化系统为汽车制造商提供了一种高效、智能的方式，以优化座舱内的交互体验。该系统不仅提升了交互效率和用户体验，还促进了产品创新和升级。随着 NLP 技术的不断发展和完善，该系统将在未来的汽车智能化发展中发挥更加重要的作用。

【案例 5-4】 基于 NLP 技术的汽车后市场智能客服系统。

随着汽车保有量的持续增长，汽车后市场迎来了前所未有的发展机遇。然而，传统的汽车后市场服务往往存在信息不对称、服务效率低等问题，难以满足消费者日益增长的个性化需求。为了提升服务质量、增强客户黏性，某汽车后市场服务平台决定引入 NLP 技术，构建了一套智能客服系统。该系统自动处理用户咨询，实现了高效、精准的客户服务，显著提升了用户满意度和运营效率。

（1）背景介绍。汽车后市场涵盖汽车维修、保养、保险、二手车交易等领域，是汽车产业链中的重要一环。然而，由于服务链条长、环节多，因此消费者往往面临信息不对称、服务选择困难等问题。同时，传统的人工客服模式难以应对日益增长的咨询量，导致服务效率低、用户满意度不高。因此，该汽车后市场服务平台决定引入 NLP 技术，以智能化手段优化客户服务流程。

（2）系统构建与实施。

① 智能问答。智能客服系统的核心在于智能问答功能。其通过训练自然语言理解模型，准确识别用户咨询意图，并提供相应的解答。例如，当用户询问"我的车需要更换什么型号的轮胎？"时，智能客服系统自动分析用户车辆的型号、使用场景等信息，推荐合适的轮胎型号，并提供相关购买链接。

② 多轮对话与上下文理解。除单次问答外，智能客服系统还支持多轮对话和上下文理解功能，即能够记住用户之前的咨询内容，并根据上下文信息提供更加精准的解答。例如，当用户首先询问"我的车发动机故障灯亮了是怎么回事？"时，该系统提供可能的故障原因和解决方案。如果用户继续询问"如何解决？"该系统基于之前的对话内容，提供更加具体的操作步骤或建议。

③ 情感分析与用户画像。智能客服系统具备情感分析和用户画像功能。通过分析用户的咨询内容和语气，该系统能够判断用户的情感倾向（正面、负面或中立），并调整回复策略，提升用户体验。同时，该系统能够根据用户的咨询历史和偏好信息构建用户画像，为用户提供更个性化的服务推荐。

④ 知识库更新与优化。为了保持系统的准确性和时效性，汽车后市场服务平台建立了完善的知识库更新机制。通过定期收集和分析用户反馈、行业动态等信息，该平台不断更新和优化知识库内容，以保证准确回答用户咨询。

（3）案例效果分析。

① 提升服务效率。智能客服系统的引入显著提升了服务效率。该系统能够自动处理大量用户咨询，减小人工客服的工作压力，缩短用户等待时间，提升用户满意度。

② 增强用户体验。由于智能客服系统具有智能问答、多轮对话和上下文理解等功能，

因此能够为用户提供更精准、更个性化的服务。同时，情感分析功能还能够帮助汽车后市场服务平台及时发现并处理用户的不满情绪，提升用户忠诚度。

③ 促进业务增长。智能客服系统不仅能够提升服务质量，还能够促进业务增长。通过为用户提供个性化的服务推荐和购买链接，该系统引导用户作出消费决策，提升平台销售额。

基于 NLP 技术的汽车后市场智能客服系统为汽车后市场服务平台提供了一种高效、智能的客户服务解决方案。由于该系统具有自动处理用户咨询、提供精准解答和个性化服务推荐等功能，因此显著提升了服务效率和用户满意度。随着 NLP 技术的不断发展和完善，该系统将在未来的汽车后市场发展中发挥更重要的作用。

1. NLP 的定义是什么？其原理包含哪些核心技术？
2. 分词技术有哪些主要方法？各有什么优缺点？
3. 情感分析在汽车产品评价分析中的作用是什么？常用的情感分析方法有哪些？
4. NLP 在汽车制造中的生产流程优化方面有哪些具体应用？
5. 举例说明 NLP 在智能座舱交互优化系统中的功能及效果。
6. 以基于 NLP 的汽车造型推导方法为例，阐述其实施步骤及对汽车设计的影响。

【在线答题】

第6章 生成式人工智能及应用

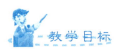
教学目标

通过本章的学习，读者能够掌握生成式人工智能的定义、原理、特点及与传统人工智能的区别；熟悉生成式人工智能工具的定义、类型、选择、智能体及提示词，并深入理解其在文本生成、图像生成、视频生成、代码生成及教育等领域的应用。

教学要求

知识要点	能力要求	参考学时
生成式人工智能概述	理解生成式人工智能的定义和原理，掌握生成式人工智能的特点，并能区分生成式人工智能与传统人工智能的主要区别	2
生成式人工智能工具	理解生成式人工智能工具的定义与类型，熟悉国内常见的生成式人工智能工具，掌握选择生成式人工智能工具的方法，理解智能体的作用，并能有效运用提示词提高生成式人工智能工具的使用效果	2
生成式人工智能的应用	熟练掌握生成式人工智能在文本生成、图像生成、视频生成及代码生成方面的应用，并理解生成式人工智能在教育领域的应用，具备利用生成式人工智能技术解决问题的能力	2

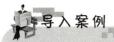导入案例

在科技日新月异的今天,生成式人工智能逐渐渗透人们生活的方方面面。想象一下,一位作家正面临创作瓶颈,此时他借助一款先进的生成式人工智能工具,只需输入几个关键词即可迅速获得多个富有创意的故事大纲,从而激发他的创作灵感。同样,在图像和视频创作领域,生成式人工智能展现出惊人的能力,设计师可以在短时间内生成大量高质量的设计作品,无论是广告海报还是电影特效都更生动、更逼真。此外,程序员不再需要从头开始编写代码,他们可以通过生成式人工智能工具快速生成符合需求的程序框架,提高了工作效率。这些只是生成式人工智能应用的"冰山一角",生成式人工智能在教育、医疗、娱乐等领域都发挥巨大作用。下面让我们一起深入探讨生成式人工智能的奥秘,见证其继续引领科技潮流。

6.1 生成式人工智能概述

6.1.1 生成式人工智能的定义

生成式人工智能(generative artificial intelligence,GAI)是指具有文本、图片、音频、视频等内容生成能力的模型及相关技术。这些模型学习数据模式的规律和特征,生成新的、逻辑清晰、可读性强的指令、文本或其他形式的内容。

【拓展视频】

生成式人工智能的核心要素包括数据驱动、模型与算法、生成能力。

(1)数据驱动。生成式人工智能依赖大量数据(如文本、图像、音频等)学习和训练。通过分析这些数据的规律和特征,模型能够生成新的内容。

(2)模型与算法。生成式人工智能的核心在于模型与算法。它们负责处理和分析输入的数据,并生成符合要求的新内容。不同的模型和算法可能适用于不同的应用场景,如文本生成、图像生成等。

(3)生成能力。生成式人工智能的显著特点是具有生成能力。与传统人工智能相比,生成式人工智能更侧重于生成,而非分类或预测。它能够根据输入的数据和指令,生成具有逻辑性和可读性的新内容。

6.1.2 生成式人工智能的原理

生成式人工智能的原理是基于深度学习和神经网络模型,模拟人类的创造性思维过程,生成新的或内容,主要包括以下阶段

(1)数据收集与预处理阶段。生成式人工智能收集大量训练数据(如文本、图像、音频等),模型学习这些数据的内在规律和分布。同时,对于检索增强生成来说,还需要构建一个外部知识库(包含与生成任务相关的信息),以便检索。

(2) 模型构建与初步训练阶段。在数据预处理完成后，生成式人工智能会构建一个神经网络模型（如生成对抗网络、循环神经网络、Transformer 架构等），捕捉数据的统计特征并生成新的数据。对于检索增强生成来说，模型还会集成一个信息检索系统，以便在生成过程中实时检索外部知识库中的相关信息。模型构建完成后，使用预处理后的训练数据进行初步训练，模型逐渐学习数据的内在规律和分布。

(3) 检索与生成协同优化阶段。在初步训练完成后，生成式人工智能进入检索与生成协同优化阶段。对于检索增强生成来说，当需要生成新的内容时，模型首先从外部知识库中检索与任务相关的信息，然后利用这些信息指导生成过程。不断优化信息检索系统与生成式模型的协同工作，可以提高生成内容的准确性和相关性。

(4) 生成新数据阶段。经过检索与生成协同优化后，生成式人工智能开始生成新数据。对于随机生成来说，模型根据学习的数据分布随机采样，生成与训练数据相似但全新的内容。对于条件生成来说，模型根据用户提供的特定条件或上下文生成符合要求的新内容。对于检索增强生成来说，还需要充分利用从外部知识库检索的信息，使生成的内容更准确、更丰富。

(5) 生成过程细化与优化阶段。在生成新数据阶段，生成式人工智能不断优化生成过程，包括调整模型的参数、优化损失函数及生成策略等，从而提高生成内容的质量和多样性。对于检索增强生成来说，还需要特别关注信息检索系统的准确性和效率，以及生成式模型如何利用检索的信息生成新的内容。

(6) 持续学习与更新阶段。生成式人工智能支持持续学习与更新，即模型不断接收并学习新数据，以适应不断变化的数据环境。对于检索增强生成来说，还需要定期更新外部知识库，以确保检索到的信息是最新的、准确的。通过持续学习与更新，生成式人工智能可以不断提高其生成内容的质量和准确性。

下面以生成式对抗网络在图像生成中的应用为例，说明生成式人工智能的原理。

(1) 数据收集与预处理。为了训练生成式对抗网络模型，需要收集大量图像数据，如自然风景、人物肖像、艺术作品等。对收集的图像数据进行预处理，包括调整图像尺寸、归一化像素值等，以保证数据的一致性和稳定性。预处理后的图像数据将作为生成式对抗网络模型的训练集。

(2) 模型构建与训练。构建生成式对抗网络模型，它主要由生成器和判别器组成。生成器的目标是从随机噪声中生成逼真的图像，判别器的目标是区分真实图像与生成图像。在训练过程中，首先将真实图像输入判别器，让其学习区分真实图像与生成图像；然后将随机噪声输入生成器，生成器尝试生成逼真的图像；接着生成图像被输入判别器，判别器评估其真实性。通过不断地迭代训练，生成器逐渐学会生成更加逼真的图像，判别器逐渐提高区分真实图像与生成图像的能力。这个过程是一个对抗性的博弈过程，直到生成器生成的图像足以欺骗判别器。

(3) 生成新图像。一旦生成式对抗网络模型训练完成，就可以使用生成器生成新的图像。将随机噪声输入生成器，可以获得一系列逼真的图像，这些图像在视觉上与自然图像相似，但又是全新的、未见过的图像。

(4) 评估与优化。需要评估生成图像，以判断其质量和真实性。评估可以基于客观指标（如图像清晰度、颜色分布等）或主观感受（如视觉美感、逼真程度等）。根据评估结果优化生成式对抗网络模型,以提高生成图像的质量和多样性。

(5) 应用与拓展。生成式对抗网络在图像生成方面的应用非常广泛,包括图像修复、图像风格迁移等。此外,生成式对抗网络还可以与其他技术(如递归神经网络、Transformer 架构)结合,以实现更复杂的图像生成任务(如视频生成、动画生成等)。

通过以上示例,可以看到生成式人工智能在具体应用中的作用。生成式对抗网络作为生成式人工智能的一种重要技术,通过不断地学习和优化生成逼真的图像,为图像处理和计算机视觉领域带来革命性的突破。

6.1.3 生成式人工智能的特点

由于生成式人工智能具有创新性、多样性、灵活性、高效性、可扩展性、自适应性和强泛化能力等,因此其在多个领域发挥重要作用,并推动人工智能技术发展。

(1) 创新性。由于生成式人工智能能够创造出新的内容,这些内容与输入数据具有相似性,但又具有独立性,能够展现前所未有的创意,因此在艺术创作、设计、广告等领域有广阔的应用前景。

(2) 多样性。由于生成式人工智能能够生成多种类型的内容(包括文本、图像、音频和视频等),满足不同领域和场景的需求,因此在多个领域发挥重要作用,如娱乐领域的音乐、电影、游戏创作,设计领域的创意设计辅助,以及教育、医疗等领域的个性化内容生成。

(3) 灵活性。由于生成式人工智能能够依照用户的需求和输入数据的特点,调整生成内容的风格、主题和复杂度,因此能够根据不同用户的需求和喜好提供个性化的内容生成服务。

(4) 高效性。由于生成式人工智能能够在短时间内生成大量内容,增强了内容的生成效率,因此在新闻撰写、产品介绍、广告文案等方面具有显著优势。

(5) 可扩展性。随着技术的不断进步,生成式人工智能的应用范围将越来越广,能够覆盖更多领域和场景。因此,生成式人工智能具有巨大的发展潜力。

(6) 自适应性。由于生成式人工智能模型能够按照输入信息自动调整生成策略,生成更符合需求的内容,因此生成式人工智能能够更好地适应不同的应用场景和用户需求。

(7) 强泛化能力。由于生成式人工智能模型具有较强的泛化能力,能够在不同领域和场景中发挥作用,因此生成式人工智能能够跨领域应用,为多个领域带来创新和发展。

6.1.4 生成式人工智能与传统人工智能的区别

生成式人工智能与传统人工智能的区别见表 6-1。

表 6-1 生成式人工智能与传统人工智能的区别

类型	生成式人工智能	传统人工智能
目标	生成新的、具有创造性的内容(如图像、音乐、文本等)	通过训练数据学习规律,并作出预测或分类等决策
学习方式	利用深度学习算法和复杂的神经网络结构,通过训练大量数据进行无监督学习或弱监督学习	依赖专家知识或编程指令,通过有限的数据训练

续表

类型	生成式人工智能	传统人工智能
创造性	具备从无到有的创造能力，能够生成与训练数据不同但相似的新内容	主要识别和预测模式，创造性有限
输出结果	通常是前所未见且富有创意性的内容（如艺术作品、虚拟环境等）	通常是分类结果、决策建议或预测值
对标记数据的依赖	可以在海量未标记数据集上进行无监督预训练，减少对标记数据的依赖	需要大量人力标记数据，然后用于训练
通用性	通用化趋势明显，一个模型能够处理多项任务	通常应用于解决结构化问题（如NLP、计算机视觉等特定领域）
交互性	能够更自然、更流畅地与人类交互，提供个性化的服务和建议	交互性较弱，主要提供标准化的服务和建议
数据处理能力	能够处理海量数据，并提取有价值的信息	处理大规模数据时可能面临挑战
主要应用场景	艺术创作、游戏开发、虚拟现实、医学影像等	医疗诊断、金融服务、语音识别、自动驾驶等

6.2　生成式人工智能工具

6.2.1　生成式人工智能工具的定义

【拓展视频】

生成式人工智能工具是基于大量数据学习，并自动生成新内容的人工智能工具。其利用先进的算法和深度学习技术捕捉数据的内在规律及分布，生成与训练数据相似但不完全相同的新数据。生成式人工智能工具的应用范围较广，涵盖文本、图像、音频、视频等领域。在文本领域，生成式人工智能工具可以生成新闻报道、诗歌、小说等文学作品；在图像领域，生成式人工智能工具可以创作艺术作品、设计图案，甚至修复和增强图像；在音频和视频领域，生成式人工智能工具可以生成语音、音乐和视频内容。生成式人工智能工具的核心价值在于具有创造性和灵活性，能够为用户提供前所未有的个性化体验。同时，随着技术的不断进步，生成式人工智能工具将在更多领域发挥重要作用，推动人工智能技术的创新和发展。

生成式人工智能与生成式人工智能工具存在密切的关系，但二者不完全相同。生成式人工智能是一个宽泛的概念，指的是一类能够生成新数据样本的人工智能技术；而生成式人工智能工具是这些技术的具体应用形式，能够为用户生成新内容。二者的概念有区别，但应用密切相关，共同推动人工智能技术的发展和应用。

6.2.2 生成式人工智能工具的类型

生成式人工智能工具主要有文本生成工具、图像生成工具、音频生成工具、视频生成工具、代码生成工具、多功能生成式人工智能工具等，每种工具都有独特的功能和应用场景。随着技术的不断发展，生成式人工智能工具将在更多领域发挥重要作用，推动人工智能技术的创新和发展。

1. 文本生成工具

文本生成工具是常见的生成式人工智能工具，能够生成不同形式的文本内容，如新闻报道、诗歌、小说、电子邮件、营销文案等。其通常利用 NLP 技术，通过深度学习算法训练大量文本数据，生成连贯、有逻辑性的文本。

国内常见的文本生成工具种类繁多、各具特色，如搜狗输入法 AI 写作助手、腾讯智能创作助手、讯飞绘文写作助手、百度文库 AI 智能助手、有道翻译 AI 写作、智谱清言、爱制作 AI 写作生成器、写作宝等，能够满足不同场景下的文本生成需求（如新闻撰写、广告文案、创意策划等），是提升写作效率和质量的重要辅助工具。

2. 图像生成工具

图像生成工具是重要的生成式人工智能工具，能够生成不同风格的图像，如艺术作品、设计图案等。图像生成工具通常利用生成对抗网络等技术，通过训练大量图像数据生成逼真的图像。

国内常见的图像生成工具有豆包、文心一格、通义万相、超绘画、无界 AI、商汤秒画等，其利用人工智能技术高效、智能地生成图像内容（如超现实图像、设计图形等），广泛应用于广告、娱乐、虚拟现实和计算机视觉等领域。

3. 音频生成工具

音频生成工具是生成式人工智能工具的一个重要分支，能够生成不同声音和音效，如音乐、语音、环境声等。音频生成工具通常利用深度学习算法训练大量音频数据，从而生成逼真的声音。

国内常见的音频生成工具有海绵音乐、天工 SkyMusic、Suno 写歌等。这些工具借助人工智能技术生成多样化的音频内容（如背景音乐、人声歌曲、音效配音等），广泛应用于音乐创作、视频配乐、广告制作等领域。

4. 视频生成工具

视频生成工具是近年来兴起的生成式人工智能工具，能够生成不同形式的视频内容，如动画、短视频、教程等。视频生成工具通常结合图像生成和音频生成技术，通过深度学习算法训练视频数据，从而生成高质量的视频。

国内常见的视频生成工具有可灵 AI、即梦 AI、智谱清影等。这些工具利用人工智能技术，具有文本生成视频、图片生成视频等功能，广泛应用于短视频创作、广告制作、动画制作等领域。

5. 代码生成工具

代码生成工具是专为开发人员设计的生成式人工智能工具，能够根据开发人员的需求和输入，自动生成符合规范的代码。代码生成工具通常利用深度学习算法训练代码数据，从而理解代码结构、生成代码。

国内常见的代码生成工具有文心一言、通义千问、腾讯云 AI 代码助手等。这些工具支持多种编程语言（如 Java、Python、C 等），能够自动生成代码框架、实体类、映射文件等。此外，它们还具备智能分析、代码补全等功能，是开发者不可或缺的高效辅助工具。

6. 多功能生成式人工智能工具

多功能生成式人工智能工具是近年来人工智能领域的重要成果，能够跨越文本、图像、音频、视频、代码等模态，生成多样化的内容。多功能生成式人工智能工具基于先进的深度学习算法和大模型技术，具备强大的生成能力和智能分析功能。用户可以通过简单的输入，快速获得高质量的文本、图像、音频、视频或代码。多功能生成式人工智能工具不仅提高了内容创作的效率，还拓展了创作的边界，为数字创意产业注入了新的活力。

DeepSeek、文心一言、讯飞星火、通义千问、腾讯元宝、天工 AI、豆包 AI、Kimi 都属于多功能生成式人工智能工具，都具备跨模态的生成能力，可以在文本、图像、音频、视频、代码等领域创作和生成内容。它们基于先进的人工智能技术和大模型理解用户需求，提供多样化的生成服务，广泛应用于内容创作、办公辅助、数据分析、市场营销等领域。

6.2.3　国内常见的生成式人工智能工具

国内常见的生成式人工智能工具有 DeepSeek、文心一言、讯飞星火、通义千问、腾讯元宝、天工 AI、豆包 AI、Kimi、可灵 AI 等。

1. DeepSeek

DeepSeek 是由杭州深度求索人工智能基础技术研究有限公司开发的一款开源人工智能工具库，专注于提供高效、易用的 AI 模型训练与推理能力。它具有强大的自然语言处理和数据分析能力，可以帮助用户快速获取信息、解决问题并提高效率。DeepSeek 的服务内容包括智能问答、知识搜索、学习辅助、数据分析和技术支持等，覆盖教育、职场、科研、生活等领域。无论是个人用户、学生、专业人士还是企业，都能通过 DeepSeek 找到适合自己的工具和服务。此外，DeepSeek 还提供 API 接口，方便开发者将其功能集成到自己的应用中。DeepSeek 凭借灵活性和智能化，正在成为人们日常生活和工作中的得力助手。DeepSeek 界面如图 6.1 所示。

2. 文心一言

文心一言是百度公司推出的一款功能强大的生成式人工智能工具。它基于百度在人工智能领域的深厚积累，结合了先进的 NLP 技术和深度学习算法，从而生成高质量的文本内容。无论是新闻报道、诗歌散文还是商业文案，文心一言都能轻松应对，为用户提供个性化的内容创作服务。"文心一言"界面如图 6.2 所示。

图 6.1 DeepSeek 界面

图 6.2 "文心一言"界面

3. 讯飞星火

讯飞星火是科大讯飞公司研发的一款生成式人工智能工具。它结合了科大讯飞在语音识别、自然语言理解等领域的优势，为用户提供高效、准确的文本生成服务。讯飞星火不仅支持文本创作，还具备图像识别、音频处理等功能，为用户提供全方位的内容生成服务。"讯飞星火"界面如图 6.3 所示。

图 6.3 "讯飞星火"界面

4. 通义千问

通义千问是阿里巴巴公司推出的一款生成式人工智能工具，具有强大的交互能力和内容生成能力。它结合了先进的 NLP 技术和深度学习算法，能够与用户进行多轮对话，并根据用户的输入生成符合语境的文本。通义千问还具备丰富的知识库和推理能力，能够为用户提供个性化的信息和建议。"通义千问"界面如图 6.4 所示。

图 6.4 "通义千问"界面

5. 腾讯元宝

腾讯元宝是腾讯公司推出的一款生成式人工智能工具，主要用于游戏开发和虚拟形象生成。它结合了腾讯在游戏和虚拟形象领域的优势，能够为用户提供高度个性化的虚拟形象和游戏内容。腾讯元宝不仅支持虚拟形象的生成和编辑，还具备创作游戏剧情和角色能力，为游戏开发者提供丰富的创作素材。"腾讯元宝"界面如图 6.5 所示。

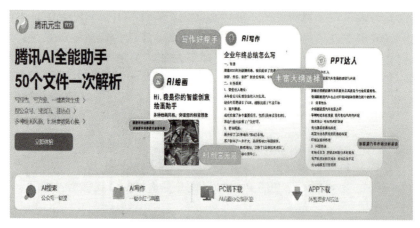

图 6.5 "腾讯元宝"界面

6. 天工 AI

天工 AI 是一款综合性的生成式人工智能工具。它结合了多种人工智能技术，包括 NLP、图像识别、音频处理等，能够为用户提供全方位的内容生成服务。天工 AI 不仅支持文本、图像和音频的生成，还具备智能分析和推荐能力，能够根据用户的需求和兴趣提供个性化的内容。"天工 AI"界面如图 6.6 所示。

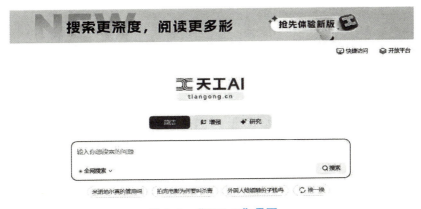

图 6.6 "天工 AI"界面

7. 豆包 AI

豆包 AI 是字节跳动公司推出的一款功能强大的生成式人工智能工具。它结合了字节跳动在短视频和社交媒体领域的优势，能够为用户提供高质量的文本和视频内容生成服务。豆包 AI 不仅支持文本创作和视频剪辑，还具备智能推荐和数据分析功能，能够帮助用户更好地了解用户需求。"豆包 AI"界面如图 6.7 所示。

图 6.7 "豆包 AI"界面

8. Kimi

Kimi 是一款专注于文本生成和文本处理的生成式人工智能工具。它结合了先进的自然语言处理技术和深度学习算法，能够为用户提供高效、准确的文本生成和处理服务。Kimi 不仅支持文本创作和文本编辑，还具备智能翻译和校对功能，能够帮助用户轻松应对多语言环境下的文本处理。"Kimi 智能助手"界面如图 6.8 所示。

9. 可灵 AI

可灵 AI 是快手公司推出的一款专注于视频生成和编辑的生成式人工智能工具。它结

图 6.8 "Kimi 智能助手"界面

合了快手在短视频和直播领域的优势，能够为用户提供高质量的视频内容生成和编辑服务。可灵 AI 不仅支持视频剪辑和特效处理，还具备智能推荐和数据分析功能，能够帮助用户更好地了解用户需求。"可灵 AI"界面如图 6.9 所示。

图 6.9 "可灵 AI"界面

国内生成式人工智能工具正以前所未有的速度发展，新工具层出不穷，功能不断迭代更新。这些工具在文本生成、图像处理、音频创作等领域具有强大的能力，为用户提供丰富的智能服务。然而，由于技术更新迅速，因此，用户在使用前一定要密切关注官网，了解工具的最新功能和使用方法，以确保充分利用这些工具，享受科技带来的便利与乐趣。

6.2.4　生成式人工智能工具的选择

选择生成式人工智能工具时需要综合考虑多方面因素，通常包括明确需求、评估工具特性、考虑成本与效益、查看用户评价与反馈、试用与测试、定期更新与评估、判断安全性与合规性等步骤。

1. 明确需求

（1）任务类型。确定希望生成式人工智能工具帮助完成的具体任务，如文本生成、图像编辑、数据分析、视频制作、内容转换等。

（2）数据类型。了解数据类型（结构化数据、半结构化数据或非结构化数据），不同的生成式人工智能工具在处理不同数据类型方面各具优势。

（3）洞察需求。明确期望从数据中获得的洞察类型（如描述性洞察、诊断性洞察或预测性洞察），有助于选择能够提供所需洞察类型的生成式人工智能工具。

2. 评估工具特性

（1）功能。保证所选生成式人工智能工具满足用户需求。

（2）准确性。评估生成式人工智能工具输出结果的准确性，特别是在专业领域。

（3）泛化能力。考虑生成式人工智能工具是否能够在不同场景和数据集上具有良好的泛化能力。

（4）数据处理速度。对于需要处理大量数据的任务，数据处理速度是一个重要评估指标。

（5）易用性。选择用户界面友好、易学习、易使用的生成式人工智能工具，可以提高工作效率。

3. 考虑成本与效益

（1）成本。根据预算考虑生成式人工智能工具的价格，包括潜在的订阅费用或使用成本。

（2）效益。评估生成式人工智能工具的成本效益比，保证其不仅符合预算，还能带来预期效果。

4. 查看用户评价与反馈

（1）在线评价。利用互联网上的评价平台，查看用户对不同生成式人工智能工具的评价和反馈，以更全面地了解其实际效能和用户体验。

（2）社区支持。选择拥有强大社区支持和优质客户服务的生成式人工智能工具，以便在遇到问题时及时获得帮助。

5. 试用与测试

（1）试用工具。在正式购买或部署之前，尽可能试用不同的生成式人工智能工具，以评估其是否适合工作流程。

（2）实际应用。将生成式人工智能工具应用于实际项目中，以验证其在实际环境中的表现。

6. 定期更新与评估

（1）更新频率。设定一个合理的更新频率，定期评估和更新工具集，以适应不断变化的技术环境和业务需求。

(2) 技术跟进。关注人工智能领域的最新发展，保证所选生成式人工智能工具跟上技术的最新趋势。

7. 判断安全性与合规性

(1) 安全性。处理敏感数据时，生成式人工智能工具的安全性尤其重要，需要选择能够抵御攻击、避免偏见和歧视、保证合法合规的生成式人工智能工具。

(2) 隐私保护。使用生成式人工智能工具处理数据时，需要保护用户隐私，遵守相关法律法规。

6.2.5 生成式人工智能工具的智能体

智能体是一种可以模拟人类智能表现的程序或系统，能够自主地与环境交互，执行特定任务，并在过程中不断学习和优化。在生成式人工智能工具中，智能体通常被设计为能够根据用户输入或预设目标，自动生成符合要求的内容或执行特定任务。由于智能体的生成和运作依赖先进的人工智能技术（如深度学习、NLP、计算机视觉等），因此智能体可以应对复杂任务、理解人类语言、生成自然语言响应甚至模拟人类情感。

智能体具有以下特点。

(1) 自主性。由于智能体在执行特定任务时能够独立作出决策，而不依赖外部控制或干预，因此能够在动态和复杂的环境中灵活应对变化，完成预定目标。

(2) 适应性。由于智能体能够根据环境的变化调整行为，保持有效性，因此能够在不同场景下表现出色，并根据用户需求进行个性化调整。

(3) 互动性。智能体能够与环境及其他智能体交流和合作，从而实现更复杂的任务执行和协同工作。

(4) 学习能力。智能体具备强大的学习能力，能够通过与环境的交互不断学习和优化行为，提高任务完成的效率和准确性。

讯飞星火智能体是科大讯飞股份有限公司推出的新一代认知智能大模型，其具备跨领域的知识和语言理解能力，能够基于自然对话方式理解和执行任务。它提供文本生成、知识问答、逻辑推理、数学计算、代码编写等服务，广泛应用于教育、办公、汽车、医疗等领域。讯飞星火智能体通过持续学习和优化，不断提升智能化水平，为用户提供高效、精准的智能交互体验，推动人工智能技术在不同领域的深度应用与创新。

通义千问智能体是阿里云计算有限公司推出的先进 AI 系统，其具备强大的自然语言处理和对话能力，能够理解并生成高质量文本，广泛应用于客服、教育、医疗等领域。通过深度学习和大规模数据训练，通义千问智能体不仅能回答复杂问题，还能进行多轮对话，提供个性化服务。其核心优势在于准确率高、可以快速响应和具有持续学习能力，不断优化用户体验。作为阿里巴巴智能生态的重要组成部分，通义千问智能体致力于推动 AI 技术的普及与应用，助力不同行业智能化转型。

腾讯元宝智能体是腾讯公司推出的 AI 助手，基于混元大模型，具备强大的自然语言处理和生成能力。它提供多轮对话、内容创作、知识问答、数据分析等服务，广泛应用于办公、教育、娱乐等领域。腾讯元宝智能体通过深度学习不断优化，提供个性化服务，帮助用户高效获取信息、完成任务。其亮点在于准确性高、可以快速响应，尤其在中文语境中表现优异。腾讯元宝智能体是腾讯公司在 AI 领域的重要布局，旨在为用户提供更智能、更便捷的数字化体验。

6.2.6 生成式人工智能工具的提示词

1. 提示词在生成式人工智能工具中的作用

（1）引导生成内容。提示词是用户与生成式人工智能工具沟通的桥梁，通过精心设计的提示词，用户可以引导生成式人工智能工具生成特定的内容。例如，撰写文章时，用户可以提供主题、受众和风格等具体信息，使生成式人工智能工具生成的文章更符合要求。

（2）优化生成质量。清晰、具体的提示词有助于生成式人工智能工具更准确地理解用户意图，从而生成更高质量的内容。模糊、不明确的提示词可能导致生成式人工智能工具生成的内容偏离用户期望。因此，通过优化提示词，用户可以更有效地利用生成式人工智能工具，提高生成内容的准确性和用户满意度。

（3）提升工作效率。在内容创作、信息检索等领域，生成式人工智能工具可以通过提示词快速生成相关内容，从而提高工作效率。例如，用户可以在搜索引擎中输入关键词和相关提示词快速找到所需信息。此外，创作内容时，创作者可以依照文章主题生成相关提示词，帮助拓展思路，丰富文章内容。

（4）实现复杂任务。对于复杂的任务，生成式人工智能工具可能难以理解用户的全部需求。此时，通过提供详细的提示词，用户可以将复杂任务拆解成多个简单的小任务，使生成式人工智能工具更容易理解和执行。例如，在超长对话中，大模型的上下文对话长度有限，用户可以通过拆分长文本或总结前几轮对话的方式，避免文本过长，导致生成式人工智能工具"遗忘"之前的内容。

（5）激发创造性思维。在某些情况下，用户可能希望生成式人工智能工具生成具有创新性的内容。提供具有启发性的提示词（如创新性的难题或设想），可以激发生成式人工智能工具的创造性思维，生成独特且富有创意的内容。

（6）增强人工智能适应性。通过调整和优化提示词，生成式人工智能工具可以更好地适应不同的应用场景和用户需求。例如，在医疗诊断领域，医生可以根据患者的具体情况提供详细的提示词，使生成式人工智能工具更准确地诊断疾病。在教育领域，教师可以根据学生的学习需求提供个性化的提示词，使生成式人工智能工具生成更符合学生水平的教学内容。

提示词在生成式人工智能工具中发挥着至关重要的作用。通过精心设计和优化提示词，用户可以更有效地利用生成式人工智能工具完成任务，提高工作效率和用户满意度。同时，随着技术的不断进步和应用的不断拓展，提示词在生成式人工智能工具中的作用将越来越重要。

2. 生成式人工智能提示词的设置原则

（1）明确性与具体性。提示词应简洁明了，避免表述模糊，保证用户或人工智能模型准确理解其意图。

例如，要求生成式人工智能工具生成文本时，模糊的提示词可能是"写一篇文章"，而明确的提示词是"写一篇关于气候变化对农业影响的学术风格的文章，目标读者是环境科学家"。这种提示词更具体，有助于生成式人工智能工具生成更符合预期的内容。

（2）引导性与指导性。提示词应能够引导用户或人工智能模型进行特定的思考或操作，以实现预期目标。

例如，在编程教学中，提示词可以是"请编写一个函数，该函数接收一个整数作为输入，并返回该整数的平方"。这种提示词不仅明确了任务，还提供了具体的操作指导。

（3）一致性与规范性。提示词在格式、语言风格、用词等方面应保持一致，以提高可读性和理解度；同时，应遵循特定规范或标准。

例如，在产品设计中，所有错误提示词都应遵循相同的格式和语言风格，如"操作失败，请重试"或"输入有误，请检查"。这种提示词不仅易理解，还能保持用户体验一致。

（4）简洁性与高效性。在不影响明确性的前提下，尽量使用简洁的语言设置提示词，以减少冗余和干扰；同时，合理设置提示词，可以提高用户或人工智能模型的操作效率。

例如，在搜索引擎中，用户输入关键词后，搜索引擎提供一系列相关提示词，这些提示词通常都很简洁，但能够准确反映用户的搜索意图，从而帮助用户快速找到所需信息。

（5）用户友好性。应站在用户的角度设置提示词，使用用户熟悉的语言和概念，以提升用户体验。

例如，在电商平台的商品详情页中，提示词可能是"立即购买""加入购物车"等用户熟悉的词汇，而不是更专业的术语或表述方式。这种提示词使用户易理解、易操作。

（6）可定制性与灵活性。根据用户的个性化需求或特定场景，允许用户自定义或调整提示词；同时，提示词应具有一定的灵活性，以适应不同场景或任务的变化。

例如，在智能音箱的设置中，用户可以根据自己的喜好和需求自定义唤醒词及指令词。用户可以将唤醒词设置为"小智"，并将指令词设置为"播放音乐""查询天气"等。这种设置既满足了用户的个性化需求，又提高了智能音箱的灵活性和可用性。

（7）安全性与合规性。设置提示词时，应确保不会泄露敏感信息或引发安全风险；同时，应遵循相关法律法规和行业规定，确保提示词的合法性和合规性。

例如，在金融行业的应用中，提示词应避免包含用户的敏感信息，如身份证号、银行卡号等；同时，应确保提示词符合金融行业的相关规定和标准，以避免引发安全风险。

在实际应用中，可以根据具体场景和需求适当调整及优化这些原则。

3. 生成式人工智能提示词的基本结构

（1）任务指令。任务指令是提示词的开头部分，明确告诉人工智能模型需要执行的任务，如"请写一篇关于人工智能发展的文章"或"生成一个关于未来城市的创意想法"。

（2）文本输入（可选）。在某些情况下，提示词可能包含一段或多段文本输入，作为人工智能模型生成内容的参考或上下文。例如，如果要求续写故事，就可能先给出故事的前几段。

（3）内容要求。在内容要求部分详细描述人工智能模型生成内容时应满足的要求，如长度、风格、主题、情感色彩、关键词使用等。例如，"文章应包含至少三个关于人工智能发展的里程碑事件，并探讨它们对社会的影响"或"创意想法应聚焦于环保和可持续性发展，并具有一定的可行性"。

（4）输出格式。提示词还可以指定人工智能模型生成内容的输出格式。例如，要求生成的内容是文本、图片、音频还是视频；如果是文本，那么是否要求特定的段落结构、标题或列表格式等。

（5）约束条件（可选）。有时提示词可能包含一些额外的约束条件，以限制人工智能模型生成内容的范围或避免出现某些不希望出现的内容。如"避免使用过于复杂或晦涩的术语"或"确保内容不包含任何形式的歧视或偏见"。

（6）结尾标记。虽然不是所有提示词都需要结尾标记，但在某些情况下，使用特定的结尾标记（如句号、问号或特定的短语）可以帮助人工智能模型更准确地理解提示词的结束，并据此生成相应的内容。

人工智能提示词的结构不是固定不变的，而是可以根据具体任务和需求灵活调整的。同时，由于不同的人工智能模型可能对提示词的理解和响应存在差异，因此在实际应用中，需要通过多次尝试和调整找到最适合特定模型及任务的提示词结构。

此外，为了提高人工智能模型对提示词的理解能力和生成内容的质量，可以采用一些高级技巧，如使用自然语言处理技术优化提示词的语法和语义结构，或者结合模型特定的训练数据和算法特点定制提示词。

例如，生成式人工智能生成文章提示词：请撰写一篇800字左右的文章，主题为"智能家居如何改变我们的生活方式"，要求涵盖智能家居的定义、主要功能、对日常生活的积极影响及发展趋势，采用通俗易懂的语言，结合具体案例，确保内容生动有趣。

这段提示词由四个关键部分组成。首先，"请撰写一篇800字左右的文章"明确了任务类型和文章长度要求。然后，主题为"智能家居如何改变我们的生活方式"指出了文章的核心议题。接着，"要求涵盖……发展趋势"详细列出了文章应包含的主要内容。最后，"采用通俗易懂的语言，结合具体案例，确保内容生动有趣"是对文章风格和呈现方式的指导。

4. 生成式人工智能提示词编写的常见误区及应对策略

利用生成式人工智能生成内容时，编写提示词至关重要。然而，许多人编写提示词时容易陷入误区，导致生成的内容不尽如人意。以下是生成式人工智能提示词编写的四大常见误区及应对策略。

（1）过于复杂。提示词过于复杂，包含过多细节或专业术语，可能导致生成式人工智能工具混淆，无法准确理解用户意图。

应对策略：尽量保持提示词简洁明了。将复杂的想法分解成简单、清晰的部分，并避免使用过多专业术语或不必要的细节。例如，与其写"生成一篇关于深度学习在医疗影像识别中应用的详细文章，要求涵盖算法原理、数据集选择、模型训练与优化等方面"，不如写"写一篇关于深度学习在医疗影像识别应用的文章，介绍算法原理、数据集和训练过程"。

（2）缺乏具体性。提示词缺乏具体性，没有提供足够的背景信息或具体细节，导致生成式人工智能工具生成的内容不符合要求。

应对策略：提供足够的背景信息和具体细节或限制，明确内容类型、风格、受众等信息。例如，如果想让生成式人工智能工具生成一篇适合年轻读者的旅行攻略，就可以写

"写一篇适合年轻读者的旅行攻略，包含目的地介绍、必玩景点、美食推荐和住宿建议"。

（3）忽视上下文一致性。在多轮对话中，忽视上下文一致性，导致生成式人工智能工具生成的回答不连贯或与前文矛盾。

应对策略：保证提示词在多轮对话中前后一致。编写提示词时，可以回顾之前的对话内容，保证新的提示词与之前的对话内容衔接。例如，在之前的对话中已经提到某个特定的话题或观点，那么在后续的提示词中，可以继续围绕这个话题或观点展开。

（4）不设定角色。不设定人工智能的角色，导致生成式人工智能工具生成的回答缺乏专业性和针对性。

应对策略：让人工智能扮演特定角色，可以提高生成内容的质量。例如，如果想让生成式人工智能工具生成一篇关于教育领域的文章，就可以设定人工智能为一名教育专家或学者；如果想让生成式人工智能工具生成一篇关于美食的文章，就可以设定人工智能为一名美食评论家或厨师。设定角色可以让生成式人工智能工具生成的内容更具专业性和针对性。

总之，编写有效的提示词需要关注简洁性、具体性、上下文一致性和角色设定等方面。避免这些常见误区，可以更好地利用生成式人工智能工具生成符合要求的高质量内容。

6.3 生成式人工智能的应用

6.3.1 生成式人工智能用于文本生成

【拓展视频】

文本生成是利用计算机技术和NLP算法，自动生成连贯、有逻辑的文本内容的过程。该过程模拟了人类的写作行为，但能够在短时间内生成大量、定制化的文本信息。

1. 文本生成的应用场景

文本生成的应用场景非常广泛，包括但不限于社交媒体、新闻报道、广告、电子商务、教育、科研、文学创作、法律、智能客服、内容营销等。

（1）社交媒体。在社交媒体平台，文本生成广泛应用于个性化内容推荐和互动增强。通过分析用户的兴趣偏好、历史行为及社交关系等信息，社交媒体平台能够生成符合用户需求的个性化内容推荐，提高用户的满意度和参与度。同时，文本生成可用于生成有趣的互动内容（如问答、挑战、话题讨论等），以增强用户之间的互动和黏性。例如，某社交媒体平台利用生成式人工智能技术，为用户生成基于其兴趣偏好的个性化内容推荐，不仅提高了用户的活跃度，还促进了平台内容的多样性。

（2）新闻报道。新闻报道是文本生成技术的一个重要应用领域。通过抓取和分析新闻事件的数据，生成式人工智能模型能够自动生成新闻报道，实现新闻的自动化撰写和实时更新，不仅提高了新闻报道的时效性，还降低了人力成本。例如，某新闻机构利用生成式人工智能技术，在重大体育赛事、政治事件等报道中实现了新闻报道的自动化生成和实时更新，为读者提供了更及时、更全面的新闻资讯。

（3）广告。在广告领域，文本生成技术用于广告文案的自动生成和精准投放。通过分析目标受众的兴趣偏好、购买行为及广告产品的特点等信息，生成式人工智能模型能够生成符合受众需求的广告文案，提高了广告的投放效果和转化率。同时，文本生成技术还能够为广告创意提供灵感，生成具有创意和吸引力的广告内容，提升广告的吸引力和传播效果。例如，某电商平台利用生成式人工智能技术，为商品广告生成基于用户兴趣偏好和购买行为的个性化文案，不仅提高了广告的点击率，还促进了商品的销售。

（4）电子商务。在电子商务领域，文本生成技术广泛应用于商品描述和评论的自动生成。通过分析商品的属性、特点及用户评价等信息，生成式人工智能模型能够自动生成符合商品特点和用户需求的商品描述及评论内容，不仅提高了商品信息的丰富性和可读性，还为消费者提供了更便捷的购物体验。例如，某电商平台利用生成式人工智能技术，为商品自动生成详细的描述和评论，不仅提高了商品的点击率和转化率，还提高了消费者对商品的满意度。

（5）教育。在教育领域，文本生成技术为个性化学习辅导和教学资源的生成提供有力支持。通过分析学生的学习进度、兴趣偏好以及知识水平等信息，生成式人工智能模型能够为学生提供定制化的学习辅导和教学资源，不仅提高了学习的针对性和效率，还促进了学生的个性化发展。例如，某在线教育平台利用生成式人工智能技术，为学生生成基于其学习进度和兴趣偏好的个性化学习计划及教学资源，不仅增强了学生的学习效果，还提升了学生的学习兴趣和学习动力。

（6）科研。在科研领域，文本生成技术成为科研数据处理和科研成果呈现的高效手段。通过分析科研数据，生成式人工智能模型能够自动生成数据报告和论文摘要等内容，帮助科研人员快速整理和分析数据，提高科研工作的效率和准确性。同时，文本生成技术能够为科研人员提供论文撰写的灵感和建议，提升论文的质量和影响力。例如，某科研机构利用生成式人工智能技术，为科研人员生成基于科研数据的自动化报告和论文摘要，不仅提高了科研工作的效率，还促进了科研成果的广泛传播和应用。

（7）文学创作。在文学创作领域，文本生成技术为作家提供创意激发和故事生成的新途径。通过分析文学作品的主题、情节、人物等元素，生成式人工智能模型能够生成具有创意和文学价值的故事内容，为作家提供灵感和创作素材。同时，文本生成技术能够根据作家的设定和需求，动态调整和优化故事情节，提高作品的创意性和可读性。例如，某文学平台利用生成式人工智能技术，为作家生成基于创作主题和风格的个性化故事内容及情节建议，不仅激发了作家的创作灵感，还提高了作品的创意性和文学价值。

（8）法律。在法律领域，文本生成技术为合同的自动生成和智能审查提供有力支持。通过分析法律条文和合同条款等信息，生成式人工智能模型能够自动生成符合法律法规和用户要求的合同内容，降低合同撰写的难度和成本。同时，文本生成技术能够对合同进行智能审查，识别潜在的法律风险，提高合同的合法性和安全性。例如，某律师事务所利用生成式人工智能技术，为用户自动生成符合要求的合同内容，并对合同进行智能审查，不仅提高了合同的撰写效率，还降低了合同风险。

（9）智能客服。在智能客服领域，文本生成技术为客服人员提供自动回复和问题解答的新工具。通过分析用户的问题和咨询内容，生成式人工智能模型能够自动生成符合用户需求的回复和解答内容，提高客服的响应速度和准确性。同时，文本生成技术能够根据用户的反馈和需求，动态调整和优化回复内容，提高用户满意度。例如，某电商平台的智能客服系统利用生成式人工智能技术，为用户提供基于其问题和需求的自动回复及问题解答服务，不仅提高了客服的响应速度和准确性，还提高了用户对平台的信任度和满意度。

（10）内容营销。在内容营销领域，文本生成技术为营销人员提供个性化内容创作和分发的有力支持。通过分析目标受众的兴趣偏好、消费习惯及市场趋势等信息，生成式人工智能模型能够生成符合受众需求的个性化内容，提高内容的吸引力和传播效果。同时，文本生成技术能够根据受众的反馈和需求，动态调整和优化内容，提高营销的针对性和效果。例如，某品牌利用生成式人工智能技术，为目标受众生成基于其兴趣和需求的个性化内容，并通过社交媒体等渠道分发和推广，不仅提高了品牌的知名度和美誉度，还促进了产品的销售和推广。

2. 利用生成式人工智能生成文本的步骤

（1）明确目标与内容。确定文本生成的目标，如创作一篇科技新闻、一篇情感散文或一篇商业广告；同时，明确文本的核心内容或主题，如科技发展的最新趋势、个人情感的细腻描绘或产品的独特卖点。

（2）提炼关键提示词。基于目标与内容，提炼能够概括或激发相关内容的关键提示词。这些提示词应该紧密围绕主题，同时具备一定的开放性，以激发生成式人工智能工具生成多样化的文本。例如，如果要生成一篇关于科技发展的文章，那么关键提示词可以包括"人工智能""量子计算""大数据"等。

（3）选择合适的生成式人工智能工具。根据文本生成的需求，选择合适的生成式人工智能工具。这些工具通常提供不同的文本生成模式，如基于模板的生成、自由文本的生成等。确保所选工具支持文本生成需求，并生成高质量的内容。

（4）设置生成式人工智能工具的参数。选择合适的生成式人工智能工具后，根据关键提示词和文本生成的目标为其设置参数，如文本的长度、风格、语气等。有些工具还允许设置更具体的参数，如关键词的权重、生成文本的多样性等。

（5）输入提示词并生成文本。将提炼的关键提示词输入生成式人工智能工具，并启动文本生成过程。生成式人工智能工具将根据关键提示词和设置的参数，自动生成与主题相关的文本。此时，可以实时查看生成的文本，并根据需要调整。

（6）优化与编辑生成的文本。虽然生成式人工智能工具生成的文本通常不错，但可能需要优化和编辑，如修正语法错误、调整句子结构、增强文本的连贯性和逻辑性、保证文本符合风格和语气要求等。

（7）最终审查与发布。完成优化和编辑后，对生成的文本进行最终审查，保证文本没有遗漏关键信息且完全符合需求，然后将文本发布到相应的平台或用于其他用途。

3. 利用生成式人工智能生成文本的案例

【案例6-1】利用提示词引导生成式人工智能生成文本。

（1）目标与内容。创作一篇关于"环保生活"的科普文章，旨在向读者介绍环保生活的重要性和实践方法。

（2）提炼关键提示词。关键提示词可以有"环保生活""重要性""实践方法""可持续发展""节能减排""绿色出行""减少塑料使用量"。

（3）选择合适的生成式人工智能工具。选择文心一言作为生成式人工智能工具，其具有强大的自然语言处理能力和丰富的知识库，能够生成高质量、连贯且具有逻辑性的文本。

（4）设置生成式人工智能工具的参数。在文心一言中，将文章长度设置为约800字，风格选择为正式且易理解的科普风格，语气设置为客观中立，同时保证生成的文本紧密围绕关键提示词。

（5）输入关键提示词并生成文本。将提炼的关键提示词输入文心一言，并启动文本生成过程。然后一篇关于"环保生活"的科普文章便呈现在眼前，内容如下。

环保生活：构建可持续未来的基石

在当今世界，随着环境问题的日益严峻，环保生活已成为人们热议的话题。它不仅关乎人们自身的健康与福祉，还是实现可持续发展的关键。本文将从环保生活的重要性、实践方法，以及节能减排、绿色出行、减少塑料使用量等方面，为您全面解析这一理念。

1. 环保生活的重要性

环保生活，简而言之，就是采取一系列措施减少对环境的不良影响，促进人与自然和谐共生。其重要性不言而喻。首先，环保生活有助于缓解气候变化。通过减少温室气体排放量，可以降低全球变暖的速度，保护地球的生态系统。其次，环保生活能够节约资源，提高资源利用效率。在资源日益紧张的背景下，这无疑是实现可持续发展的必由之路。最后，环保生活能提升人们的生活质量，让人们生活在一个更清新、更健康的环境中。

2. 环保生活的实践方法

（1）节能减排。节能减排是环保生活的核心。人们可以通过使用节能电器、合理调节室内温度、充分利用自然光等方式减少能源消耗。同时，积极推广清洁能源（如太阳能、风能等）是节能减排的重要途径。

（2）绿色出行。绿色出行，即选择对环境影响较小的出行方式。步行、骑自行车、乘坐公共交通等都是绿色出行的典范。减少使用私家车不仅能降低空气污染，还能缓解交通拥堵。

（3）减少塑料使用量。塑料制品的广泛使用给环境带来了巨大压力。人们应尽量减少一次性塑料制品的使用量，选择可重复使用的替代品（如布袋、玻璃瓶等）。同时，积极参与垃圾分类和回收活动是减少塑料污染的有效手段。

3. 环保生活与可持续发展

环保生活与可持续发展紧密相连。可持续发展强调在满足当代人需求的同时，不损害后代人满足其需求的能力。而环保生活正是实现这一目标的重要途径。通过节能减排、绿色出行、减少塑料使用量等实践方法，人们可以降低对环境的负面影响，为子孙后代留下一个更加美好的家园。

总之，环保生活不仅是一种责任，还是一种智慧。人们应从现在做起，从身边的小事做起，共同践行环保理念，为构建可持续的未来贡献自己的力量。

（6）优化与编辑生成的文本。可以在生成的文本基础上修改和优化（如调整句子结构、增强文本的连贯性和逻辑性，以及添加一些具体示例和数据支持观点），使文章更生动、更有趣且易理解。

（7）最终审查与发布。对优化后的文本进行最终审查，保证没有遗漏关键信息，且完全符合需求，然后将文章发布到科普网站、社交媒体或其他相关平台上，与读者分享环保生活的重要性和实践方法，共同为地球的可持续发展贡献力量。

6.3.2 生成式人工智能用于图像生成

图像生成是指通过先进的机器学习算法，特别是生成式模型，生成式人工智能工具根据输入的指令、文本描述或数据分布，自动地、创造性地生成全新图像内容的过程。图像生成的应用场景非常广泛，包括但不限于艺术创作与设计、医学影像处理、遥感图像分析、娱乐产业、教育、科研、虚拟现实与增强现实、数字娱乐与广告等。

1. 图像生成的应用场景

（1）艺术创作与设计。图像生成技术在艺术创作与设计领域展现出巨大潜力。设计师可以利用这项技术快速生成不同风格的图案、纹理和背景，极大地丰富了设计元素。同时，图像生成技术能辅助艺术家进行创意构思，通过算法生成具有艺术感的图像，为艺术创作带来新的灵感。此外，在服装、家具等设计领域，图像生成技术可以模拟不同材料和颜色的搭配效果，帮助设计师更直观地评估设计方案的可行性。

（2）医学影像处理。在医学影像领域，图像生成技术可以用于辅助医生作出更直观、更准确的诊断。通过算法对医学影像进行增强、分割和重建，医生可以清晰地看到患者的病变部位，提高了诊断的准确性和效率。此外，图像生成技术还可以辅助医生制订手术规划、模拟手术过程，以降低手术风险。在医学影像教学中，图像生成技术也发挥了重要作用，帮助学生更好地理解医学知识。

（3）遥感图像分析。遥感图像分析是地理信息科学的重要组成部分，图像生成技术为其提供了强大的技术支持。通过算法对遥感图像进行自动分类、识别和提取，人们可以快速获取地球表面的信息（如植被覆盖、城市扩张、灾害监测等），这些信息在环境保护、城市规划、灾害预警等领域具有重要的应用价值。同时，采用图像生成技术可以对遥感图像进行智能处理，提高图像的清晰度和分辨率，为遥感图像分析提供更加准确的数据支持。

（4）娱乐产业。在娱乐产业中，图像生成技术为电影、游戏等媒体内容制作带来了革命性的变化，人们可以创建逼真的虚拟角色、场景和特效，为观众带来身临其境的观影体验。在电影制作中，采用图像生成技术可以模拟复杂的场景和动作，降低拍摄成本，提高制作效率。在游戏开发中，采用图像生成技术可以创建丰富多样的游戏世界和角色，增强游戏的互动性和沉浸感。

（5）教育。在教育领域，图像生成技术为教学提供了新方式。采用图像生成技术，人们可以创建直观、生动的教学材料（如三维模型、虚拟实验室等），帮助学生更好地理解抽象概念。同时，图像生成技术可以用于制作虚拟课堂和在线课程，打破时间和空间的限制，让更多人享受到优质的教育资源。此外，图像生成技术还可以用于教育评估，对学生的作品进行自动评分和反馈,以提高教学效率和质量。

(6) 科研。在科研领域,图像生成技术为科研人员提供了强大的数据分析和可视化工具,人们可以快速处理和分析实验数据,生成直观的图像和图表,帮助科研人员更好地理解实验现象和实验规律。同时,图像生成技术还可以用于模拟和预测复杂系统的行为,为科研决策提供有力支持。此外,在生命科学、物理学等领域,图像生成技术还可以用于构建和模拟生物分子、物理场等微观结构,为科研探索提供新的视角和方法。

(7) 虚拟现实与增强现实。虚拟现实和增强现实技术逐渐成为人们生活中不可或缺的一部分,而图像生成技术为这些技术的实现提供关键支持,人们可以创建逼真的虚拟环境和物体,为用户提供沉浸式的体验。在虚拟现实领域,图像生成技术可以用于模拟复杂的场景和动作,让用户仿佛置身于一个真实的世界中。在增强现实领域,图像生成技术可以用于将虚拟元素与现实世界结合,为用户带来更加丰富的交互体验。

(8) 数字娱乐与广告。在数字娱乐与广告领域,图像生成技术为创意表达提供了更多的可能性,人们可以创建风格独特的图像和视频内容,吸引用户的注意力并传达品牌信息。在广告制作中,采用图像生成技术可以模拟各种场景和效果,提高广告的视觉冲击力和吸引力。在数字娱乐领域,采用图像生成技术可以创建有趣的游戏元素和互动体验,为用户带来更加丰富的娱乐体验。同时,图像生成技术可以用于社交媒体内容的制作和分享,促进信息的传播和交流。

2. 利用生成式人工智能生成图像的步骤

(1) 确定图像生成的目标与主题。明确想要生成的图像的目标与主题,可以是一个具体的物体、场景、风格,也可以是一个抽象的概念。保证对图像有清晰的认识,有助于在后续步骤提供准确的提示词。

(2) 收集并整理提示词。根据确定的目标与主题收集相关的描述性词汇、短语或句子。这些提示词应该充分表达想要生成的图像的特征、风格、颜色、氛围等。确保提示词既具体又富有想象力,以便生成式人工智能工具准确捕捉意图。

(3) 选择合适的生成式人工智能工具。不同的生成式人工智能工具的图像质量、细节表现、风格多样性等有所不同,可以根据介绍、用户评价或实际测试选择合适的生成式人工智能工具。

(4) 输入提示词并调整参数。将整理好的提示词输入选择的生成式人工智能工具。同时,根据需要调整生成式人工智能工具的参数(如迭代次数、噪声水平、分辨率等),这些参数将影响生成图像的质量和风格。

(5) 生成并评估图像。启动生成式人工智能工具,根据输入的提示词和参数生成图像。在生成过程中,可以随时观察图像的变化并根据需要调整。生成图像后,仔细评估图像的质量、风格、细节等是否符合预期。如果不满意,那么可以返回上一步重新调整提示词或参数。

(6) 优化与调整(可选)。如果对生成的图像有更高要求,那么可以进行优化与调整,如调整提示词的权重、添加或删除某些提示词、改变参数等。通过不断迭代和优化,可以得到更加符合需求的图像。

(7) 保存与使用图像。将生成的图像保存到设备中,可以将其用于个人创作、商业设计、教育演示等场景。确保在使用图像时遵守相关的版权和使用规定。

3. 利用生成式人工智能生成图像的案例

【案例 6-2】利用提示词引导生成式人工智能生成图像。

提示词"绘制一幅宁静的乡村风光，远处是连绵的青山，山脚下是一片金黄的麦田，微风吹过，麦浪翻滚。近处是一条清澈的小溪，溪边长满了翠绿的青草，几朵野花点缀其间，阳光透过云层洒下温暖的光芒"。将提示词输入豆包 AI，豆包 AI 生成风景图像，如图 6.10 所示。

图 6.10　豆包 AI 生成的风景图像

6.3.3　生成式人工智能用于视频生成

视频生成是利用计算机技术，特别是生成式人工智能技术将文本、图像、音频等多媒体素材转化为动态视频内容的过程。该过程可能包括文本转语音、图像动画化、特效添加等环节，旨在创造出具有视觉吸引力和信息传递价值的视频作品。

1. 图像生成的应用场景

生成式人工智能在视频生成方面的应用场景非常广泛，涵盖社交媒体、广告营销、教育培训、新闻报道、娱乐休闲、电商直播、动画制作等领域。

（1）社交媒体。用户可以在社交媒体平台上使用人工智能视频一键生成功能，快速制作有趣、吸引人的短视频内容，与朋友分享生活点滴、创意灵感等。

（2）广告营销。企业可以利用人工智能视频一键生成功能，轻松制作宣传视频，展示产品特点、品牌理念等，提高广告效果。例如，电商出海企业需要给产品（商品）推广、介绍使用体验时，可以使用人工智能视频生成技术为视频中模特换脸、切换语言，方便电商营销商家进行产品的本地化推广。

（3）教育培训。教师和学生可以利用教育培训功能，将教学内容转化为生动有趣的视频，提高学习兴趣和效果。对于不同平台适合不同内容形式的情况，创作者在不同平台发布同一个素材意味着制作成本升高。而生成式人工智能工具提供的长视频转短视频功能致力于解决这一痛点。

（4）新闻报道。记者可以使用人工智能视频一键生成功能，快速制作新闻报道视频，提高新闻传播的速度和影响力。

（5）娱乐休闲。用户可以在娱乐休闲场合利用娱乐休闲功能（如制作家庭影片、旅游记录等），留下美好回忆。生成式人工智能工具还可以对原视频进行扩充，把场景"补"齐，比如从只有上半身扩充到全身以及构造出人物背后的全景。

（6）电商直播。电商平台上的主播可以使用人工智能视频一键生成功能制作产品展示视频，吸引更多顾客购买商品。

（7）动画制作。动画创作者可以利用人工智能视频一键生成功能，快速生成动画片段，提高动画制作效率。

（8）传媒影视。随着生成时长、场景准确度、提示词遵循度等性能指标的不断提升，生成式人工智能工具将有效降低媒体行业的制作成本和从业门槛，改变媒体行业的内容生态。融合各种模型架构的生成式人工智能工具还将在未来胜任不同的任务，如同时参与电影的脚本编写、选角协助、镜头规划和剪辑辅助等。

（9）创意产业。文生视频模型生成的虚拟视频具备想象力和设计感，能根据关键词、图片或视频生成相关内容。创作者可以将自己的设计、思路和半成品交给人工智能，让其生成完整的创意作品；或者找寻已有作品中的可改进之处。现阶段的生成式人工智能工具多搭载连接多个不同媒体形式的功能，可以融合文字、声音、图像、视频等素材，创造极其丰富的内容。生成式人工智能产业会不断强化模型对人思想的呈现能力，大幅度降低内容创作者的门槛。普通人也将有机会描绘自己心中的艺术世界，创意作品的内容和形式将变得更加丰富，创意产业有望迎来新的发展。

（10）游戏与仿真产业。新一代生成式人工智能工具展现出的数字模拟能力无疑会进一步降低游戏制作门槛，即使是小团队也能独立完成大制作。这项突破还给数字仿真带来了新的技术路线——如果生成式人工智能能够正确且精准地认识物理规律，那么利用模型演算、预测复杂事件走向将成为可能。生成式人工智能会越来越接近一个完整的虚拟世界引擎。

（11）元宇宙。生成式人工智能有望成为元宇宙世界的基点，它们的表现在一定程度上融合了虚拟与现实，一旦与物联网、脑机接口等前端技术结合，就会给社会带来全新的信息交互方式。在大规模的训练后，不仅可以通过图像理解视觉世界，还可以模拟现实世界。

2. 利用生成式人工智能生成视频的步骤

（1）前期准备。首先，确定视频的主题，并搜集相关关键信息。接着，使用生成式人工智能工具编写一个独特的故事或剧本，为视频内容奠定基础。同时，可以使用生成式人工智能工具生成分镜的详细描述，以便后续视频制作。

（2）选择合适的生成式人工智能工具。根据视频制作的需求，选择合适的生成式人工智能工具。这些工具通常提供文本转语音、图像转视频、添加特效和滤镜等功能，能够满足不同的视频制作需求。

（3）导入素材与设置。将搜集的图片、视频、音频等素材导入选择的生成式人工智能工具。然后根据视频的要求设置参数（如时长、分辨率、帧率等），以确保视频的质量符合预期。

（4）生成视频内容。利用生成式人工智能工具的自动生成功能生成视频内容，可能包括将文本转化为语音、将图像转化为视频片段、添加特效和滤镜等。在生成过程中，可以根据需要随时调整和优化视频内容。

（5）后期编辑与调整。生成视频后，使用生成式人工智能工具提供的后期编辑功能对视频进行优化和调整，包括剪辑视频片段、添加字幕和解说、调整音效和画面效果等，以使视频更加完美。

（6）导出与分享。将视频导出为所需的格式和分辨率，然后将视频分享到社交媒体、视频平台或其他渠道，让更多人欣赏。

以上步骤涵盖了利用生成式人工智能生成视频的主要流程，但具体细节可能因使用的生成式人工智能工具及其功能而不同。因此，在实际操作中，建议参考生成式人工智能工具的官方文档或教程以获取更详细的指导。

3. 利用生成式人工智能生成视频的案例

【案例 6-3】利用提示词引导生成式人工智能工具生成视频。

短视频名称为《赛博城市》。

提示词：在外星球上，赛博朋克的城市街景，建筑具有未来感，镜头缓慢向前推进，街道上有行人。

在可灵 AI 中输入短视频名称和提示词，生成的视频截图如图 6.11 所示。

图 6.11　生成的视频截图

6.3.4　生成式人工智能用于代码生成

代码生成是利用人工智能技术，特别是生成式模型，根据输入的指令、需求描述或示例代码，自动生成符合要求的代码片段或完整程序的过程。它旨在简化编程工作，提高开发效率，促进代码的创新和复用。

1. 代码生成的应用场景

生成式人工智能用于代码生成的应用场景广泛，包括但不限于以下方面。

（1）快速开发。开发人员可以利用生成式人工智能工具，根据自然语言描述快速生成代码片段，从而加速软件开发进程。

（2）提高编码效率。通过自动生成重复性高或结构化的代码，开发人员可以专注于更具挑战性的任务，提高编码效率。

（3）辅助编程。对于非专业开发人员或初学者，生成式人工智能工具可以提供编程辅助，帮助他们更容易地编写代码。

（4）代码优化与重构。生成式人工智能工具可以分析现有代码，提出优化建议或生成更高效、易读的替代实现，从而帮助开发人员提高代码质量。

（5）自动化测试。根据用户需求或用户故事，生成式人工智能工具可以生成测试用例，为软件开发提供自动化的测试支持。

（6）个性化定制。开发人员可以根据特定需求定制生成式人工智能模型，以生成符合项目或团队编码风格的代码。

此外，生成式人工智能还广泛应用于智能客服、自然语言处理、数据可视化等领域，为软件开发和数字化转型提供强大的支持。随着技术的不断进步，生成式人工智能的应用场景将进一步拓展。

2. 利用生成式人工智能生成代码的步骤

（1）选择合适的工具或平台。选择一款合适的生成式人工智能工具或平台，如GitHub Copilot、Tabnine等。这些工具都集成了生成代码的功能，可以根据开发者的需求自动生成代码片段。

（2）安装与配置。按照说明文档安装和配置生成式人工智能工具，通常需要安装必要的插件、设置应用程序编程接口密钥等。

（3）数据准备。收集或生成足够的代码数据以训练模型。这些数据可以来自开源项目、编程社区及个人项目等。数据的多样性和质量对模型训练效果至关重要。

（4）模型训练。利用收集的代码数据训练机器学习模型。这个过程可能需要一定的时间，具体取决于数据量和模型复杂度。不断迭代和优化可以提升模型的生成效果。

（5）输入需求。在工具或平台界面输入代码生成的需求，可以包括自然语言描述、代码示例、函数名、参数等。工具会根据输入的需求和训练好的模型自动生成相应的代码。

（6）代码审查与调整。可能需要进一步审查与调整生成的代码，以保证其正确性和效率。开发人员需要检查生成代码的语法和逻辑，并根据实际情况进行必要的修改和优化。

（7）集成与测试。将生成的代码集成到项目中，并进行全面的测试，包括单元测试、集成测试和系统测试等，以确保代码按预期工作并与其他部分兼容。

（8）持续优化。根据使用反馈和项目需求，不断对生成式人工智能工具进行优化和调整（如更新数据、改进模型、优化界面等），以提升代码生成的质量和效率。

通过以上步骤，开发者可以有效利用生成式人工智能生成代码，提高开发效率和质量。

3. 利用生成式人工智能生成代码的案例

【案例6-4】利用提示词引导生成式人工智能生成代码。

提示词：请编写一个 Python 函数，该函数接收一个整数 n 作为输入，并返回 $1\sim n$（包括 n）的所有整数的和。

将提示词输入文言一心，给出以下代码。

```
def sum_of_integers(n):
    计算从 1 到 n（包括 n）的所有整数的和
    参数：
    n (int): 一个正整数。
    返回：
    int: 从 1 到 n 的所有整数的和
    # 使用 for 循环计算从 1 到 n 的和
    total = 0
    for i in range(1, n+1):
        total += i
    return total
# 测试函数
n = 10
print(f"从 1 到 {n} 的所有整数的和是：{sum_of_integers(n)}")
```

在这个函数中，使用一个 for 循环迭代 $1\sim n$ 的所有整数，并将它们累加到变量 total 中。函数返回 total 作为结果。在测试部分，将 n 设置为 10，并打印 $1\sim n$ 所有整数的和。

可以将这个函数保存到一个 Python 文件中并运行，以验证结果。如果输入不同的 n 值，就返回相应的整数和。

6.3.5　生成式人工智能在教育领域的应用

生成式人工智能在教育领域的应用包括但不限于以下场景。

1. 以"智"助教应用

（1）教师备课。教师与大模型互动，人工智能可为教师自动生成教学设计、教学图片、练习题，并推荐资源和课件。借助智能学情分析，评估学生对学习内容的预备知识水平，进而推荐个性化教学资源。

（2）课堂管理。运用人工智能实现课堂出勤的智能管理，跟踪学生的学习进度并收集反馈。采用智能互动教学系统激发学生兴趣，促使学生积极参与，加深学生对知识的理解。

（3）教学分析。利用人工智能对教师教学行为和学生学习行为进行剖析，形成教学分析报告，助力教师更好地反思课堂教学实施情况，为教学改进提供数据支撑。

（4）学情分析。利用人工智能对学生课堂学习行为、课堂练习、课后作业等综合多模态数据进行解析，识别学生的认知、情感和行为特征，为教师备课提供学情分析依据。

（5）作业管理。利用人工智能实现作业的智能批改与分析，为学生提供个性化诊断，推送有针对性的学习资源和辅导材料，助力教师开展个性化教学。

（6）答疑辅导。利用人工智能系统，基于日常作业和课堂练习数据，精准识别学生的知识掌握情况和潜在学习障碍，为学生提供智能化、个性化的答疑服务。

（7）课程设计。人工智能依据学生的学习习惯和兴趣，为教师提供智能化课程设计建议，帮助优化教学内容和方法。

（8）教学辅助。人工智能为教师提供实时教学辅助，通过分析学生课堂表现和反馈，优化教学策略和内容。

（9）跨学科主题学习辅助设计。为教师开展跨学科主题学习提供智能设计工具，实现主题与素养点的智能匹配，智能生成跨学科教学设计、资源、学习任务单等内容。

2. 以"智"助学的应用

（1）人工智能学伴。运用人工智能的预测功能开展学习诊断和精准教学，不断优化个体学习效果，增强人工智能教学工具的辅导针对性，协助进行个性化学习路径规划，推送相关课程资源和项目，支持个性化学习。

（2）语言学习助手。利用 NLP、机器学习等先进算法，为汉语、英语等语言学习者提供个性化学习体验和即时反馈，实现发音纠正、语法检查等功能。通过模拟对话，帮助学习者练习口语和听力技能。

（3）游戏化学习。结合人工智能技术与游戏设计原则，将学习内容融入游戏，通过挑战、奖励机制激发学生的学习兴趣和参与度，使学习过程充满乐趣，有效提升学生的学习主动性和问题解决能力。

（4）情境式学习。借助人工智能技术（如虚拟现实和增强现实），营造身临其境的学习体验，使学生能够在模拟的真实世界环境中应用跨学科知识，增强学习的趣味性和实用性。

（5）智能辅导系统。利用人工智能提供个性化学习辅导，帮助学生解决学习中的疑难问题，并提供实时反馈和建议。采用机器学习技术，理解和预测学生在特定学科上的知识缺口，及时提供针对性的解释、练习和资源，帮助学生克服学习障碍。根据学生的学习进度动态调整辅导策略，确保每名学生都以最有效的方式掌握知识，真正实现因材施教。

3. 以"智"助评的应用

（1）"五育融合"学生画像。利用智能穿戴设备、学习管理系统、在线评估工具、智能教室设备等采集学生在德、智、体、美、劳等方面的表现数据，对不同方面的数据进行综合分析，为每名学生构建过程性学生发展画像。

（2）综合素质评价。利用人工智能综合考量学生日常表现，结合社会实践、团队合作、创新思维等行为特征，为学生提供多维度综合评价报告，帮助学生认识自身全面发展状况，也为教师全面了解学生情况、调整教育教学策略提供依据。

（3）学生评估。利用人工智能，整合大数据分析、机器学习和 NLP 等先进技术，精确评估学生的学术成绩，深入洞察其社会责任感、团队协作能力、领导力及创新能力等非认知技能。收集并分析课程作业、项目报告、社团活动、社会服务等多个渠道的数据，生成立体化的学生画像，为学生个人发展路径规划提供指导。

（4）研究生学术评估。应用人工智能评估研究生的学术成果和研究进展，提供个性化反馈和改进建议。运用深度学习模型，对研究论文、实验报告、专利申请等学术成果进行量化分析，自动评估研究工作的原创性、影响力和学术价值。跟踪研究生的研究进展，识别可能存在的瓶颈和挑战，及时提供定制化反馈和建议，帮助研究生优化研究方向，提高研究效率。

4. 以"智"助育的应用

（1）智能阅读辅助。应用人工智能实现互动式、多模态阅读方式，支持个性化推荐阅读内容，提升阅读体验和内容理解能力。积累个体阅读数据，形成个性化阅读报告。

（2）智能美育教育。应用人工智能平台，在尊重知识产权、合理合法应用素材的前提下，实现音乐创编（作词、作曲）、模拟演唱、配音、智能绘画等功能，从语言、视觉、听觉三方面促进一体化美育创新创作和个性化学习。

（3）智能体育健康。应用计算机视觉技术和可穿戴设备，监测学生的运动表现和健康指标，智能生成群体运动报告与个体运动报告，针对运动能力和健康状态进行诊断分析，为教师教学反思、优化教学策略提供依据。

（4）智能心理支持。利用人工智能技术，为学生提供个性化的心理健康支持和咨询服务，及时识别和干预心理健康问题。

5. 以"智"助研的应用

（1）智能教师专业发展平台。利用智能技术分析教师的教学视频，提供教学技能的自动评估和改进建议。根据教师的专业发展需求，推荐个性化的培训资源，提升教师教学质量。

（2）教科研智能管理。利用教科研项目智能管理系统实现全程数字化管理，提高管理效率和透明度。分析科研数据，识别研究热点和潜力领域，促进跨学科合作，加速教科研成果转化，提升学校的教科研竞争力。

（3）智能科研实验平台。利用智能实验室管理系统和虚拟现实技术，借助人工智能、大数据分析工具处理复杂数据，进行模型建构与仿真模拟，加速科研发现过程。为学生提供安全、可重复的实验环境，促进理论与实践结合，提高实验效率与创新能力，推动科研项目协作，探索前沿问题。

（4）智能科研助手。应用人工智能技术、NLP和数据挖掘技术，快速筛选和归纳大量文献资料，辅助高效完成文献综述。对复杂的研究数据进行深度分析，揭示潜在的模式和关联，从而加速研究进程，提升研究成果的质量和影响力。

6. 以"智"助管的应用

（1）学生信息智能管理。采用人工智能和数据库技术建立校园数据中台，实现学生基本信息、成绩、出勤、健康档案、食谱、学校活动等数据的集中管理与即时更新。家长和教师可通过移动应用实时查看学生情况，促进家校沟通，自动提醒重要事项，保证学生健康成长，及时监督学生学习。

（2）校园安全智能监控。利用智能摄像头、图像识别系统、入侵检测传感器等智能技术实时监控校园安全状况，预防和及时响应紧急事件。通过分析历史数据预测潜在安全风险。

（3）教务管理智能化。利用人工智能技术优化高校教务管理系统，实现课程安排、成绩管理、学生事务的智能化处理。

生成式人工智能在教育领域的应用，有的需要利用成熟的生成式人工智能工具完成，有的需要重新开发面向教育领域的生成式人工智能工具。

【案例 6-5】 利用百度文库制作教学课程 PPT。

百度文库制作教学课程 PPT 有三种方法：输入主题直接生成 PPT、上传文档生成 PPT、上传图片生成 PPT。

（1）输入主题直接生成 PPT。直接在百度文库中输入教学主题或关键词，系统能够智能推荐一系列与主题相关的 PPT 模板。用户只需简单选择并应用，即可快速获得一个基础框架完整的 PPT 文档。输入主题直接生成 PPT 的操作步骤如下。

① 访问百度文库。登录百度文库官网。

② 输入主题。在搜索框中输入教学课程的具体主题或相关关键词。

③ 筛选模板。系统会根据输入内容展示一系列匹配的 PPT 模板，用户可根据风格、布局、颜色等因素筛选。

④ 应用模板。选定模板后，单击"应用"按钮，进入编辑页面，根据个人教学需求调整内容。

⑤ 保存与分享。完成编辑后，保存 PPT，并可选择直接分享给学生或上传至个人文库以供后续使用。

输入主题直接生成 PPT 的优点是高效、快捷，节省大量设计时间；模板丰富多样，可以满足不同教学风格需求。

例如，选择输入主题直接生成 PPT，输入主题"智能网联汽车毫米波雷达"，生成式人工智能工具给出如下 PPT 制作大纲。

智能网联汽车毫米波雷达

- 毫米波雷达概述
    - 毫米波雷达的定义与原理
    - 毫米波雷达的发展历程
    - 毫米波雷达在智能网联汽车中的应用
- 毫米波雷达技术特点
    - 高精度测距与测速
    - 强穿透性与抗干扰能力
    - 实时性与全天候工作能力
    - 传感器融合与数据处理
- 毫米波雷达的核心组件及性能
    - 发射天线与接收天线
    - 射频前端模块
    - 信号处理芯片
    - 数据处理算法与软件
- 毫米波雷达在智能网联汽车中的应用场景
    - 自动驾驶中障碍物识别与避让

○ 盲点检测与辅助驾驶功能实现
○ 道路交通情况监测与预警系统建设
○ 泊车辅助系统设计与优化
- 毫米波雷达面临的挑战与解决方案
  ○ 传感器融合技术难题及发展趋势
  ○ 复杂环境下目标识别与跟踪算法优化
  ○ 成本控制与大规模应用推广问题
  ○ 行业标准制定和法规政策支持
- 毫米波雷达市场前景展望与发展趋势
  ○ 市场规模及增长趋势分析
  ○ 主要厂商竞争格局剖析
  ○ 技术创新方向及未来发展趋势预测
  ○ 行业应用拓展及跨界融合机遇

可以修改产生的 PPT 制作大纲，满意后，单击 PPT 生成按钮，选择合适的模板，单击"继续生成"按钮，完成 PPT 制作。可以对生成的 PPT 进行编辑和优化，满意后，将其下载导出。图 6.12 所示为生成式人工智能工具生成的智能网联汽车毫米波雷达 PPT 示例。

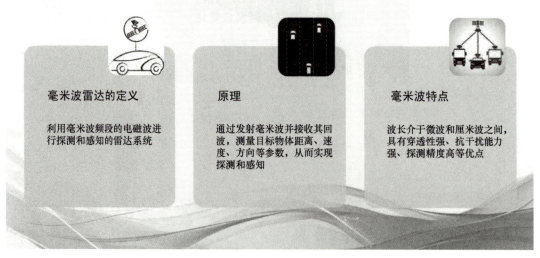

图 6.12　生成式人工智能工具生成的智能网联汽车毫米波雷达 PPT 示例

（2）上传文档生成 PPT。对于已有详细教案或课程大纲的教师，百度文库提供上传文档生成 PPT 功能。只需上传 Word、PDF 等格式的教学文档，系统即可自动转换为 PPT 格式，简化了文档转换流程。上传文档生成 PPT 的操作步骤如下。

① 准备文档。确保文档内容条理清晰，适合转换为 PPT 形式。

② 上传文档。在百度文库中找到"上传文档生成 PPT"功能，上传教学文档。

③ 选择转换设置。根据需要设置转换的 PPT 页数、布局等参数。

④ 等待转换。系统开始处理文档，此过程可能需要几分钟，具体时间取决于文档大小和复杂度。

⑤ 预览与调整。转换完成后，预览 PPT，根据需要微调。

⑥ 保存与分享。完成编辑后，保存并分享。

上传文档生成 PPT 的优点是适用于已有详细教案的教师，可以减少重复劳动；可自动转换，保持原文档格式和内容的一致性。

（3）上传图片生成 PPT。对于视觉内容丰富的课程（如艺术、摄影等），百度文库允许用户通过上传图片直接生成 PPT。这一功能特别适合希望通过图片讲述故事或展示作品的教学场景。上传图片生成 PPT 的操作步骤如下。

① 准备图片素材。收集并整理需要展示的图片，确保图片清晰、主题明确。

② 上传图片。在百度文库中找到"上传图片生成 PPT"功能，上传图片素材。

③ 设置幻灯片顺序。调整图片的顺序，确保 PPT 的逻辑流畅。

④ 添加文字说明。为每张幻灯片添加必要的文字说明，增强信息传递效果。

⑤ 应用样式。选择或自定义 PPT 的样式（包括字体、颜色、背景等），以符合教学主题。

⑥ 保存与分享：完成编辑后，保存 PPT，并分享给学生或同事。

上传图片生成 PPT 的优点是直观展示图片内容，适合视觉教学；可灵活调整图片顺序和样式，满足个性化需求。

百度文库提供的三种生成教学 PPT 的方法不仅可以简化制作流程，还可以提高教学效率。无论是追求效率的教师还是希望展现创意的教育工作者，都能找到适合自己的工具和方法，制作出既美观又实用的教学 PPT。

【案例 6-6】利用生成式人工智能工具解决学习中遇到的问题。

可以按照以下步骤，利用生成式人工智能工具解决学习中遇到的问题。

（1）明确问题与需求。明确学习中遇到的具体问题及希望通过这些工具达成的目标，如理解一个复杂的科学概念或者提高写作能力。

（2）选择并熟悉工具。根据问题和需求，选择适合的生成式人工智能工具，如文言一心或豆包 AI 等。然后熟悉这些工具的功能和操作方法，了解其根据提示词生成内容的方法。

（3）设置精准提示词。根据问题设置精准且具体的提示词。这些提示词应该能够引导生成式人工智能工具提供想要的信息或解答。

（4）与工具互动并接收反馈。将设置好的提示词输入生成式人工智能工具，并接收其生成的内容作为反馈。仔细阅读这些反馈，理解并吸收其中的信息。

（5）评估与调整。根据接收的反馈评估学习进度和效果。如果发现有需要改进的地方，那么可以调整提示词或选择其他学习资源。

（6）持续利用与迭代。在学习过程中，持续利用生成式人工智能工具解答问题或提供学习材料。对问题的理解加深后，可以不断迭代和优化提示词，以获取更准确、更有用的信息。

大学生小李在学习新能源汽车技术时，对电池管理系统的工作原理和重要性感到困惑。他希望通过生成式人工智能工具获取更详细、更易懂的信息。

提示词：请详细解释新能源汽车中电池管理系统的工作原理，以及其对新能源汽车性能至关重要的原因。用通俗易懂的语言描述，并给出实际应用中的例子。

将提示词输入文言一心，其给出以下答案。

1. 新能源汽车中电池管理系统的工作原理

新能源汽车中的电池管理系统就像一个智能的"电池管家"，它时刻关注并管理电池组的健康与状态。电池管理系统通过一系列复杂的操作和算法实时监测电池组的电压、电流、温度等关键参数，确保电池在安全、高效的范围内工作。

具体来说，电池管理系统会进行以下操作。

（1）数据采集。利用传感器网络，电池管理系统能够精确测量每个电池单体的电压、电流和温度等，这些数据是评估电池状态的基础。

（2）状态估算。基于采集的数据，电池管理系统运用先进的算法估算电池的剩余电量、健康状态及功率状态等，为驾驶人提供准确的剩余续驶里程等信息。

（3）均衡管理。由于电池组中的每个单体电池都可能存在性能差异，因此电池管理系统会进行均衡控制，确保电池组内的电量分布均匀，避免某些电池过充电或过放电，从而延长整个电池组的使用寿命。

（4）热管理。电池管理系统还负责监控电池的温度，当温度过高时启动散热系统（如风扇或液冷系统），以降低电池温度，防止热失控。

（5）安全保护。在电池出现过充电、过放电、短路等异常情况时，电池管理系统迅速响应，切断电源或启动其他保护措施，防止电池发生爆炸或火灾等危险。

2. 电池管理系统对新能源汽车性能至关重要的原因

（1）优化能量输出。电池管理系统能够根据驾驶人的需求和车辆状态，智能地调整电池组的能量输出，确保新能源汽车在不同工况下保持最佳性能。

（2）延长续驶里程。通过精确的电池剩余电量估算和均衡管理，电池管理系统能够最大化地利用电池组的能量，从而延长新能源汽车的续驶里程。

（3）实时监控与预警。电池管理系统能够实时监控电池组的状态，一旦发现异常情况就会立即发出预警，为驾驶人提供足够的时间采取措施，避免事故发生。

（4）多重保护机制。电池管理系统内置多重保护机制（如过充电保护、过放电保护、短路保护等），能够在电池出现危险情况时迅速响应，防止电池发生爆炸或火灾等严重后果。

3. 实际应用中的例子

以特斯拉新能源汽车为例，其搭载的电池管理系统非常先进，能够实时监测电池组的每个细节，从电池单体的电压、电流到整个电池组的温度分布都尽在掌握之中。这不仅使得特斯拉新能源汽车的续驶里程得到了极大的提升，还保证了电池组的安全性和可靠性。此外，特斯拉新能源汽车的电池管理系统还具备智能充电功能，能够根据电池的当前状态和需求自动调整充电速度及充电方式，从而进一步延长电池的使用寿命。

综上所述，新能源汽车中的电池管理系统是一个复杂且强大的系统，它不仅能够提升新能源汽车的性能，还能够保证其安全性。随着技术的不断进步，电池管理系统将会更智能、更高效和更可靠。

【案例6-7】随机生成练习题。

利用生成式人工智能工具随机出练习题的方法主要可以分为根据提示词生成练习题和根据提供的文档生成练习题两种。

（1）根据提示词生成练习题。根据提示词生成练习题的操作步骤如下。

① 明确知识点与题型。明确想要测试的知识点及所需题型（如填空题、选择题、判断题、简答题等），这将有助于设计精确的提示词。

② 设计提示词。基于知识点和题型设计一系列具体且相关的提示词。这些提示词应能够引导生成式人工智能工具生成符合要求的练习题。

③ 选择合适的生成式人工智能工具。选择一个支持根据提示词生成练习题的生成式人工智能工具。该工具应具备强大的文本生成能力，并且能够处理中文。

④ 输入提示词并生成练习题。在生成式人工智能工具中输入设计好的提示词，并设置相关参数（如题目数量、难度级别等）。单击"生成"按钮，工具将根据提示词生成练习题。

⑤ 审核与优化。对生成的练习题进行审核，保证其符合知识点和题型要求。如果发现问题，那么可以调整提示词或参数并重新生成。

（2）根据提供的文档生成练习题。根据提供的文档生成练习题的操作步骤如下。

① 准备文档。准备一份包含所需知识点的文档，如教材、笔记等包含相关信息的文本文件。

② 选择合适的生成式人工智能工具。选择一个支持从文档生成练习题的生成式人工智能工具，其通常具备文本解析和生成能力，能够从文档中提取关键信息并生成练习题。

③ 上传文档并配置参数。将准备的文档上传到生成式人工智能工具中，并配置相关参数（如题型、题目数量、难度级别等）。这些参数将帮助生成式人工智能工具从文档生成符合要求的练习题。

④ 生成练习题。单击"生成"按钮，生成式人工智能工具将根据文档内容和配置参数生成练习题。可能需要对生成的练习题进行微调或编辑，以保证其准确性和可读性。

⑤ 审核与优化。对生成的练习题进行审核，保证它们符合知识点和题型要求。如果发现问题，那么可以调整文档内容或配置参数并重新生成。

无论采用哪种方法都要注意生成的练习题的质量和准确性。使用生成式人工智能工具时，建议进行充分的测试和验证，以保证生成的练习题满足教学需求。

如果需要答案，就在提示词中说明。

例如，根据以下提示词生成5道填空题、5道选择题（单项选择题）、5道判断题、2道问答题：主要考核智能网联汽车超声波雷达、毫米波雷达、激光雷达等视觉传感器的定义、组成、原理、特点及应用。将提示词输入文言一心AI工具，其给出如下结果。

6.3.6 DeepSeek在汽车领域的应用

DeepSeek在汽车领域的应用前景广阔，涵盖自动驾驶、智能座舱、智能制造、车路协同、电池管理、安全防护等维度。

1. 自动驾驶

DeepSeek 在自动驾驶领域的核心价值在于算法优化与多模态数据融合。通过深度学习框架处理激光雷达、摄像头与毫米波雷达的多源异构数据，DeepSeek 可以构建高精度动态环境模型。在决策规划层，采用强化学习算法模拟复杂交通场景下的博弈策略，平衡通行效率与安全冗余。针对长尾场景，增量学习技术持续迭代模型参数，以提高极端天气、异形障碍物等边缘案例的识别可靠性。该技术路径不仅推动 L4 级自动驾驶落地，还为车路云一体化演进提供算法基座，加速全栈自主可控的智能驾驶生态构建。

2. 智能座舱

DeepSeek 为智能座舱注入认知智能，通过自然语言处理与情感计算重构人车交互范式。语音助手支持多轮上下文理解与模糊指令解析，实现免唤醒词的自然对话。驾驶人状态监测系统融合生物传感与视觉分析，实时识别疲劳、分心等危险行为。在服务生态层面，AI 引擎基于用户习惯与场景上下文，主动推荐导航、娱乐及车辆设置选项。多模态交互系统打通触控、手势与声纹识别，构建无缝衔接的沉浸式体验。这种以人为中心的智能进化，正在重新定义车载信息系统的价值边界。

3. 智能制造

在汽车制造环节，DeepSeek 可以构建从工艺优化到质量管控的 AI 闭环体系。视觉检测系统通过迁移学习适配不同车型的零部件特征，实现微米级缺陷识别。数字孪生平台实时映射物理产线状态，通过仿真推演预判设备效能瓶颈。在柔性制造场景中，采用智能排产算法动态平衡订单需求与生产线负荷，支持多型号混流生产。工艺参数优化模块持续分析焊接、冲压等工序数据流，自主迭代最佳生产参数组合。这种智能化改造不仅可以提升制造精度，还可以推动汽车工厂向自适应、自优化的下一代智能制造范式演进。

4. 车路协同

DeepSeek 采用车路云协同架构，突破了单车智能边界。路侧感知单元融合边缘计算与 AI 推理，将交通参与者轨迹预测精度提升至车道级。云端协同决策引擎统筹区域车辆运动意图，生成全局最佳通行策略并动态下发。在信号控制优化场景中，强化学习模型通过数万次虚拟路口仿真，自主进化出适应潮汐车流的配时方案。在车辆编队行驶场景中，V2V 通信协议与协同控制算法实现厘米级跟车距离保持。这种系统性智能正在重构交通资源配置效率，为智慧城市出行网络提供关键技术支撑。

5. 电池管理

针对新能源汽车核心部件，DeepSeek 可以开发全生命周期电池健康管理系统。电化学模型与机器学习融合，通过电压、温度等多维数据实时估算电池健康状态与功率状态。采用充电优化算法动态调整电流曲线，在保障安全的前提下大幅度缩短快速充电时间。热失控预警系统通过早期异常参数检测，提前识别潜在失效风险。在电池回收环节，采用 AI 分选技术基于光谱分析与历史衰减数据，精准评估退役电池残值。这种智能化管理技术可以大幅度延长电池生命周期，推动新能源汽车可持续发展。

6. 安全防护

DeepSeek 可以构建覆盖车载系统与外部通信的多层安全防护体系。车载防火墙采用行为分析技术，实时检测 CAN 总线异常报文特征。OTA 升级模块引入区块链验证机制，以保证固件更新的完整性与可追溯性。在数据安全层面，联邦学习框架支持模型训练过程中的隐私保护，避免原始数据泄露。针对自动驾驶感知系统，对抗样本防御技术有效抵御道路标识篡改等物理层攻击。车云通信通道采用量子密钥分发技术，建立防窃听的加密传输链路。这种贯穿软硬件的安全设计为智能汽车构筑起立体化防护屏障。

总之，DeepSeek 通过全栈技术能力与开放生态协同，将深度重构汽车产业价值链：在技术侧，其覆盖算法（多模态感知、强化学习决策）、芯片（高能效计算架构）及工具链（仿真测试、OTA 管理）为汽车企业提供"端到端"智能化解决方案；在生态侧，通过中间件开放与数据协议标准化连接主机厂、供应链与第三方开发者，降低智能技术普惠门槛。随着 L4 级自动驾驶在物流、环卫等封闭场景的加速商用（如无人配送），以及车路云一体化国家标准的推进，DeepSeek 以"软件定义汽车"为锚点，驱动产业从"硬件主导"向"数据＋服务"转型——既赋能车企构建个性化智驾功能，又通过 V2X 协同提升交通全局效率。国内多家主流汽车企业和智能中控服务商宣布接入 DeepSeek。吉利、比亚迪、奇瑞、上汽、一汽、东风、长城、零跑、极氪、智己、岚图等汽车企业已完成深度融合，旨在提升智能座舱交互体验及自动驾驶能力。未来，"技术＋生态"双引擎有望成为智能汽车时代的操作系统级平台，重塑万亿级产业生态。

思考题

1. 生成式人工智能的定义及核心要素分别是什么？
2. 生成式人工智能工具有哪些类型？请分别举例说明。
3. 选择生成式人工智能工具时需要考虑哪些因素？
4. 提示词在生成式人工智能工具中有哪些作用？编写提示词应遵循哪些原则？
5. 生成式人工智能在文本生成的新闻报道领域有哪些应用？如何利用其创作新闻报道？
6. 以图像生成为例，说明生成式人工智能的应用场景及利用其生成图像的步骤（可结合具体案例）。

【在线答题】

参 考 文 献

崔胜民,2021.面向汽车的新一代信息技术[M].北京:机械工业出版社.
黄源,张莉,2018.AIGC基础与应用[M].北京:人民邮电出版社.
李铮,黄源,蒋文豪,2021.人工智能导论[M].北京:人民邮电出版社.

附录一
人工智能技术在汽车中的典型应用场景

序号	应用场景	具体描述
1	摄像头感知	利用高清摄像头捕捉车辆周围的图像,通过深度学习等人工智能技术,精准识别和理解车辆、行人、交通标志、道路标记等环境元素
2	毫米波雷达感知	毫米波雷达发射接收电磁波,采用人工智能算法处理反射波参数,精确感知周围障碍物的距离、速度、方向
3	激光雷达感知	激光雷达发射激光并接收反射光,采用人工智能算法处理信号传播时间和方向,生成高精度三维地图,实现环境详细感知
4	超声波雷达感知	超声波雷达发射接收声波,采用人工智能算法处理传播时间和传播速度,感知周围障碍物距离,辅助避障决策
5	红外感知	利用红外传感器捕捉周围环境的红外辐射,采用人工智能技术进行红外成像处理,精准检测和识别车辆、行人等热源
6	多传感器融合	融合摄像头、毫米波雷达等多传感器数据,采用深度学习技术综合处理,提升环境感知的准确性和可靠性
7	实时交通信息感知	车联网获实时交通信息,采用人工智能算法处理和分析路况,提供车辆实时导航建议,涵盖拥堵、事故、管制等
8	天气与路面状况感知	融合气象与路面传感数据,采用人工智能算法实时监测预测天气路况影响,为车辆提供安全行驶建议
9	道路标记识别	摄像头捕捉道路标记,采用人工智能算法识别车道线、停车线等,为车辆提供精确的行驶指导
10	车辆跟踪与预测	跟踪周围车辆轨迹速度,循环神经网络预测行驶路径,为车辆避障规划提供依据,提升行驶安全性
11	行人行为预测	摄像头捕捉行人图像,采用人工智能算法分析行为模式预测轨迹,为车辆提供避让建议,减少交通事故

续表

序号	应用场景	具体描述
12	夜间与低光照环境感知	在夜间和低光照环境下，利用红外传感器和图像增强技术提高感知能力。通过人工智能算法处理图像数据，实现对周围环境的准确感知和识别
13	复杂环境感知	城市复杂环境，多传感器综合感知分析，精准识别环境元素，提升车辆适应性与行驶安全
14	障碍物避让策略制定	根据感知到的障碍物信息，利用人工智能算法制定避让策略。能够计算出最优避让路径和速度，保证车辆遇到障碍物时安全避让
15	驾驶人状态监测	摄像头传感器监测驾驶人状态，采用人工智能算法分析判断疲劳与注意力，提供驾驶安全预警
16	周围车辆意图识别	分析周围车辆的行驶信息，采用人工智能算法识别行驶意图，预测未来行为，为协同驾驶提供依据
17	实时环境建模与更新	融合环境交通信息，构建高精度模型，采用人工智能算法实时更新数据，保证一致，为车辆提供精准的导航定位
18	行为决策优化	强化学习技术依据车况、规则、路况及周围车辆行为，智能生成安全、高效、合规的行驶决策，如加/减速、转向、换道
19	高级路径规划	结合全局地图与实时交通，采用人工智能算法动态规划最优路径，考虑拥堵、施工、天气等，保证车辆高效抵达
20	交通信号智能解读	通过图像识别与自然语言处理技术，采用人工智能算法准确识别并解读交通信号灯、交通标志及路面标记，保证车辆遵守交通规则，提升行驶安全性
21	预测性路径调整	基于历史数据与实时环境分析，采用人工智能算法预测未来交通状况，提前调整行驶路径，避免拥堵，提高出行效率
22	车车/车路协同决策	采用人工智能算法促进车辆与车辆及车辆与道路基础设施的信息交换，协同规划行驶策略（如协同换道、速度同步等），提升整体交通流畅度与安全性
23	驾驶人意图与情绪识别	通过分析驾驶人操作、语音及面部表情，采用人工智能算法识别驾驶人意图与情绪状态，适时提供驾驶建议或调整自动驾驶级别，保证驾驶安全性与舒适性
24	紧急情况自主应对	在突发状况（如车辆故障、紧急制动等）下，采用人工智能算法迅速评估并作出最优决策（如紧急避障、稳定车辆等），以保障驾乘人员安全
25	节能驾驶策略制定	根据车辆行驶状态、路况及外部环境因素，采用人工智能算法动态调整行驶策略（如优化加速/减速曲线），减少不必要的能耗，提升能源效率

续表

序号	应用场景	具体描述
26	个性化驾驶模式定制	结合驾驶人偏好、驾驶习惯与出行需求，采用人工智能算法为驾驶人提供个性化的驾驶模式（如舒适驾驶、运动驾驶等），提升驾驶体验
27	车辆动态控制	通过实时分析车辆状态和外部环境信息，采用人工智能算法精确控制车辆加速、制动和转向，保证车辆在复杂路况下的稳定性和安全性
28	智能悬挂系统调节	根据路况和车辆行驶状态，采用人工智能算法智能调节悬架系统的刚度和阻尼，提高车辆的乘坐舒适性和操纵稳定性
29	智能座椅调节	人工智能系统依体型和坐姿调整座椅，提供个性化的乘坐体验；智能监测健康，提供心率呼吸提醒
30	车辆内外环境协同控制	人工智能系统通过监测车辆内外环境，智能调节车辆空调、车窗、空气净化器等设备，为驾乘人员提供舒适、健康的乘车环境
31	紧急避险与制动控制	在紧急情况下，人工智能系统迅速识别反应，避免碰撞，调整轨迹速度；提供紧急制动辅助，确保车辆迅速停稳
32	智能灯光与雨刷控制	人工智能系统能够根据天气状况和道路状况，智能调节车辆的灯光和刮水器，提高行驶安全性和舒适性
33	车辆能耗管理	人工智能系统通过分析车辆的行驶数据和能耗情况，智能调整车辆的行驶策略，以降低车辆的能耗和排放量，提高能源利用效率
34	乘员互动与娱乐系统控制	人工智能系统能够根据乘员的需求和偏好，智能控制车辆的娱乐系统和互动系统，提供个性化的乘车体验
35	前向碰撞预警	雷达或视觉传感器实时监测前方车辆，判断自车与前车的距离、方位及相对速度，对驾驶人发出警告，避免追尾碰撞，提高行驶安全性
36	车道偏离预警	前置摄像头监测车道标记，通过图像识别防止偏离，通过声音视觉提醒驾驶人保持车道，减少事故
37	自动紧急制动	传感器监测前方障碍，识别碰撞风险时自动制动，结合物体检测、速度估计等算法，确保行驶安全性
38	自适应巡航控制	雷达摄像头监测前车，自动调速行驶速度以保证安全距离；智能调速应路况，减轻负担，提升舒适性和安全性
39	车道保持辅助	前置摄像头监测车道，图像识别深度学习调整方向，保持车道，为在高速公路上长途驾驶减负，提升安全性
40	交通标志识别	车载摄像头识别道路标志，在仪表板上显示限速、禁行信息，辅助驾驶决策，提升安全性
41	自动泊车辅助	多传感器探测停车空间障碍，采用复杂算法计算最佳路线，自动操纵转向盘泊车，降低驾驶难度

续表

序号	应用场景	具体描述
42	驾驶人疲劳预警	监测驾驶人的表情和行为,判断其是否疲劳驾驶,若判断出驾驶人疲劳驾驶则立即提醒或自动制动,确保行驶安全性
43	盲区监测	利用传感器监测车辆盲区,当检测到盲区内有其他车辆或行人时,通过声音或视觉提醒驾驶人,避免盲区事故
44	交叉路口辅助	在交叉路口利用摄像头和传感器监测交通状况,智能判断车辆是否可以安全通过,提供交叉路口通行辅助,减少交通事故
45	智能语音助手	利用语音识别和自然语言处理技术,智能语音助手可以与驾乘人员流畅对话,用户可以通过语音指令控制车辆功能
46	情感识别与情感支持	智能座舱通过语音和面部分析情感,当检测到驾驶人疲劳或情绪低落时,提供积极建议或播放振奋音乐,从而提升驾驶安全性和乘车体验
47	个性化体验定制	人工智能系统能够根据驾乘人员的个人喜好和习惯,提供个性化的服务,如根据乘员的喜好调整座椅和环境设置
48	智能导航与路线规划	智能导航系统能够实时分析交通状况,并根据目的地为驾驶人规划最佳出行路线,有助于减少行驶时间和缓解拥堵,提高出行效率
49	车辆状态监测与提醒	人工智能系统能够实时监测车辆状态(如燃油量、电量、轮胎压力等),并在出现异常时发出提醒
50	智能娱乐系统	智能座舱中的娱乐系统能够根据驾乘人员的需求提供个性化的娱乐内容,如根据乘员的喜好推荐电影、音乐或游戏等
51	人机交互界面优化	人工智能系统能够优化智能座舱的人机交互界面,使其更直观、更易用,如通过人工智能技术实现更智能的语音控制和手势控制功能
52	车辆远程控制	驾驶人可以通过手机或其他智能设备远程控制智能座舱的功能,如提前开启空调、调整座椅等
53	智能安全系统	人工智能系统通过实时监测驾乘人员的状态及车辆周围的环境信息,及时发现潜在的安全隐患并给出相应的预警或提醒
54	车辆健康管理与维护	人工智能系统能够实时监测车辆的健康状况,一旦发现异常或潜在故障就立即发出提醒并提出相应的维修措施
55	车辆电池健康评分系统	利用人工智能技术深度分析电池电压、电流、温度变化曲线等数据,生成直观电池健康评分,方便车主和维修人员快速判断电池状况,及时维护或更换
56	动力电池系统能源效率提升	借助深度学习技术对车辆行驶模式、道路状况及驾驶人的习惯等数据进行深入分析,优化动力系统运行,提升能源使用效率

续表

序号	应用场景	具体描述
57	动力电池材料发现与性能优化	利用机器学习模型更准确地预测电池的能量密度,从而在材料选择和电池设计阶段优化性能,快速筛选和预测新的电池材料属性
58	动力电池老化模拟	利用人工智能技术对电池老化情况进行模拟,可以更精确地预测电池使用寿命,帮助优化电池设计和制造工艺,提高电池的整体性能
59	电池管理系统智能化	采用人工智能技术优化电池管理,提升效率和安全性,采用学习算法优充、放电策略,实时监测预测故障,提前维护和处理
60	动力电池系统——故障诊断与预测	采用人工智能算法分析电池运行数据,实时监测电池状态,预测并诊断潜在的故障,及时提醒用户或维修人员处理,避免发生故障
61	动力电池系统——回收利用	采用人工智能技术提高电池回收的效率和价值,通过自动化和智能化技术提高回收率,降低回收成本,同时减小对环境的影响
62	动力电池系统安全性提升	采用人工智能技术识别可能导致电池热失控和安全问题的因素,从而在设计和制造阶段提前采取措施,提高电池的安全性
63	驱动电动机系统控制策略优化	采用深度学习算法对驱动电动机系统进行建模,实时学习和调整控制参数,实现更高效的能量管理,提高动力性能,同时有效降低能耗
64	驱动电动机系统故障诊断与预测	利用大数据分析和机器学习技术,对驱动电动机系统的运行数据进行实时监测和分析,提前预警潜在故障,保证驱动电动机系统稳定运行
65	驱动电动机系统性能优化	根据实时工况和驾驶需求,采用人工智能技术自动调整驱动电动机的控制策略,实现最佳的动力输出和能效比
66	智能充电设施适配优化	车辆与充电设施连接时,采用人工智能技术自动识别其类型、功率,结合电池状态与驾驶人需求,优化充电功率和充电时间;还可与电网交互,在用电低谷期以最大功率充电
67	自动驾驶模式切换策略优化	采用人工智能技术,综合路况、流量、驾驶人及车辆状态,优化自动驾驶切换。在复杂路况下提醒驾驶人接管,出现轻微异常时调整为安全模式,提升适应性与可靠性
68	智能车窗遮阳控制	人工智能技术通过结合内外光线和温度等数据,智能调节遮阳帘。当阳光强烈、温度高时自动降低遮阳帘;当光线变化或出现阴影时适时调整,保证采光充足,减少不必要的操作,提升乘车体验
69	车辆气味环境智能管理	气味传感器检测车内气味,采用人工智能算法进行分析和判断,有异味时启动净化,根据情况调整强度;可释放清新香氛,提升舒适度
70	车辆社交互动功能	车联网 AI 助力车辆社交,同路段车主可互发问候、分享路况、组队出行。系统根据驾驶人偏好智能推荐互动对象,提升驾驶乐趣与社交体验,让出行不再孤单

附录二
AI 伴学内容及提示词

序号	AI 伴学内容	AI 提示词
1	AI 伴学工具	生成式人工智能工具，如 DeepSeek、Kimi、豆包、通义千问、文心一言、ChatGPT 等
2	绪论	人工智能的定义、分类、原理、特点和关键技术（3000 字）
3		人工智能的研究基础、研究内容和研究方法（3000 字）
4		大数据技术（3000 字）
5		大数据与人工智能的关系（2000 字）
6		人工智能的应用领域（3000 字）
7		人工智能在汽车设计、汽车制造、汽车产品及汽车后市场中的应用（4000 字）
8		汽车人才对智能化的要求（3000 字）
9	机器学习及应用	机器学习的定义、原理、特点（3000 字）
10		线性回归及其在汽车中的应用实例（3000 字）
11		逻辑回归及其在汽车中的应用实例（3000 字）
12		决策树及其在汽车中的应用实例（3000 字）
13		随机森林及其在汽车中的应用实例（3000 字）
14		支持向量机及其在汽车中的应用实例（3000 字）
15		朴素贝叶斯及其在汽车中的应用实例（3000 字）
16		聚类算法及其在汽车中的应用实例（3000 字）
17		降维算法及其在汽车中的应用实例（3000 字）
18		关联规则算法及其在汽车中的应用实例（3000 字）
19		人工神经网络及其在汽车中的应用实例（3000 字）
20		机器学习的应用领域（3000 字）
21		机器学习在汽车设计、汽车制造、汽车产品及汽车后市场中的应用（4000 字）
22		机器学习在汽车产品中的应用案例分析（3000 字）
23		出一套机器学习及其应用的自测题

续表

序号	AI 伴学内容	AI 提示词
24	深度学习及应用	深度学习的定义、原理、特点（3000 字）
25		深度学习的常用模型（3000 字）
26		深度神经网络及其在汽车中的应用实例（3000 字）
27		卷积神经网络及其在汽车中的应用实例（3000 字）
28		循环神经网络及其在汽车中的应用实例（3000 字）
29		生成对抗网络及其在汽车中的应用实例（3000 字）
30		Transformer 模型及其在汽车中的应用实例（3000 字）
31		深度学习的应用领域（3000 字）
32		深度学习在汽车设计、汽车制造、汽车产品及汽车后市场中的应用（4000 字）
33		深度学习在汽车产品中的应用案例分析（3000 字）
34		出一套深度学习及其应用的自测题
35	计算机视觉及应用	计算机视觉的定义、组成、工作原理、特点（3000 字）
36		计算机图像识别的流程（2000 字）
37		图像预处理（3000 字）
38		图像特征提取（3000 字）
39		图像分割（3000 字）
40		目标检测（3000 字）
41		目标识别（3000 字）
42		计算机视觉的应用领域（3000 字）
43		计算机视觉在汽车设计、汽车制造、汽车产品及汽车后市场中的应用（4000 字）
44		计算机视觉在汽车产品中的应用案例分析（3000 字）
45		基于视觉和深度学习的汽车环境感知检测（3000 字）
46		出一套计算机视觉及其应用的自测题
47	自然语言处理及应用	自然语言处理的定义、原理、特点（3000 字）
48		分词技术（2000 字）
49		语法分析（2000 字）
50		语义分析（2000 字）
51		信息检索（2000 字）
52		文本生成（2000 字）

续表

序号	AI 伴学内容	AI 提示词
53	自然语言处理及应用	语音识别（2000 字）
54		机器翻译（2000 字）
55		情感分析（2000 字）
56		自然语言处理的应用领域（3000 字）
57		自然语言处理在汽车设计、汽车制造、汽车产品及汽车后市场中的应用（4000 字）
58		自然语言处理在汽车产品中的应用案例分析（3000 字）
59		出一套自然语言处理及其应用的自测题
60	生成式人工智能及应用	生成式人工智能的定义、原理、特点、与传统人工智能的区别（3000 字）
61		国内常见的生成式人工智能工具（3000 字）
62		生成式人工智能用于文本生成（3000 字）
63		生成式人工智能用于图像生成（3000 字）
64		生成式人工智能用于视频生成（3000 字）
65		生成式人工智能用于代码生成（3000 字）
66		生成式人工智能在教育领域的应用（3000 字）
67		大学生利用生成式人工智能辅助学习的方法（3000 字）
68		出一套生成式人工智能及其应用的自测题